W0256395

Informatik – Fachberichte

Band 1: Programmiersprachen. GI-Fachtagung 1976. Herausgegeben von
H.-J. Schneider und M. Nagl. VI, 270 Seiten. 1976

Band 2: Betrieb von Rechenzentren. Workshop der Gesellschaft für
Informatik 1975. Herausgegeben von A. Schreiner. VII, 283 Seiten. 1976

Band 3: Rechnernetze und Datenfernverarbeitung. Fachtagung der GI und
NTG 1976. Herausgegeben von D. Haupt und H. Petersen. VI, 309 Seiten. 1976

Band 4: Computer Architecture. Workshop of the Gesellschaft für Informatik 1975.
Edited by W. Händler. VIII, 382 pages. 1976

Band 5: GI – 6. Jahrestagung. Proceedings 1976. Herausgegeben von
E. J. Neuhold. X, 474 Seiten. 1976.

Band 6: B. Schmidt, GPSS-FORTRAN. Einführung in die Simulation diskreter
Systeme mit Hilfe eines FORTRAN-Programmpaketes. IX, 298 Seiten. 1977.

Band 7: GMR–GI–GfK. Fachtagung Prozessrechner 1977. Herausgegeben von
G. Schmidt. XIII, 524 Seiten. 1977.

Band 8: Digitale Bildverarbeitung/Digital Image Processing. GI/NTG Fachtagung,
München, März 1977. Herausgegeben von H.-H. Nagel. XI, 328 Seiten. 1977.

Band 9: Modelle für Rechensysteme. Workshop 1977. Herausgegeben von
P. P. Spies. VI, 297 Seiten. 1977.

Band 10: GI – 7. Jahrestagung. Proceedings 1977. Herausgegeben von H. J. Schneider.
IX, 214 Seiten. 1977.

Band 11: Methoden der Informatik für Rechnerunterstütztes Entwerfen und
Konstruieren, GI-Fachtagung, München, 1977. Herausgegeben von R. Gnatz und
K. Samelson. VIII, 327 Seiten. 1977.

Band 12: Programmiersprachen. 5. Fachtagung der GI, Braunschweig, 1978.
Herausgegeben von Klaus Alber. VI, 179 Seiten. 1978.

Band 13: W. Steinmüller, L. Ermer, W. Schimmel: Datenschutz bei riskanten Systemen.
X, 244 Seiten. 1978.

Informatik - Fachberichte

Herausgegeben von W. Brauer
im Auftrag der Gesellschaft für Informatik (GI)

13

Wilhelm Steinmüller
Leonhard Ermer
Wolfgang Schimmel

Datenschutz bei riskanten Systemen

Eine Konzeption entwickelt am Beispiel
eines medizinischen Informationssystems

Springer-Verlag
Berlin Heidelberg New York 1978

Autoren

Prof. Dr. Wilhelm Steinmüller
Aichahof 11
D-8400 Regensburg 15

Leonhard Ermer
Oranienstraße 60
D-6200 Wiesbaden

Wolfgang Schimmel
Hangelarerstraße 6
D-5300 Bonn-Holzlar

AMS Subject Classifications (1970): 68-02, 68 A 50

CR Subject Classifications (1974): 3.34, 3.7

ISBN-13: 978-3-540-08684-0   e-ISBN-13: 978-3-642-48218-2
DOI: 10.1007/ 978-3-642-48218-2

I N H A L T S V E R Z E I C H N I S

Z U M   G E L E I T

Die Öffentlichkeit wird in immer stärkerem Maße aufmerksam auf die Auswirkungen des Computereinsatzes: besonderes Interesse findet das Teil-
problem Datenschutz und Datensicherung. Die wissenschaftliche und politische Diskussion zu diesem Thema wurde bisher wesentlich von Juristen
und Betriebswirten bestimmt - die Informatiker waren daran nur sehr
wenig beteiligt.

Nach dem Abschluß der ersten Phase gesetzgeberischer Arbeit durch den Erlaß des Bundesdatenschutzgesetzes stehen trotz der durch das Gesetz neu
aufgeworfenen bzw. nicht geklärten Probleme jetzt die Aufgaben der Implementierung von Datenschutz in speziellen Systemen im Vordergrund.
Hier ist die Informatik gefordert. Jedoch ist die Gesamtproblematik,
die vor allem juristische, organisatorische und informatische Fragen
umfaßt, bisher nur unvollständig bekannt und erforscht.

In dieser Situation kommt der Studie von Herrn Kollegen Steinmüller
und seinen Mitarbeitern besondere Bedeutung zu:

- Es ist die erste Untersuchung, die ein *komplettes Paket* von Daten-
  schutz/Datensicherungsmaßnahmen für ein spezielles Informationssystem
  im Detail vorschlägt und begründet.

- Es werden erstmals an einem konkreten Beispiel *methodische Fragen* des
  Verfahrens der Datenschutz-Implementierung abgehandelt; dabei wird
  deutlich, daß nur ein interdisziplinäres Vorgehen sinnvoll ist.

- Es werden für die *Informatik* weitreichende Probleme der Pragmatik der
  Informationsverarbeitung aufgeworfen, deren theoretische Bewältigung
  einerseits erst in Ansätzen vorliegt, deren praktische Relevanz andererseits schnelle und zugleich praktikable Lösungen verlangt. Dabei
  zeigt sich, daß das Methodenreservoir der Informatik zur Strukturierung von multifunktionalen (heterogenen Umweltfunktionen dienenden)
  Systemen der Ergänzung bedarf.

- Es werden für die in der Bundesrepublik Deutschland noch nicht sehr
  weit entwickelte *Dokumentations- und Informationswissenschaft* wesentliche Probleme angeschnitten. Datenschutz ist dort, mehr noch als in
  der Informatik, "terra incognita", vorgeblich, weil Dokumentation derartige Fragen nicht aufwerfe - das Gegenteil ist offensichtlich der
  Fall: Medizinische Informationssysteme sind sowohl als Daten- als auch
  als Dokumentationssysteme realisierbar, wie das Beispiel INA zeigt.

- Es ergeben sich neue Gesichtspunkte für die *Rechtsinformatik*, wie Herr Kollege Steinmüller in seiner Verallgemeinerung des Resultats der Untersuchung auf "Risikosysteme" darlegt.

- Es wird aber auch, über den konkreten Anlaß hinaus, eine Bestandsaufnahme der *deutschen Datenschutzdiskussion* vorgelegt.

- Es sollte diese Studie auch gesehen werden in Zusammenhang mit dem rechtspolitischen Problem der "riskanten" *Automationsvorhaben der öffentlichen Verwaltung* im Sicherheits- und Sozialbereich, zumal Herr Kollege Steinmüller an der Vorbereitung des Bundesdatenschutzgesetzes beteiligt war.

Aus alle diesen Gründen hoffe ich, daß dieser Informatik-Fachbericht nicht nur auf großes Interesse stoßen wird, sondern vor allem auch als Anregung und Vorbild für die Entwicklung und Implementierung umfassender Datenschutz/Datensicherungskonzepte für konkrete Informationssysteme aus den verschiedensten Bereichen dienen sowie weitergehende interdisziplinäre Forschungen in Gang setzen wird.

Ich danke Herrn Kollege Steinmüller sehr herzlich für die Bereitwilligkeit, den ursprünglichen Projektbericht so umzuarbeiten, daß er für den breiten Leserkreis der Informatik-Fachberichte geeignet ist und freue mich sehr, daß diese Studie gerade jetzt und in dieser Reihe erscheinen kann.

Hamburg, 26. Oktober 1977   W.Brauer

V O R W O R T

Mit Recht spricht man heute von einer "information society", ja einer
"information economy" [1]. Wie in dieser Lage riulitfunktionale Systeme
mit hochsensitiven Daten - etwa ein medizinisches "Informationssystem
für Niedergelassene Ärzte" (INA) - zu organisieren seien, daß sie keine
Gefahr für die Umwelt darstellten, sondern sogar sozialen Nutzen er-
brächten; welche theoretischen und praktischen, deskriptiven und normativen Prämissen und Methoden hierzu beizuziehen seien - auf diese
Fragen gab und gibt es keine Antworten. So scheint diese Untersuchung
ungeachtet ihrer Entstehung (1974) steigender Aktualität zu sein.
Gleichwohl beansprucht auch diese Studie nicht eine die Totalität dieser Probleme ausschöpfende Lösung zu bieten. Aber ein Denkbeispiel, ein
Hinweis auf eine Richtung, eine Skizze eines Modells sollte sie sein.

Dies war nicht zu leisten ohne erfreuliche (und seltene) Zusammenarbeit
über räumliche und fachliche Grenzen hinweg. In diesem Sinn dankt der
Herausgeber vor allem dem Projektleiter des Gesamtvorhabens INA, Herrn
Dr. med. O.P. SCHAEFER, für die Ermöglichung einer Beteiligung an seiner
Pionierarbeit - die stets der zu bezahlen hat, der sie als erster für
andere unternimmt; nur selten genießt er selber die Früchte seines Prot-
agonismus. - Ferner den Mitarbeitern der PROJEKTGRUPPE INA; wesentliche
Anregungen gehen auf deren freimütige Auskünfte und Fragestellungen zu-
rück. - Des weiteren wurde die Überarbeitung und Fertigstellung durch
die Förderung des BUNDESMINISTERIUMS FÜR FORSCHUNG UND TECHNOLOGIE /
INSTITUT FÜR DOKUMENTATIONSWESEN ermöglicht; hierfür schulde ich dem
Direktor des IDW, Herrn Dr. CREMER, sowie Herrn Dr. LOHNER besonderen
Dank.

Sodann danke ich meinen Mitarbeitern Wolfgang SCHIMMEL (jetzt Gesellschaft für Mathematik und Datenverarbeitung) für den juristischen (3.)
und Leonhard ERMER (jetzt Automationsreferent beim Hessischen Innenministerium) für den Datensicherungsteil (6.), sowie ersterem für zahlreiche
Anmerkungen und hilfreiche Hinweise bei der Überarbeitung.

Eine ganz wesentliche Verbesserung des Resultats verdanke ich Herrn
Kollegen W. BRAUER, der trotz seiner zusätzlichen Belastung als Vor-
sitzender der Gesellschaft für Informatik sich der Mühe einer umfang-

---

1) So im Titel der beiden neuesten und umfassendsten Untersuchungen der PRIVACY
   PROTECTION STUDY COMMISSION und des U.S. DEPARTMENT OF COMMERCE vom Juli bzw.
   Mai 1977.

reichen Kommentierung des Ausgangsmanuskripts unterzog. Seine kritische
Durchsicht half manche sachlichen und sprachlichen Probleme zu klären,
wie sie gerade im interdisziplinären Gespräch auftreten.

Desgleichen Herrn Rüdiger DIERSTEIN, dem kenntnis- und listenreichen
Mitverfasser der "Datenschutzfibel", deren Neuauflage erwartet wird.
Seiner scharfsinnig-konsequenzenreichen Urgierung der Kontextualität
der Information schulde ich nicht nur eine erhebliche Bereicherung des
Ergebnisses, sondern auch eine Verdeutlichung meiner Forschungsrichtung.

Für die Veröffentlichung habe ich das schon einmal überarbeitete Manus-
kript im Rahmen der Aufgabenstellung der Forschungsstelle für Informationsrecht (FOSIR) gänzlich neugefaßt. Das inzwischen erlassene Bundesdatenschutzgesetz ist selbstverständlich berücksichtigt, brachte aber
als defiziente Teilmenge sinnvoller Datenschutzvorkehrungen keine tie-
fergreifenden Änderungen an der ursprünglichen Konzeption, verstärkte
vielmehr deren mögliche Bedeutung.

Last not least ist die ästhetische Gestaltung der Endfassung Fräulein
Roswitha WINKLER (Lehrstuhl) und Frau Annick MAYROCK (Forschungsstelle
für Informationsrecht) zu verdanken, ganz zu schweigen von den
Imponderabilitäten und Ineffabilitäten einer angenehmen Kooperation
in streßhaften Zeiten.

Regensburg, den 31. Dezember 1977   Wilhelm Steinmüller.

1. RAHMENBEDINGUNGEN EINER DATENSCHUTZKONZEPTION FÜR EIN INA

Es ist nicht ganz selbstverständlich, wenn im Rahmen eines EDV-Projekts ein derart umfangreiches Datenschutzkonzept erarbeitet wird, wie es hier - in völlig umgearbeiteter und erweiterter Form sowie auf den Stand der gegenwärtigen Diskussion gebracht [1] - in selbständiger Buchform vorgelegt wird.

Der sachliche Grund liegt abstrakt in den Veränderungen, die die ADV [2] in sozialen Systemen hervorruft, [3] konkret in der folgenschweren Mutation, die das ehrwürdige Institut der ärztlichen Schweigepflicht im Gefolge der ADV-Einführung in die medizinische Versorgung erleidet, [4] und schließlich in der paradigmatischen Bedeutung der gefundenen Problemlösung für ähnlich "riskante" Informationssysteme. [5]

Dies soll etwas näher beleuchtet werden, auch um die "Philosophie" des Konzepts zu verdeutlichen.

---

1) Die Datenschutzliteratur findet sich relativ vollständig in den Bibliographien zur Rechtsinformatik:
BIGELOW (für USA); CENTRE DE DOCUMENTATION ... (für Frankreich); ISTITUTO PER LA DOCUMENTAZIONE GIURIDICA ... (Bollettino); (BID) für Europa; NAGEL (Datenschutz); SCHUBERT/STEINMÜLLER (JUDAC); SIMITIS u.a. (Materialien); STEINMÜLLER (REDOK); TURN/HUNTER (Privacy).

2) Zur Terminologie: Hier wird statt des üblichen Begriffs "EDV" (Elektronische Datenverarbeitung) der allgemeinere Begriff ADV (Automatische bzw. automatisierte Datenverarbeitung; korrekter: automationsunterstützte Datenverarbeitung) verwendet. Nur der Deutlichkeit halber sei darauf hingewiesen, daß die folgenden Ausführungen sich generell auf alle Formen der ADV beziehen, dagegen die Fragen des Verbunds mehrerer (≙ zwei) Daten(kommunikations-)technologien grundsätzlich nicht mit einbeziehen: Die hieraus entstehenden Probleme sind derart umfangreich und schwierig, daß eine en-passant-Erörterung nicht verantwortet werden kann.

3) Vgl. die Zusammenfassung für Auswirkungen großer Informationssysteme bei BRUNNSTEIN (I/II/III) sowie WSt (Leviathan); von Informatikseite vor allem WEIZENBAUM (Reason) und GENRICH (Belästigung).

4) WSt (Schweigepflicht).

5) Unten 7.

1.1 ADV UND ÄRZTLICHE SCHWEIGEPFLICHT

A u t o m a t i o n bedeutet zunächst, grob gesprochen, eine formali-
sierungsbedingte Beseitigung von Handlungsspielräumen zwecks Rationalisierung, Leistungsvermehrung und Leistungserweiterung; I n f o r m a -
t i o n sautomation zusätzlich eine radikal erhöhte Transparenz (und
damit Manipulation) sozialer Systeme zugunsten derjenigen, die über diese Informationssysteme zu Verfügungen berechtigt sind.

Das bedeutet für unseren Fall: die ärztliche Schweigepflicht wird zunächst einmal in technische Abläufe einbezogen und muß darum unter den
Bedingungen maschinisierter Systeme neu realisiert werden. Allgemeiner:
soziale Freiheit ist nunmehr nur noch möglich, wenn sie von vornherein
in die Konstruktion der Informationssysteme eingeplant, auch mit den
Mitteln der modernen Daten- und Kommunikationstechnologien technisch
und organisatorisch abgesichert und schließlich in ihrem sozialen Um-
feld rechtlich verankert und gewährleistet wird. [1]

Die herkömmliche Datenschutzdiskussion hat dies nicht immer sehr deutlich gesehen. Sie hat häufig zu kurz gegriffen. Die vorliegende Untersuchung unternimmt es, dieses umfassendere Konzept des Bürgerschutzes
zu realisieren, und zwar gerade an einem so risikoreichen Projekt wie
dem eines medizinischen Informationssystems, das geradezu als Parade-
beispiel eines multifunktionalen "risky system" gelten darf [2], vor
allem wenn seine Einbeziehung in übergeordnete Informations- und Aus-
wertungssysteme erwogen wird.

Insofern ist der hier vorgeschlagene Problemlösungsansatz von umfassen-
derer Bedeutung: Er gälte mutatis mutandis auch für andere "sensitive"
Informationssysteme, die besonders hohe Gefährdungen für den Bürger mit
sich bringen, wie etwa im Sicherheits- und Sozialbereich.

Man gestatte einen Vergleich. Herkömmliche Informationsverarbeitung
und elektronische Datenverarbeitung verhalten sich wie ein freundliches
Kaminfeuer zu einem Atomreaktor. Unterstellt (was man allerdings mit

---

1) Zusammenfassung des Diskussionsstandes: WSt (EStL - 2).
2) "Datenschutz bei Risikosystemen" ist der Titel einer Veröffentlichung in NfD 1977,2.

sehr guten Gründen bestreiten kann [1]), daß der gesellschaftliche Nutzen des letzteren unvergleichlich viel größer sei, sowohl allgemein als auch für die Beteiligten, dann ist zu präzisieren: er ist größer, wenn die abstrakte Möglichkeit einer Explosion durch die entsprechenden Sicherungsvorkehrungen möglichst verringert wird und wenn diese Sicherungsvorkehrungen nicht zugleich die Vorteile aufzehren. Noch ein weiteres zeigt das Bild: bei einem Reaktor ist es sinnvoll, einen wesentlich höheren Sicherheitsgrad zu realisieren, da die Gefahren unverhältnismäßig viel größer sind, mag auch ihr Eintreten unverhältnismäßig viel weniger wahrscheinlich sein aufgrund eben dieser Vorkehrungen. - Schließlich ist auch inzwischen klar geworden, daß die eigentliche Gefahr bei der Atomtechnik und der Datentechnik "nicht-technischer" Natur [2] ist, nämlich die menschliche Nachlässigkeit und Langsamkeit sowie die Unfähigkeit komplexere Sachverhalte zu überschauen [3] und organisatorisch zu bewältigen, mit der schwer tolerierbaren Folge, daß die Konsequenzen derartiger menschliche Unzulänglichkeiten leichter ins ökonomische oder politische Kalkül eingesetzt werden können.

Ähnlich liegt es hier im Rahmen von INA als einem ersten Vorboten des Kommenden. Für sich betrachtet, nimmt man also INA allein und isoliert es von den übrigen ADV-Entwicklungen in Wirtschaft und Staat, so mag unsere aufwendige Vorgehensweise in Sachen Datenschutz zunächst unangemessen erscheinen. Anders, wenn der Systemzusammenhang erkannt wird. ADV ist die erstmals im größeren Maßstab gelingende maschinelle Darstellung und Herstellung geistiger Funktionen. [4] Geschieht dies im ärztlichen Bereich - wie z.B. in einem INA -, so sind hiervon nicht nur einzelne Patienten betroffen, tritt nicht nur ein gewisser - möglicherweise

---

1) Gerade die Kerntechnologie ist ein deutliches Beispiel dafür, daß die Gestehungs- und Folgekosten einer neuen Technik den sozialen Gesamtnutzen ihres Einsatzes erheblich reduzieren oder sogar aufheben können; man denke dabei nur an den Aufwand zur Errichtung der Kraftwerke, für die Beseitigung und Aufbereitung radioaktiver Abfälle, ferner an die Belastung der (vor allem sozialen) "Privatsphäre" durch die erforderlichen umfangreichen Sicherheitsprüfungen von Mitarbeitern und Zulieferern. - Es hat demgegenüber jedoch den Anschein, daß die Sicherheitskosten der ADV in überschaubaren Größenordnungen gehalten werden können, wie das Datensicherungskonzept (unten 6) wenigstens für INA zeigt; allgemein dazu auch AMESBERGER u.a. (Datenschutz) 59; OBERLODE/WINDFUHR (Methoden) 236.

2) Formulierung in Anlehnung an das Projekt "Nicht-technische Auswirkungen ..." am Institut für Informatik der Universität Hamburg; vgl. HEIBEY u.a. (Nicht-technische Auswirkungen).

3) Zu den Eigenschaften komplexer Maschine-Mensch-Systeme WSt (Verwaltungsautomation).

4) Für näheres vgl. WSt (Informationsrecht).

zweifelhafter - Rationalisierungseffekt bei der ärztlichen Behandlung
ein, vielmehr sind wesentliche Veränderungen des Bisherigen zu erwarten,
mag auch für den Unkundigen im Rahmen von INA davon noch nicht sehr viel
zu ersehen sein.

Andererseits gestattet gerade die Datentechnologie [1] möglicherweise
einen wesentlich höheren Sicherheitsgrad als dies bisher möglich war.
Eine herkömmliche Kartei vereinigt alle Arten von Informationen über
Patienten, unberechtigtem Zugriff fast schutzlos ausgeliefert - man ver-
gleiche den bekannten Einbruch bei einem Psychiater zwecks politischer
Diffamierung eines seiner Patienten. Eine vernünftige, rechnergestützte
Dateiorganisation dagegen spaltet ohne wesentlichen zusätzlichen Aufwand
eine Identifikationsdatei von den sonstigen Dateien ab [2], die, für sich
genommen, bloße Sachdateien darstellen, deren isolierter Diebstahl nur
bei außergewöhnlichen Detailkenntnisen nicht folgenlos bliebe.

Entsprechendes gilt, wenn man diese individuelle Ebene des kleinen Daten-
diebs verläßt, auch auf der übergeordneten Ebene der Einbettung des INA-
Systems in das Umsystem der medizinischen Versorgung. Freilich wird auf
dieser eher kollektiven Ebene eine andere Art von Maßnahmen erforderlich.
Wie INA, vom Gesichtspunkt des Schutzes des Arztes und des Patienten her,
gleichsam eine Institutionalisierung ärztlicher Schweigepflicht unter
den neuartigen Bedingungen der ADV darstellt, so verlangt die sinnvolle
Einbeziehung von INA in das allgemeine System der medizinischen Versorgung auf höherer Ebene nunmehr eine Institutionalisierung des Schutzes
von INA selbst.

Oder anders: Wenn herkömmliche Informationsverarbeitung mit ihren Mängeln
verglichen werden könnte mit lokalen Entzündungen an den Extremitäten,
so würde nunmehr auf der Ebene der Systemzusammenhänge fehlender Datenschutz den Durchbruch der Entzündungen auf die Nervenbahnen des Körpers
bedeuten, gegen den nun als Abwehr gleichsam zusätzliche Lymphknoten in
den Organismus der gesellschaftlichen Informationsverarbeitung eingebaut
werden müssen. - Was hier in unzureichenden Bildern ausgedrückt werden

---

1) Als zusammenfassende Bezeichnung für alle Techniken (einschl. ihrer Anwendungs-
   "Philosophie") der Datengewinnung (z.B. Sensoren), -speicherung (z.B. COM, -verände-
   rung (z.B. Computer), -vervielfältigung (z.B. Reprotechniken), -übermittlung (z.B.
   Tele- und Breitband"kommunikation"), usw.

2) In der Mehrzahl der DV-Verfahren ist diese Trennung von Grund- und Folgedateien
   ohnehin die rationellste Systemauslegung.

will, was zugleich in der theoretischen Abstraktion und in Unkenntnis
der Auswirkungen allzu schnell, d.h. wirkungslos akzeptiert zu werden
pflegt, ist das Prinzip der notwendigen höheren Systemdifferenzierung
bei erhöhter Komplexität [1], insbesondere bei erhöhter Gefahrenträchtig-
keit des Systems.

Genau dies geschieht hier durch den Vorschlag der Errichtung eines "abgeschotteten" INA mit definierten Kanälen zur Umwelt. Beides zusammen,
negative Abgrenzung wie positive Kanalisierung [2], ermöglicht die Quadra-
tur des Zirkels: den Schutz der ärztlichen Schweigepflicht wie die Stil-
lung des Informationsbedarfs einer modernen, planenden Verwaltung.

Wie aber kam es zu "INA", wovon diese Konzeption nur ein Teil ist, und
welche Bedeutung hat das Ergebnis in der Sicht des Arztes und seinerzeitigen Projektleiters?

---

1) LUHMANN (Rechtssoziologie).
2) Zum positiven und negativen Aspekt der Abschottung vgl. Postulat III (unten 4.4.3).

1.2 DAS PROJEKT "INA" - ZUGLEICH EIN GELEITWORT

(O.P. Schaefer)

Die Entstehung dieser Studie hat eine lange Vorgeschichte. Sie steht in einem spezifischen förderungs- und forschungspolitischen Zusammenhang, der ihren ursprünglichen Stellenwert verdeutlicht.

1.2.1 Entstehung und förderungspolitischer Zusammenhang

In einer "Studie über die Anwendung der Datenverarbeitung in der Medizin" [1], die im Auftrage des Bundesministeriums für Bildung und Wissenschaft im Februar 1972 erarbeitet wurde, war erstmals der Vorschlag enthalten, die Datenverarbeitung auch im ambulanten medizinischen Bereich durch die Bundesregierung zu fördern.

Nach Ausschreibung eines Forschungs- und Entwicklungsvorhabens zur "Einführung der Datenverarbeitung in der ärztlichen Praxis" (EDAP), wurde im Juni 1972 dem Antrag der "Arbeitsgemeinschaft für Rationalisierung und Organisation in der Medizin", ARO e.V., Kassel, entsprochen, das Teilvorhaben "Informationssystem für den niedergelassenen Arzt" (INA), in einem gemeinsamen Projekt mit der "Gesellschaft zur Förderung der Forschung an der Deutschen Klinik für Diagnostik" in Wiesbaden durchzuführen. [2]

Das Vorhaben wurde entsprechend früheren Anregungen und Überlegungen [3] wie folgt umschrieben:

"Das Teilvorhaben INA umfaßt Ist-Analyse, Soll-Konzeption und System-Analyse mit Kostenschätzung für die Realisierung eines Informationssystems für den niedergelassenen Arzt".

---

1) SCHNEIDER u.a. (Medizin).

2) Gefördert durch den Bundesminister für Forschung und Technologie unter DVM 014; verantwortlich für die Durchführung war die ARO; die Projektleitung oblag O.P. SCHAEFER.

3) SCHAEFER (Klinik); (Der niedergelassene Arzt).

Folgende A u f g a b e n waren vorgesehen:

(1) Das Informationsspektrum und der Informationsbedarf der verschie-
     denen Bereiche der ambulanten medizinischen Versorgung sind zu
     klären.

(2) Der Einsatz der Datenverarbeitung zur Optimierung des Informa-
     tionsflusses unter Ärzten, zwischen Ärzten und Krankenhäusern
     und umgekehrt unter Ausnutzung bestehender ärztlicher Gemein-
     schaftseinrichtungen oder Individualpraxen ist zu definieren.

(3) Das Projekt soll zur Rationalisierung der Arbeitsabläufe in orga-
     nisatorischer wie funktioneller Hinsicht, besonders angesichts
     der gegenwärtig stark inhomogenen Struktur der ambulanten gesund-
     heitlichen Versorgung der Bevölkerung, beitragen.

(4) Es ist ein modulares DV-System (hard- und software) zu konzipieren,
     das möglichst weitgehend den unterschiedlichen Bedürfnissen und
     Gegebenheiten in den ärztlichen Individual- und Gemeinschafts-
     praxen - auch fachspezifisch - gerecht wird.

(5) Dagegen war ursprünglich die Berücksichtigung übergeordneter
     Systeme nicht zur Aufgabe gestellt.

Das Projekt endete mit der Definitionsphase. Es wurde in d r e i
S t u f e n, vom 1. Mai 1972 - 31. Dezember 1974, verwirklicht: [1]

(1) Stufe I: Aufbau der personellen Kapazitäten, Ist-Analyse, beson-
     dere Anforderungen an Biosignalverarbeitung und Laborautomation
     in der Routine des niedergelassenen Arztes.

(2) Stufe II: Soll-Konzeption unter Einbeziehung der Erfahrungen aus
     den Unteraufträgen, mündend in der

(3) Stufe III: Systemanalyse und Systementwürfe mit Kostenschätzungen
     für die notwendige hard- und software für eine Realisierung des
     "Informationssystems für den niedergelassenen Arzt".

---

[1] DANIELS/SCHAEFER (Zusammenfassung).

Im Rahmen einer kurzen Beschreibung des Projekts kann auf eine ausführliche Darstellung der ersten beiden Stufen verzichtet werden. Wichtig im interessierenden Zusammenhang ist nur die Aufzählung einiger wesentlicher K o m p o n e n t e n der ursprünglich geplanten und zu großen Teilen verwirklichten Systemanalyse:

(1) Automation eines Gemeinschaftslabors für 40 bis 100 tätige Ärzte aller Fachrichtungen [1] unter besonderer Berücksichtigung einer verläßlichen Personenidentifikation von Patient und Einsender und unter Zuhilfenahme bestehender Systeme.

(2) Entwicklung von programmgesteuerten Verwaltungsstrategien, die eine ADV-gerechte Leistungsdatenerfassung einer großen Gruppe von Ärzten ermöglichen.

(3) Entwurf von Datenerfassungssystemen für die Mitglieder von Gemeinschaftseinrichtungen und Individualpraxen zum Zwecke der Erfassung und Präsentation der Labordaten, einer Basisanamnese und der Befunddaten, der Leistungs- und Abrechnungsdaten.

(4) Der Entwurf von aufgabenspezifischen peripheren Einheiten zur dezentralen Speicherung von Patientendaten sowie zur Prüfung kostensparender Übermittlungswege zu einem zentralen Rechner.

(5) Entwurf einer gemeinsamen EKG-Datenverarbeitung mit automatischer Vermessung und Auswertung der EKG's für eine Gemeinschaft von 40-100 niedergelassenen Ärzten.

(6) E n t w i c k l u n g v o n s y s t e m- u n d p r o -g r a m m s p e z i f i s c h e n D a t e n s c h u t z- u n d D a t e n s i c h e r u n g s m a ß n a h m e n.

Der entscheidende konzeptionelle Bestandteil des Vorhabens war die Nutzung neuer Formen ärztlicher Zusammenarbeit in freier Praxis, nämlich eines Gemeinschaftslabors niedergelassener Ärzte. Dieses Vorgehen war bestimmt durch die Forderung nach einem von vornherein kostendeckenden System, das, mit einer Eingangsstufe über das Subsystem Labor, schrittweise für die Lösung der anderen Teilbereiche: Biosignalverarbeitung (automatische

---

1) Außerhalb der Förderung.

EKG-Auswertung) und Arztpraxis, entwickelt werden sollte.

Für den Benutzer sollte als Vorteil erkennbar werden, daß neben der Quali-
tätssicherung, einer komfortablen Befundpräsentation und der Kostenab-
rechnung der beteiligten Ärzte untereinander auch eine Erleichterung bei
der Kassenabrechnung und eine statistische Auswertung der eigenen Arbeitsweise möglich würde.

Mit dem Anspruch auf einen Informationsverbund und der Möglichkeit der
Interaktion der beteiligten Ärzte mit dem zentralen Rechnersystem der
Gemeinschaft, waren detaillierte Datenschutz- und Datensicherungsüber-
legungen sowohl aus ärztlicher als auch aus juristischer Sicht zur Wahrung der Schweigepflicht unerläßlich, vor allem auch wegen der Frage des
Datenträgeraustausches mit anderen Einrichtungen des Gesundheitswesens
sowie der Frage von Auskunftssystemen.

Nachdem für die Bearbeitung aller übrigen Teilbereiche namhafte Wissenschaftler und Mitarbeiter, vornehmlich an der Medizinischen Hochschule
Hannover, gewonnen werden konnten, ergab sich aufgrund früherer Kontakte
und gemeinsamer Überlegungen, auch bei der Vorbereitung und Beratung des
Bundesdatenschutzgesetzes, daß Herr Steinmüller und Mitarbeiter die Er-
arbeitung einer Datenschutzkonzeption für INA übernahmen.

Noch vor Abschluß des INA-Projektes wurde das DV-Demonstrationsprojekt
"DV-Einsatz zur Lösung überbetrieblicher Organisations- und Management-
Aufgaben durch Integration des normierten Informationsflusses zwischen
verschiedenen Einrichtungen des Gesundheitswesens" (mit der Kurzformel
"DOMINIG") von Mitgliedern des Sachverständigenausschusses des Bundesministeriums für Forschung und Technologie vorgeschlagen und alsbald
ausgeschrieben. [1]

Hierdurch wurde INA in ein übergeordnetes Konzept einer umfassenden DV-
Planung im gesamten medizinischen Bereich eingefügt, das u.a. den zentralen Datenverbund
  - der niedergelassenen Ärzte und
  - der Krankenhäuser mit einem
  - überbetrieblichen Planungs- und Organisationssystem des öffentlichen
    Gesundheitswesens

---

1) Bundesanzeiger vom 10. Aug. 1973 Nr. 148 1 ff.

umfaßt. [1]

Konsequenterweise wurde darum bereits in der Schlußphase des INA-Projekts
(Herbst 1974) auf Geheiß des Ministeriums Erfahrungen und Materialien
des INA-Projekts an die Antragsteller von DOMINIG weitergegeben. Dabei
kommt dem hier vorgelegten Datenschutzteil fraglos eine zentrale Rolle
zu. So darf mit einiger Spannung die Verwirklichung der im INA erarbei-
teten Datenschutzpostulate bei Abschluß des DOMINIG erwartet werden.

1.2.2 Einige Lehren aus der Projektarbeit

Dem seinerzeitigen Projektleiter sei es gestattet, aus der Sicht des
Arztes einige persönliche Beobachtungen anzufügen.

Zunächst kann mit einiger Genugtuung darauf hingewiesen werden, daß die
aus nicht-technischen Überlegungen heraus gewählte modulare organisatorische und Hardware-Konzeption (Klein- und Kleinstrechner sowie deren
Verbund) durch die technische Entwicklung in der Zwischenzeit eher an
Aktualität gewonnen hat, gerade weil wir uns an den empirischen Benutzer-
bedürfnissen orientierten.

Die Bewältigung einer solchen Aufgabe war angesichts eines erst in der
Entstehung befindlichen Konzeptes nur durch einen permanenten Gedanken-
und Erfahrungsaustausch aller Beteiligten möglich. Diese Kooperation
erwies sich auch als theoretisch gerechtfertigt: Nachträglich läßt sich
feststellen, daß die verfassungsmäßig garantierten Persönlichkeitsrechte
in medizinischen Informationssystemen nur dann zuverlässig gewahrt werden können, wenn Datenschutz- und Datensicherungsmaßnahmen vom ersten
Schritt einer Projektplanung an in die Entwicklung einbezogen werden.
Nur so auch können kostspielige Korrekturen post festum vermieden werden.

---

1) Bisher ist wenig veröffentlicht; vgl. für DOMINIG I: SENATOR FÜR GESUNDHEIT ...(1973);
   II: HZD/KIGST (1975); III: ZENTRALINSTITUT ... (1976). - Der Inhalt der drei Teil-
   vorhaben ist:
   I. Medizinisches Organisations- und Planungssystem für überbetriebliche Aufgaben
      und Aufgaben des öffentlichen Gesundheitswesens;
   II. Informationsverbund mehrerer Krankenhäuser unter Benutzung eines zentralisier-
       ten DV-Systems;
   III. Informationsverbund für niedergelassene Ärzte und sonstige an der ambulanten
        Versorgung beteiligte Einrichtungen unter Benutzung eines zentralisierten DV-
        Systems.

Dagegen gibt die gesetzgeberische Aktivität der letzten Zeit zu Besorgnis Anlaß. So wurde die Diskussion um die ärztliche Schweigepflicht durch die neugefaßte "Ermächtigungsklausel" der Personenversicherer zur Befreiung von der Schweigepflicht und durch die Einführung des § 223 RVO in Zusammenhang mit § 319 a des sogenannten Kostendämpfungsgesetzes (KVKG) kritisch belebt. Beide Maßnahmen sollen die zentrale Speicherung und Verfügbarkeit von Gesundheitsdaten erleichtern.

Die Gefahr, daß aus der Schweigepflicht des Arztes letztlich eine nahezu unbegrenzte Auskunftspflicht an private und gesetzliche Versicherungsunternehmen wird, ist damit aus ärztlicher Sicht sehr nahegerückt. Es wird von manchem fachlichen und politischen Diskutanten offenbar verkannt, daß es sich bei der Schweigepflicht des Arztes nicht um ein Recht der Ärzte, sondern um ein elementares Persönlichkeitsrecht der Bürger handelt.

Die Vorteile eines organisatorisch und zugleich informationsrechtlich "nach außen abgeschotteten INA" gegenüber bereichsübergreifenden "interaktiven Systemen", wie in DOMINIG vorgesehen, werden bei der Lektüre beider Vorhaben und besonders des vorliegenden Berichtes deutlich. Es gibt keine Alternative zu einer rigorosen Regelung des Datenschutzproblems.

Die Zweckbindung bei Weitergabe und Verarbeitung von **personengebundenen** Daten und Informationen muß in jedem denkbaren System oberster Grundsatz bleiben. Das Recht des Bürgers auf lückenlose Auskunft [1] über die über ihn gespeicherten Daten und Informationen sollte auch im medizinischen Bereich durch Ärzte [2] gewährleistet werden, unbeschadet des Rechtes auf Korrektur der Daten bei fehlerhafter Speicherung, bzw. auf Löschung nach angemessener Frist.

Die Gewißheit, daß sich diese Grundeinstellung weitgehend auch mit der juristischen Interpretation der Gesamtproblematik deckt, ist nicht zuletzt dem Umstand zu verdanken, daß sich die Autoren dieser Studie mit der schwierigen Materie der Medizinischen Datenverarbeitung, mit allen zur Diskussion stehenden Randbedingungen, ernsthaft befaßt haben.

---

1) Im BDSG nur partiell realisiert in den §§ 13; 26; 34.

2) Dies ist der Sinn des etwas geheimnisvoll formulierten § 26 Abs. 2 S. 4 BDSG "soweit nicht wegen besonderer Umstände ..."; dazu ausführlich ORDEMANN/SCHOMERUS (Erläuterungen) § 26 Anm. 6.1; 6.2.

1.3 DAS TEILPROJEKT "DATENSCHUTZKONZEPTION FÜR EIN INA"

1.3.1 Schwierigkeiten bei der Durchführung

Ein Entwurf eines Datenschutzkonzeptes setzt eigentlich und prinzipiell
die Kenntnis sämtlicher Systemalternativen voraus, um die unter Datenschutzgesichtspunkten zweckmäßigere Konstellation auszuwählen. Diese
Forderung war jedoch unrealisierbar: Das Datenschutzkonzept mußte gleichzeitig mit dem übrigen Abschlußbericht des Projekts erstellt werden,
sich demnach in einigen Punkten auf vorbereitende Arbeitspapiere stützen;
überdies ist der erarbeitete Systemvorschlag für ein INA z.T. variabel
in der technischen Realisierung und der Systemgestaltung. [1]

Da also der Sollvorschlag über das künftige INA zur Zeit der Erstellung
des Datenschutzkonzepts noch nicht vorlag, mußte er von den Verfassern
hypothetisch angenommen werden. Es entstand ein vom Sollvorschlag des
Hauptprojekts teilweise unabhängiger Sollvorschlag, der das INA-System
unter Datenschutzgesichtspunkten kritisch rekonstruierte.

Diese scheinbar suboptimale Vorgehensweise erwies sich als Vorteil: Durch
den Dialog mit den übrigen Beteiligten konnten deren Vorstellungen über
das künftige INA berücksichtigt und zugleich in Richtung auf eine daten-
schutzfreundliche Struktur beeinflußt werden. So entstand letzten Endes
ein Gesamtvorschlag, der Effizienz mit voraussichtlicher Kostengünstig-
keit und Schutz der Betroffenen vereinte, soweit es auf dieser Konkre-
tionsstufe möglich und sinnvoll war.

Als weitere Erfahrung aus der Arbeit kann berichtet werden, daß die
Formulierung einer Datenschutzkonzeption wegen der ständig notwendig
werdenden sprachlichen und sachlichen Grenzüberschreitung einen sehr
erheblichen interdisziplinären Verständigungsaufwand erforderlich macht,
namentlich was den Übergang von technischer Beschreibung zu organisatorischer Strukturierung und normativer Bewertung betrifft.

---

[1] Vgl. DANIELS/SCHAEFER (Zusammenfassung) 142: Realisierungsstufen; 173: Pilotmodell-
charakter des Systemvorschlags.

1.3.2 Literaturlage

Diese Schwierigkeit spiegelt sich wider in der Literaturlage. Sie er-
leichterte die Arbeit in keiner Weise:

Die internationale Datenschutzdiskussion - vorwiegend von Juristen und
Betriebswirten geführt - ist inzwischen fast uferlos. [1] Gleichwohl
gibt es bis heute keine veröffentlichte systematische Untersuchung, wie
ein konkretes Informationssystem "sicher" im Sinne des Datenschutzes gemacht werden könne, abgesehen von einigen wenigen Veröffentlichungen für
kleinere Systeme. [2] Denn die bisherige Datenschutzliteratur [3] beschäftigte sich fast ausschließlich mit der Frage, welche Gefahren von Informationssystemen ausgehen könnten [4] und wie ihnen zu begegnen sei. Da sich
erst neuestens die Auffassung durchzusetzen beginnt, daß Datenschutz nicht
eine Frage von Einzelmaßnahmen, erst recht nicht von lediglich technischen Vorkehrungen [5], sondern der Optimierung der gesamten Systemorga
nisation [6] im Hinblick auf übergeordnete Zwecke sei [7], fehlen bisher

---

1) So wies die Zeitschriftendokumentation "REDOK" (STEINMÜLLER, 1975) zum Deskriptor
   "Datenschutz" für 1975 bereits 226 Titel aus der (vorwiegend deutschen) Diskussion
   nach; TURN/HUNTER kamen bereits 1973 auf mehr als 1000 Nachweise vorwiegend aus
   der US-Literatur.

2) Z.B. LINDEMANN u.a.: (Organisation) und OBERLODE/WINDFUHR (Methoden). Eine abstrakte,
   aber sehr hilfreiche Darstellung bieten AMESBERGER u.a. (Datenschutz).

3) Bibliographie: unten 9.4 A.

4) Vgl. statt vieler die umfangreiche und typische Aufstellung bei SEIDEL (Datenbanken).

5) Die technische Literatur beschäftigt sich fast ausschließlich mit den Maßnahmen der
   Abschirmung gegen Verlust, Zerstörung oder unberechtigten Zugriff, also mit Maßnahmen
   der Datensicherung. Die Ursachen für diese einseitige Entwicklung liegen einmal daran, daß die theoretische Erforschung der Pragmatik von Informationssystemen meist
   nicht einmal als Problem erkannt wurde; zum anderen in der (in den Grundzügen über-
   einstimmenden) Strategie großer Hersteller, Datensicherungsmaßnahmen (im Interesse
   des Datenverarbeiters) als "Datenschutz" (im Interesse des von der Datenverarbeitung Betroffenen) auszugeben - zwar ökonomisch verständlich, aber sachlich irrefüh-
   rend; so etwa wo Datenschutz als Ziel, Datensicherung als Mittel hierzu behauptet
   wird (vgl. für SIEMENS: AMESBERGER u.a.; für IBM: z.B. PAWLIKOWSKY (Datenschutz);
   richtig dagegen HERGENHAHN (Stichworte); dies entspricht auch dem damaligen Problem-
   bewußtsein der Anwender (z.B. HENTSCHEL u.a.: Datenschutzfibel 11 - anders 93!).

6) Vgl. OBERLODE/WINDFUHR (Methoden) 236, die Datenschutz und Datensicherung als einheitliches Maßnahmepaket bei der Systemauslegung verstehen; vor allem aber HENTSCHEL
   u.a. (Datenschutzfibel).

7) So der Regensburger Ansatz; vgl. WSt u.a. (Gutachten); (Schutz vor Datenschutz).

Anweisungen, wie eine derartige Datenschutzorganisation zu realisieren
ist. Hierzu einen Beitrag zu entwerfen war Reiz und Problem der vorliegenden Untersuchung.

1.3.3 Neuheit der Problemstellung

Die Literaturlage zeigt die Neuheit der Problemstellung. Im Grunde handelt es sich um zwei Unterfragen:
  (1) die Implementierung von Datenschutz allgemein in konkrete Systeme
  (2) die Implementierung von Datenschutz speziell in besonders gefähr-
      dete Systeme.

Ungelöst ist bereits die methodische Frage der Vereinigung der in Literatur und Praxis getrennt ablaufenden "Stränge": [1]
  (1) Entwicklung einer ADV-Konzeption
  (2) Kritische Würdigung unter Datenschutzgesichtspunkten
  (3) Konstruktive Vereinigung von (1) und (2) unter einem einheitlichen
      Gesichtspunkt und Implementierung in einer kontroll- u n d be-
      nutzerfreundlichen Organisation. -

Erst recht harrt der zweite, schwierige Fragenkreis einer befriedigenden
(und auch praktische Bedürfnisse abdeckenden) Bearbeitung: Das Problem
der datenschutzgerechten Organisation von besonders "sensitiven" [2]
multifunktionalen [3] Informationssystemen nach Art eines medizinischen
Daten verarbeitenden INA ist bisher schlicht ungelöst.

---

1) Die fehlende Problemlösung ist aus der Entstehungsgeschichte der Datenverarbeitung
   zu verstehen (wenngleich nicht zu entschuldigen): Maschinelle DV-Systeme - Rechner-
   hardware, Systemsoftware, Programmiersysteme, Anwender-Software usw. - wurden bisher unter der Maxime größtmöglicher Wirtschaftlichkeit entwickelt: "Grundprinzip
   für die Konstruktion aller bisher entwickelten DV-Systeme war bisher die Wirtschaftlichkeit", urteilen HENTSCHEL u.a. (Datenschutzfibel) 107. Sicherheitsmaß-
   nahmen, soweit sie implementiert wurden, standen im wesentlichen unter dem gleichen
   Aspekt. Recovery-Routinen, Checkpoint- und Wiederanlaufverfahren usw. dienten vor
   allen Dingen der Sicherung und der Optimierung der Nutzung. Werden aber Gesichtspunkte des Datenschutzes mit einbezogen, muß die Systementwicklung von vornherein,
   d.h. schon beim Entwurf des Systems, den Betroffenenschutz als zur Wirtschaftlichkeit und Flexibilität komplementäres Konstruktionsprinzip mit einbeziehen.

2) In Fortentwicklung des Begriffs der "sensitiven Daten" (vgl. insbesondere BING:
   Classification): "Sensitiv" sind nicht einzelne Daten, sondern allenfalls bestimmte
   Auswertungsverfahren, d.h. "Informationssysteme" i.w.S., korrekter: der Benutzer
   (unten 4.2.3/4).

3) Vgl. die Ausführungen zu den divergenten Aufgaben und zahlreichen Interessenten von
   INA. Dabei ist zu berücksichtigen, daß die Bedeutung von INA nur als Teilsystem im
   Rahmen der Automationsvorhaben im Bereich der sozialen Sicherung und des Gesundheits-
   wesens zutreffend erkannt werden kann.

Dies erklärt den Umfang der hier zur Diskussion vorgelegten Vorschläge,
den verschiedenen Detaillierungsgrad und die Erprobungsbedürftigkeit
im Rahmen der weiteren Entwicklung, vor allem im Rahmen von übergeordneten Systemen.

Hierbei kann ein Phänomen eine Rolle spielen, das auch sonst nicht
ganz unbedeutend ist: der gegenseitige (Un-)Bekanntheitsgrad der Ergebnisse verschiedener Disziplinen untereinander. So dürfte für den
EDV-Praktiker die Konfrontierung mit den Ergebnissen der in der Hauptsache von Juristen und zunehmend auch von Betriebswirten geführten,
inzwischen aber fast uferlos gewordenen internationalen Datenschutz-
forschung manche Frage aufwerfen; andererseits ist kaum zu verkennen,
vielmehr ausdrücklich hervorzuheben, daß dem vorgeschlagenen Konzept
die praktische Bewährung und damit die Korrektur durch die Praxis selbst
erst noch zugute kommen muß. Dem Informatiker wird vielleicht verständlich werden, warum seine Wissenschaft, die angetreten war mit dem Anspruch der theoretischen Bewältigung formaler Informationsstrukturen,
in der pragmatisch-politischen Diskussion des Datenschutzes anfangs
eine zu vernachlässigende Größe bleiben mußte - sicher nicht zum beider-
seitigen Vorteil -; andererseits mag der Mediziner mit Schrecken bemerken, wie auf scheinbar technischem Umweg juristisch-organisatorische
Einflüsse seine Tätigkeit überlagern.

1.4 ZIEL UND AUFBAU DER STUDIE

Wesentliches Anliegen dieser Studie ist es, das Entstehen eines medizinischen Informationssystems nicht in einerFlut von Rechtsvorschriften
zu ersticken, die dem vermeintlichen oder wirklichen Interesse einer
herkömmlich individualistisch verstandenen "Privatsphäre" dienen möch-
ten, vielmehr ein Datenschutzkonzept zu entwerfen, das - von vornherein
automationsfreundlich - gerade Vorteile der ADV in einem Vorschlag zu
realisieren versucht, der sich der technischen Möglichkeiten bedient,
die das neue Instrument zur Verfügung stellt, um ein sozial befriedigen-
des System zu rekonstruieren.

Mehrere Gruppen von Vorgaben sind bei dem derartigen Entwurf zu berücksichtigen:
- der gewünschte (künftige) tatsächliche Soll-Zustand des arbeitenden
  Systems: deskriptive Vorgabe;

- die rechtlichen Randbedingungen, die bei der Errichtung beachtet
  werden müssen: rechtlich-normative Vorgabe;

- der bisherige Stand der Datenschutzdiskussion, soweit nicht schon
  im BDSG verrechtlicht: politisch-normative Vorgabe;

- die Weiterentwicklung einer Konzeption auf "riskante" Systeme: die
  zehn Datenschutzpostulate;

- die maßgeschneiderte Konkretisierung dieser Vorgabe auf INA;

- die Datensicherungsmaßnahmen im Rahmen dieser Konkretisierung:
  technisch-organisatorische Vorgabe.

Dies ergibt folgenden A u f b a u: Zunächst soll der Versuch unter-
nommen werden, nach Skizzierung der tatsächlichen (2.) und rechtlich-
normativen Vorgaben (3.) das eigene System des Datenschutzes zu entwickeln.
Hierzu werden die allgemeinen Resultate der bisherigen Datenschutzdiskussion zusammengefaßt (4.1-4.3), die dann im Hinblick auf dieses System
in Gestalt von 10 "Postulaten" weiterentwickelt werden (4.4). Sie sind
das Kernstück der Untersuchung. Ihre Bedeutung wird entfaltet und konkretisiert in einem detaillierten Systemvorschlag (5.). Das Datensicherungskonzept (6.) ist die Ergänzung in doppelter Hinsicht: einmal im
Interesse des benützenden Arztes, andererseits im Hinblick auf den un-
mittelbaren Schutz der Funktionsfähigkeit der ADV selbst.

Die abschließende Verallgemeinerung (7.) schlägt eine Generalisierung
der Ergebnisse des INA-Konzepts auf Risikosysteme überhaupt vor. Ein
Anhang (8.) umfaßt auszugsweise einschlägige Rechtsnormen.

2. DESKRIPTIVE VORGABE: DER HYPOTHETISCHE SOLL-ZUSTAND VON INA

In diesem Teil soll beschrieben werden, welche deskriptiven Vorgaben
der zu entwerfenden Datenschutzkonzeption zugrundegelegt wurden.

Wenn beschrieben werden soll, bedarf es einer hinreichend klaren Terminologie; sie ist naturgemäß vom Datenschutz her konzipiert (2.1); sodann der Angabe des einzuschlagenden (systemanalytischen) Verfahrens
zur Beschreibung des Systems (2.2); schließlich der deskriptiven Annahmen
über das System und seine Teile selbst (2.3).

2.1 TERMINOLOGIE

Jede Terminologie ist verwendungs-, d.h. zweckabhängig. Darum bilden
Informatik, Recht, Datenverarbeiter, Politiker verschiedene Terminologien aus. [1] Die für diese Untersuchung benützte Begrifflichkeit ist
diejenige, die für Zwecke der Datenschutzgesetz-Vorbereitung überwiegend
von Rechtsinformatikern konzipiert wurde, [2] und darum inhaltlich nur
ähnlich gleichlautenden Begriffen anderer Disziplinen.

Hier werden nur einige grundlegende Begriffe bestimmt; weitere Begriffe
sowie die Begründung der Begriffsbildung wird an den sachlichen Schwer-
punkten erläutert.

(1) D a t u m und I n f o r m a t i o n:
Information [3] sei undefinierter, auf den Menschen bezogener
Grund- und Oberbegriff; Datum deren maschinelle (hier: meist digitale) Darstellung; zwischen Datum und Nachricht [4] werde nicht
unterschieden.

---

1) Dazu vor allem die semiotischen Untersuchungen von KLAUS (Wort); (Sprache).

2) Für hier grundlegend WSt u.a. (Gutachten).

3) Der in der Informatik meist undefiniert vorausgesetzte (BAUER/GOOS: I) Informations-
   begriff wird in der Rechtsinformatik (WSt: Grundbegriffe) nach KLAUS (Kybernetik);
   (Semiotik) auf den Modellbegriff der Kybernetik bzw. der Mathematik abgebildet
   (PODLECH: Information). Der Vorteil besteht darin, daß
   - mit Hilfe der Semiotik alle Bestandteile von Informationssystemen und -prozes-
     sen unter einen einzigen Begriff (der syntaktischen; semantischen; pragmati-
     schen; sigmatischen Information) gebracht werden können, und
   - daß alle Informationsphänomene als spezielle ideelle Systeme (Modelle) gedeutet
     werden können, so daß
   - auch die Zweckrelation von Informationssystemen und die Benutzerabhängigkeit
     der Information (über den Modellbegriff als drei- bzw. vierstellige Relation
     (WSt: Grundbegriffe 121 FN 39) als "Modell - wovon - für was") mit berücksichtigt
     werden können.

4) Vgl. DIN 44300.18 f. - Die bisherigen Ergebnisse der Versuche einer Formalisierung
   der Pragmatik der Information resümiert für die Rechtsinformatik VRECION (Informationstheorie) 73 ff. Die weitergehenden Versuche einer Einbeziehung von rechtslin-
   guistischen Ansätzen steht noch in den Anfängen; zu diesen vgl. den zusammenfassenden Bericht von BRINCKMANN u.a. (Paraphrasen).

(2) D a t e n s c h u t z ist die Menge aller Vorkehrungen zur Ver-
hinderung unerwünschter Datenverarbeitung oder unerwünschter
Folgen erwünschter Datenverarbeitung. [1] Unerwünscht ist, was an-
gebbaren - vor allem rechtlichen [2] und rechtspolitischen [3] -
Zielvorstellungen widerspricht; hier insbesondere der ärztlichen
Schweigepflicht.

(3) D a t e n s c h u t z r e c h t ist die Menge der Rechtsnormen
über Datenschutz (und damit einer Teilmenge des Datenschutzes).

(4) D a t e n s i c h e r u n g ist die Menge aller Vorkehrungen
zum Schutz der Datenverarbeitung. [4] Das Wort Datensicherung ist
eingebürgert, aber terminologisch zu eng, da alle Komponenten
des DV-Systems im Interesse der Funktionsfähigkeit geschützt
werden müssen, also neben Daten auch Hardware, Software und das
Bedienungspersonal (z.B. vor Bestechung).

Zur Abgrenzung von (2) und (4) ist zu beachten, daß Datenschutz primär
Maßnahmen im Interesse der Betroffenen (d.h. der durch Datenverarbeitung
Abgebildeten) [5] umfaßt, Datensicherung dagegen primär Maßnahmen im

---

1) Zu dem hier zugrundegelegten weiten Begriff s.u. 4.1.2/4.2.1; kritisch FIEDLER
(Datenschutz).

2) Recht ist hier verstanden als die Menge aller sozialen Normen, auf die sich eine
Gesellschaft in einem institutionalisierten formellen und demokratischen Entschei-
dungsprozeß "verpflichtet" hat.

3) Hier ist wieder und vor allem zu nennen die Forderung nach Erhaltung der Pragmatik
der Information, d.h. nach Schutz des Entscheidungs- und Weitergabekontextes der
Information vor Verlust oder Veränderung; hierzu immer noch grundlegend HENTSCHEL
u.a. (Datenschutzfibel) 101 ff. Im juristischen Kontext bedeutet dies die Forderung
nach Wahrung des informationellen Selbstbestimmungsrechts der Person, wie es zwar
im US-Privacy Act von 1974, nur unvollkommen aber im Bundesdatenschutzgesetz (!)
zum Ausdruck kommt. Das informationelle Selbstbestimmungsrecht der Person beruht
auf dem Grundrecht des Schutzes der Persönlichkeit (Art. 2 GG) und bedeutet für
das Informationsverhalten öffentlicher Stellen das Verbot der Erhebung pragmatikfreier personenbezogener Informationen (PODLECH: Gesellschaftstheorie 318; Problematik 36 f.), abgeleitet aus der Bundesverfassungsgerichtsentscheidung Bd. 30 1 ff.
(22 f); so bereits KAMLAH (Datenüberwachung); ähnlich SCHWAN (Rechtsschutz); (Freiheitsgrundrechte).

4) Allgemeine Meinung; so FIEDLER (Datenschutz) 179 f.

5) Z.B. auch die an INA angeschlossenen Ärzte: Wer "Betroffener" ist, ergibt sich erst
aus dem jeweiligen Verwendungszweck (z.B. Kontrolle der "Kassenwirtschaftlichkeit"
von Behandlungen).

Interesse der Benutzer (d.h. der über die Systemleistung Verfügenden) [1] hier der Träger von INA.

Beide Mengen können sich stark überschneiden, wie hier [2], so daß die gleichen Maßnahmen beiden Zwecken dienen. (Dies setzt voraus, daß Betroffene (z.B. Patienten) und Benutzer (z.B. Ärzte) insoweit gleichgerichtete oder ähnliche "Interessen" haben.)

(5) O r g a n i s a t i o n [3] sei allgemein jede (im formalen Sinne) Struktur gesellschaftlicher Systeme, hier von INA. Im besonderen ist scharf zu unterscheiden zwischen der speziellen t e c h n i - s c h e n (Rechner-, Daten- und Datenbank-) Organisation, einschließlich der Organisation der Mensch-Maschine-Kommunikation, und der g e n e r e l l e r e n rechtlichen, informationellen, prozessualen (Ablauf-) und institutionellen (Aufbau-)Organisation von Informationssystemen (hier zusammengefaßt unter der Bezeichnung I n f o r m a t i o n s o r g a n i s a t i o n [4], zum Unterschied von der fachlichen Organisation des nicht automationsunterstützten Systems - etwa einer Gruppenpraxis).

(6) I n f o r m a t i o n s s y s t e m sei allgemein jedes reale und dynamische System, dessen überwiegende Funktion die Informa--

---

1) Die Folge des relativen Gegensatzes von Datenschutz und Datensicherung besteht darin, daß Datensicherungsmaßnahmen sich möglicherweise auch zugunsten der DV-Betroffenen auswirken können (z.B. Sicherung einer Risikopatientendatei), aber nicht müssen (z.B. wenn ein Arzt unter Hinweis auf seine "ärztliche Schweigepflicht" einem Patienten die nötige und rechtlich geschuldete Aufklärung verweigert). Dies ist bereits klar erkannt bei HENTSCHEL u.a. (Datenschutzfibel) 93, aber dort bei der Definition nicht berücksichtigt (ebenda 11). Die Unterscheidung ist zum ersten Mal klar ausgesprochen bei SCHNEIDER (Datenschutz) 27 und bei WSt (EDV und Recht)87.

2) Mit den u. 6.2.1 angedeuteten terminologischen und sachlichen Konsequenzen.

3) Dies ist der kybernetische Begriff, wie er in der Rechtsinformatik meist verwendet wird; vgl. FIEDLER (Juristische Informatik) 366; WSt (EDV und Recht) 71 ff; (ADV und Recht) 18; 68; 113; nach KLAUS (Kybernetik) Art. Struktur und Art. Organisation; unter Übernahme betriebswirtschaftlicher (vgl. Art. Organisation und ff., in: GROCHLA (Handwörterbuch)) Kategorien in die Rechtsinformatik (ebenso FIEDLER: aaO; REISINGER: Rechtsinformatik 269 ff.; WSt: ADV und Recht 113 ff.; Weiterentwicklung bei EBERLE, vor allem in (Organisation).

4) Zuerst entwickelt bei WSt (Stellenwert); dazu RUCKRIEGEL (DV-Verbund).

tionsverarbeitung [1] ist [2]; hier seien abgekürzt unter "Informationssystem" automationsunterstützte Systeme verstanden.

Im folgenden wird also von einem u m f a s s e n d e r e n B e g r i f f des Informationssystems ausgegangen, als er in der Informatik üblich ist. [3] Denn Datenschutz hat zum Ziel die rechtlich befriedigende Einbettung von konkreten Informationssystemen (hier: INA) in ihre Umwelt. Darum muß der Begriff des Informationssystems weit gefaßt werden: Er umfaßt nicht nur das datentechnische System, sondern auch seine Benutzer und Umweltbeziehungen (letztere, weil sie den Systemzweck und die Systemgrenzen konstituieren und definieren). Denn die Einbettung gelingt nur bei relativ vollständiger Abbildung von System und Umweltrelation.

Auf eine spezifisch interdisziplinäre Sprachschwierigkeit ist hinzuweisen. Die Rechtssprache ist aus Tradition, jedoch notwendigerweise, vage. Dies hat u.a. die Funktion, soziale Veränderungen unter vertretbarem Zeitaufwand abzufangen, da Reaktionen des Gesetzgebers häufig zu spät kämen. Für Angehörige mathematisch geschulter Disziplinen ist das gleichwohl schwer verstehbar. Als Brückensprache wurde darum hier eine informationswissenschaftlich angereicherte Begrifflichkeit der Allgemeinen Systemtheorie verwendet. [4] Doch macht die Komplexität des Gegenstandes auch rechtliche, organisationstheoretische und ADV-technische Ausführungen notwendig. [5] Es wurde versucht die daraus unvermeidlich entstehenden Mißverständnisse durch-den jeweiligen Spezialisten häufig trivial oder entbehrlich erscheinende-Erläuterungen in einer tolerablen Grenze zu halten.

---

1) Informationsverarbeitung in allen oder in einzelnen ihrer Stadien; vgl. die Definitionen in § 2 Abs. 2 des BDSG zur Speicherung, Übermittlung, Veränderung und Löschung; zu ergänzen sind u.a. die Stadien der Erfassung und Verwertung.

2) Dies ist ein pragmatischer Begriff des Informationssystems, der darum einen wesentlich größeren Ausschnitt der Realität benennt (s.u. 5.4.2 zu den Elementen der Informationsorganisation). - Das informationstechnische System (die Datenverarbeitungsanlage) ist also Teilsystem; zum Begriff KLAUS (Kybernetik) Art. Teilsystem, und STEINMÜLLER/WOLTER (Besonderheiten) 51 ff. Diese Wortverwendung entspricht auch der beim Akronym "INA" gewählten.

3) Vgl. LUTZ (Informationssysteme). - Wieder anders der informationswissenschaftlich beeinflußte Begriff; vgl. etwa LÖBEL u.a. (Lexikon) 224, wo "Informationssystem" mit "Information Retrieval" gleichgesetzt wird; letzteres ist dann als maschinelles Verfahren definiert.

4) Vorläufig zusammenfassend WSt (Grundbegriffe); (Verwaltungsautomation); (ADV und Recht).

5) In einer Integration und Präzisierung solcher Terminologien sehe ich das bedeutende Verdienst der von Bernd LUTTERBECK geleiteten Projektgruppe "Nicht-technische Auswirkungen" (vgl. Überblick über deren Veröffentlichungen in den Mitteilungen der GI, 20. Folge 1977, 20 f., und den zusammenfassenden (Forschungsbericht) von HEIBEY/LUTTERBECK/TÖPEL.

2.2 DAS SYSTEMANALYTISCHE BESCHREIBUNGSVERFAHREN

"Datenschutz" bezeichnet eine bestimmte Organisation eines Informationssystems nach innen und außen. Dies setzt die Kenntnis des Systems voraus:
seiner Elemente, Relationen und Funktion(en).

Das System, um das es hier geht, existiert noch nicht; es müssen also
Annahmen über das System gemacht werden, die hypothetischer Natur sind.
Es wird also ein hypothetischer Soll-Zustand von INA zugrunde gelegt.

Dieser Soll-Zustand ist aus systemanalytischen Gründen eine Abstraktion
aus dem geplanten realen Informationssystem. Die Abstraktion geschieht
unter den Aspekten des Datenschutzes, stellt also notwendig eine Auswahl
dar. Die Kriterien der Auswahl folgen aus den unten (4.) dargestellten
Datenschutzhypothesen und -postulaten. Da es um die Definition der Elemente, Relationen und Funktionen eines Informationssystems geht, ergibt
sich, wie hier nicht weiter begründet werden kann, folgendes analytische
Schema, das dem weiteren in wesentlichen zugrundeliegt, soweit nicht aus
Gründen der leichteren Darstellung Abweichungen zweckmäßig sind:

  (1)   Hardware-Konfiguration [1]
  (2)   Daten und Datenarten [2]
  (3)   Software; Daten- und Informationsbahnen und -operationen [3]
  (4)   Mensch-Maschine-Interaktion; Benutzer
  (5)   Systemorganisation [4]
  (6)   Rechtliche und Kontrollorganisation
  (7)   Umweltrelation; insbesondere Kopplungen mit anderen Systemen
        und Interessenten
  (8)   Systemfunktion(en)
  (9)   Betroffene.

Auch INA muß darum hier, zum Teil abweichend vom mehrdeutigen allgemeinen
Sprachgebrauch, präzisiert werden:

  - INA i.e.S. umfaßt das datentechnische Teilsystem (Hardware, Software)
    unter Einschluß der Daten sowie das DV-Personal.

---

1) DANIELS/SCHAEFER (Zusammenfassung) 183 ff.

2) DANIELS/SCHAEFER (ebd.) 49 ff; 57 ff.

3) DANIELS/SCHAEFER (ebd.) 172 ff.

4) DANIELS/SCHAEFER (ebd.) 140 ff.

- INA i.w.S. bezieht ferner mit ein das fachlich-menschliche Teilsystem
  (Ärzte, Patienten, ärztliches Personal), die manuelle Informationsverarbeitung sowie die rechtliche und bürotechnische Organisation.

Hinsichtlich der Beschreibung der F u n k t i o n dieses Informationssystems sind einige Verdeutlichungen angebracht.

Die allgemeine Leistung von Informationssystemen muß ebenso in Betracht
gezogen werden wie die speziellen Leistungen von INA, um eine befriedigende Einpassung von INA in seine Umwelt zu erreichen, insbesondere in
benachbarte medizinische Systeme und in den Gesamtaufbau der medizinischen Versorgung der Bevölkerung.
Dies zusammen ergibt erst den notwendigen Hintergrund für die Abschätzung
der potentiellen Gefahren, denen es mit Datenschutzmaßnahmen zu begegnen
gilt.

Bei INA handelt es sich um ein multifunktionales System relativ einfacher
Struktur, mit folgenden technischen Systemoperationen:

  - Datenein/ausgabe
  - Dokumentation (Datenspeicherung)
  - Datentransport;

dagegen geschieht Datenveränderung und -weitergabe nach außen (vorerst)
nur in beschränktem Umfang. [1]

Seine eigentliche Bedeutung erhält INA erst aus dem Kontext der Einführung der Automation im Gesundheitswesen insgesamt[2], möglicherweise sogar
erst seine Wirtschaftlichkeit. [3] Darum muß auch eine Datenschutzkonzeption für INA von diesem Sachverhalt ausgehen, mag auch die Automation
des Gesundheitswesens noch vieler Schritte zur Realisierung bedürfen
und konzeptuellen Änderungen unterworfen sein.

Jedenfalls muß INA in seiner gesamten Struktur, damit auch und gerade
in seiner Datenschutzorganisation, notwendig "offen" sein für eine

---

[1] In allgemeinsystemtheoretischer Betrachtung bedeutet dies generalisiert folgende
Outputs: einfache medizinische Lernmodelle und vereinzelte (Verwaltungs-)Ent-
scheidungshilfen; dazu unten 4.1.4.

[2] In diesem Zusammenhang ist nicht nur die DOMINIG-Großplanung zu sehen, sondern auch
das weitverzweigte System der Sozialdatenbank i.w.S., die Krankenhausgesetze der
Bundesländer, u.a.

[3] Dazu das leicht melancholische Schlußwort von SCHAEFER, in DANIELS/SCHAEFER (Zusammenfassung) 221.

Einbeziehung in ein übergreifendes medizinisches und allgemein gesund-
heitspolitisches System. [1] Es ist im Interesse der weiteren Entwicklung zu begreifen als unabgeschlossenes System, muß darum "von oben
nach unten" gedacht sein, ohne daß dies im weiteren ständig hervorgehoben wird.

2.3 HYPOTHETISCH-EMPIRISCHE ANNAHMEN IM EINZELNEN

Legt man das oben 2.2 angegebene systemanalytische Schema zugrunde, so
ergeben sich folgende Annahmen:

2.3.1 INA-hardware-Konfiguration

Bemerkenswerterweise werden zum Aufbau einer Datenschutzkonzeption nur
wenige Angaben zur hardware benötigt [2]; anders bei der Datensicherung
(unten 6.). Das ist darin begründet, daß Datenschutz in der Hauptsache
sich überwiegend mit dem pragmatischen Aspekt von Informationssystemen
befaßt.

Ein weiterer Umstand verdient besondere Erwähnung: Es empfiehlt sich,
den E n d z u s t a n d v o n I N A der Konzeption als Ausgangs-
basis vorzugeben. Man darf nicht frühere Realisierungsphasen zugrunde-
legen, da ansonsten spätere Systemerweiterungen u.U. erhebliche Umstruk-
turierungen im Bereich des Datenschutzes - und damit möglicherweise be-
trächtliche zusätzliche Aufwendungen - zur Folge hätten. Außerdem bringt
jede nachträgliche Systemveränderung unweigerlich die Gefahr neuer
Schwachstellen mit sich, sobald (was häufig vorkommen wird) neue Elemente
und/oder Relationen und/oder Funktionen des Systems unbewertet bleiben.

Für den organisatorischen Datenschutzrahmen sollen daher auch aus Kostengründen alle auf weitere Sicht geplanten Ausbaustufen und Systemerweiterungen bzw. -anknüpfungen an übergeordnete Informationssysteme berücksichtigt werden. Solange Koppelungen bzw. Ausbauphasen noch nicht realisiert sind, können dagegen die entsprechenden rechtlichen Vorgaben vernachlässigt werden.

---

1) Etwa in dem oben 1.2.1 geschilderten Zusammenhang.
2) Für näheres vgl. DANIELS/SCHAEFER (Zusammenfassung) Kap. 6.

Im übrigen genügt es, auf einige B e s t a n d t e i l e d e s I N A
aufmerksam zu machen, die für die weitere Datenschutzkonzeption wichtig
sind. Im technischen Systementwurf sind folgende Einzelkomponenten vorgesehen:

(1)   Doctor's Office Computer (DOC)
      DOC besteht aus: einem Kleinrechner mit Echtzeiteigenschaften,
      ein bis zwei Sichtgeräten mit Bedienungskonsole und Hardcopy-
      Gerät, einem Magnetband-Kassettenspeicher mit zwei Laufwerken,
      einem Kassettenplattenspeicher mit ein bis zwei Laufwerken,
      einem Drucker und einem Markierungsleser.

(2)   Doctor's Office Terminal (DOT)
      DOT ist ein mehr oder weniger intelligentes Terminal, bestehend
      aus ein bis zwei Sichtgeräten mit Bedienungskonsole und Hard-
      copy-Gerät und einem Drucker, das im Endausbau durch DOC ersetzt
      wird (und darum hier nicht mehr gesondert behandelt wird).

(3)   Doctor's Interchange Computer (DIC)
      DIC ist eine zentrale Rechenanlage mit üblicher Peripherie und
      einem autonomen TP-Processor.

(4)   Laboratory Office Computer (LOC)
      Der Laborcomputer kann evtl. auch Aufgaben des DIC übernehmen.

(5)   Cardiology Office Computer (COC)
      COC ist im wesentlichen als EKG-Rechner eingesetzt.
      LOC und COC entsprechen dem DOC-Typ.

(6)   Network Interchange Computer (NIC)

      Es wird davon ausgegangen, daß INA über einen Konzentrationsrech-
      ner (NIC) an übergeordnete Informationssysteme für die medizini-
      sche Versorgung angeschlossen wird.

Nimmt man die Informationsflüsse (manuelle wie automationsunterstützte)
hinzu, so ergibt sich die INA-Struktur, die im folgenden zugrundegelegt
wird (Abb. 1):

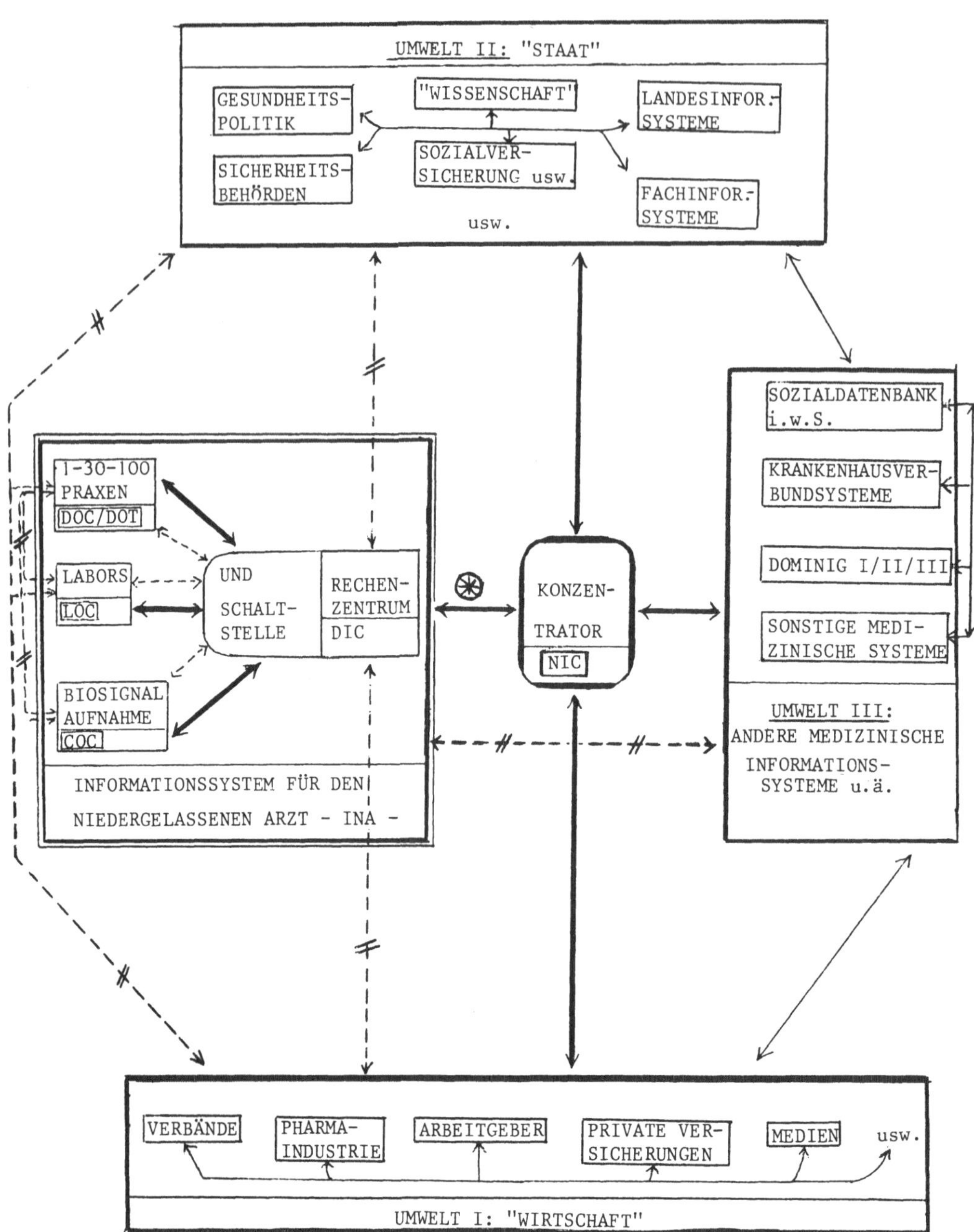

systemspezifische "definierte" Informationsbahnen (maschinell und/oder manuell)
nicht systemspezifische/unerwünschte/z.T. rechtlich verbotene Informationsbahnen
einzige definierte Schnittstelle zur Umwelt
ungeklärte systemexterne Informationsbahnen

Abb.: INA-Struktur mit zulässigen/unzulässigen/ungeklärten Informationsbahnen

2.3.2 Datenarten

Folgende Datenarten (Datenkategorien) [1] sind unter Datenschutzgesichtspunkten von - wie sich zeigen wird, begrenzter - Bedeutung:

(1) Personendaten (über individualisierbare Patienten, Ärzte, Adressaten von Weitergaben, etc.); i.w.S. auch auf Personen beziehbare Metadaten (unten (5)). [2]

(2) Sachdaten (z.B. große Teile des Auskunftssystems; Termine; sonstige Verwaltungsdaten, sofern nicht (1)).

(3) generelle und statistische Daten (etwa für Planungs- und Forschungszwecke) über Personen oder Sachen.

(4) Systemdaten (über technische und organisatorische Zustände von INA insgesamt wie seiner Teilsysteme).

(5) "Metadaten"; wie Kennzeichen (Personen- und Gruppenkennzeichen, Patientennummer, Versicherungsnummer, Arztkennzeichen, Herkunfts- und Adressatenkennzeichen - für Datentransporte -); Zeit- und Raumindikatoren sowie Äquivalente (für Termine; für die Unterscheidung zwischen laufender, ruhender und archivierter Datei; für Adressen und ihre Codierung); hierher gehören auch Kennzeichen höherer Ordnung (z.B. Programmkennzeichen und Äquivalente). [3]

Dieser Unterscheidungen sind zunächst informationswissenschaftlicher Art; sie bieten die Grundlage für weitere, insbesondere datenschutzrechtliche [4] Unterscheidungen innerhalb der Daten.

Hiervorzuheben ist der Umstand, daß es in INA - eine Eigentümlichkeit - kaum nichtpatientenbezogene Datenbestände gibt. Dies vereinfacht die Datenschutzstruktur erheblich.

---

1) Zur Methode und Problematik der Bildung von Datenkategorien vgl. WSt u.a. (Gutachten) 54 ff; weiterführend SCHIMMEL (Informationsrecht) 158 f. Diese Einsichten haben sich, obwohl trivial, noch in keiner Weise durchgesetzt. Speziell zur Kategorie der statistischen Daten vgl. die Veröffentlichungen von SCHLÖRER und JACOBS.

2) Die Präzisierung findet sich unten 4.2.2/3; unklar der Begriff der "personenbezogenen" Daten im BDSG (vgl. die Kommentare zu § 2 Abs. 2 BDSG).

3) Zum System der Metadaten vgl. WSt (Leviathan) 522 ff.

4) Vgl. unten 3.2.2 zur Regelung der einzelnen Phasen der Datenverarbeitung im BDSG.

2.3.3 Datenbahnen und -operationen; software

Für die Zwecke des Datenschutzes ist die Festlegung der künftig zulässigen Wege der Daten und Informationen ("Datenbahnen") [1] und ihrer
zulässigen Veränderungen [2] ("Datenoperationen") besonders wichtig.

Dagegen kommt es auf die gegenwärtig empirisch konstatierbaren Informationsprozesse nur insoweit an, als sie zugleich zum Sollzustand von INA
gehören.

In Abbildung I ist darum unterschieden zwischen künftig
  (1) zulässigen
  (2) ungeklärten
  (3) unerwünschten Informationsbahnen.

Die Menge der möglichen (nicht: der zulässigen) Operationen von INA wird
definiert durch die Menge der möglichen manuellen Informationsprozesse
(z.B. Notizen des Arztes ; auch die manuelle Datenerfassung auf maschinenlesbaren Datenträgern gehört hierher) und die Menge der durch die
vorhandenen Programme ermöglichten Operationen.

Es fällt auf, daß dies im wesentlichen Operationen der Erfassung, Speicherung und des Transports von Daten sind. Datenveränderungen (Automationsunterstützung ärztlicher Entscheidung einschließlich Hilfstätigkeiten) spielen nur im administrativen und apparativen Bereich eine
größere Rolle, also im quasi-numerischen Bereich.

---

1) In Anlehnung an die anschauliche Analogie: "Datenschutz = Datenverkehrsrecht": WSt
   (Datenverkehrsrecht); ferner die "10 Gebote einer Datenverkehrsordnung" des Hessischen Datenschutzbeauftragen (HESS.LANDTAG: IV 7; 29).

2) Veränderungen an Daten geschehen durch manuelle oder technische Programme (als Beispiel für erstere: z.B. Verfahrensregeln, etwa Dienstanweisungen; für letztere: z.B.
   algorithmische Änderungen der Dateistruktur) durch
   - Kontextänderungen
   - Änderungen der Zeichenfolge
   - der Bedeutung der Zeichenfolge
   - des Kontextes
   - des abgebildeten Systems;
   also durch Änderungen der vier semiotischen Dimensionen der Information (vgl. WSt:
   EDV und Recht 8). - Auf ein Sonderproblem hat DIERSTEIN (mündlich) aufmerksam gemacht: Datenweg und "Informationsweg" können auseinanderfallen; so etwa wenn die
   Bedeutung von Datenfeldern von anderen Instanzen festgelegt wird als von den Sen-
   dern/Empfängern (z.B. bei Änderungen der politischen Großwetterlage!).

Insbesonders sind derzeit noch keine individuellen Algorithmen für
Einzelmaßnahmen vorgesehen. Allerdings ist dies gegenwärtig ein Feld
intensivster Forschungstätigkeit. [1] Besonders weit entwickelt sind
Verfahren der automatisierten Biosignalverarbeitung [2] sowie der Labor-
datenverarbeitung. [3]

Unter Datenschutzaspekten weniger bedeutsam ist ein derzeit deutlich
suboptimaler Zustand der Datenerfassung (Unvollständigkeit, Uneinheit-
lichkeit): er schadet eher dem Arzt und der Gesundheit des Patienten als
deren "Privatsphäre". [4]

Dagegen ist dem Daten-, Datenträger-und Programmaustausch besondere Beachtung zu schenken. Ohne genaue Festlegung der Bahnen, Inhalte und
Modalitäten ist ein wirksamer Schutz nicht gewährleistet (und in den
meisten Fällen bei einem INA auch (straf-)rechtlich verboten). [5]

Vor allem der Programmaustausch ist als eines der größten Risiken für
den Datenschutz anzusehen, da in der Regel die ordnungsgemäße Anwendung
der an einer Stelle implementierten Programme für eine andere Stelle
nicht mehr gesichert werden kann.

---

1) Vgl. hierzu GSF (Projekt).
2) Vgl. INA-Subsystem COC: DANIELS/SCHAEFER (Zusammenfassung) 77.
3) Vgl. INA-Subsystem LOC: DANIELS/SCHAEFER (ebd.) 110.
4) Dieser Terminus soll hier als Kürzel für die rechtspolitische Zielsetzung des Datenschutzes (mit SIMITIS: Argumente XV) Verwendung finden. Vgl. aber unten 4.2.1.
5) Unten 3.2.2.9.

2.3.4 Informationsorganisation

Unter dem Gesichtspunkt der Handhabung und Verteilung der Information
sind drei Subsysteme innerhalb von INA (i.w.S.) zu unterscheiden:

- das überwiegend technische System: z.B. DIC
- das gemischte Mensch-Maschine-Kommunikationssystem: z.B. Bedienung
  von DOT/DOC; automationsunterstützte Verwaltung
- das rein manuelle System: z.B. die ärztliche Heilbehandlung im
  übrigen, manuelle Informationsweitergaben (z.B. Arztbrief). Es handelt sich also um diejenigen Teile der Praxen, die (noch) nicht von
  der Automation berührt sind.

Für das M e n s c h - M a s c h i n e - S y s t e m wird davon ausgegangen, daß im Hinblick auf die ärztliche Schweigepflicht drei Alternativen zu erwägen sind: die Bedienung der Anlage
  (1) ganz oder teilweise durch den Arzt
  (2) durch medizinische Hilfskräfte
  (3) durch technische Hilfskräfte.

Unter Kostengesichtspunkten ist (3) zumindest mittelfristig eindeutig
vorzuziehen; rechtlich [1] bestehen Präferenzen für (1) und (2).

Was das m a n u e l l e S u b s y s t e m betrifft, wird wegen der
bereits erwähnten fehlenden Normierung ärztlichen Handelns, die auch
im Rahmen der vorliegenden Systemanalyse nur teilweise ausgeglichen
werden konnte, angenommen, daß
  - alle nicht in der Projektbeschreibung ausdrücklich als automatisiert
    bezeichneten Informationsprozesse und -wege weiter manuell verlaufen
  - der Arzt auf eine manuell geführte Hardcopy nicht verzichten wird.

Als wiederkehrendes Problem der Informationsorganisation ist anzumerken,
daß die Ergebnisse der Systemanalyse für INA für Datenschutzzwecke nicht
immer ausreichten.

Vor allem blieben interne Systemdifferenzierungen unscharf - zum Teil
notwendigerweise, wie die auch sonst beklagte "fehlende Normierung" der

---

1) Vom informatischen Standpunkt ist der Bedienung eines solchen Systems durch technische Hilfskräfte mit äußerster Skepsis zu begegnen; sie kann vom Grunde her nur
   dort als zulässig betrachtet werden, wo die Kontextabhängigkeit der Daten außeracht
   gelassen oder aber auch von technischen Hilfskräften voll erfaßt werden kann (Mitteilung DIERSTEIN).

ärztlichen Praxisorganisation erkennen läßt. Insbesondere war die für den Datenschutz ausschlaggebende Grenzziehung zwischen intendierter manueller und automatisierter Informationsverarbeitung nicht überall klar zu erkennen. - Damit hängt zusammen, daß die externen Systemgrenzen von INA nicht mit hinreichender Bestimmtheit angegeben werden konnten. So ist etwa die Stellung des Patienten und teilweise sogar die des behandelnden Arztes (in seiner Vermittlungsfunktion zur Umwelt) nicht völlig definiert.

Da derartige Fragen anscheinend typischerweise auftreten, kann vermutet werden, daß die üblichen Systemanalyseverfahren nicht ohne weiteres alle Angaben bereitstellen, die für ein Datenschutzkonzept erforderlich sind.[1]

Hieraus kann als allgemeineres Ergebnis gefolgert werden, daß für Datenschutzzwecke ein relativ hoher Definitionsstand erforderlich ist, und zwar sowohl hinsichtlich der zu verwendenden Begriffe, als auch für das zugrundeliegende Realsystem.[2]

2.3.5 Rechtliche und Kontrollorganisation

In rechtlicher Hinsicht bestehen keine zwingenden Vorgaben hinsichtlich der rechtlichen Gestaltung von INA und seiner Subsysteme, abgesehen von den unter 3. aufgeführten rechtlichen Vorgaben; ebenso hinsichtlich der Organisation der Kontrolle, abgesehen von den Vorschriften des Bundesdatenschutzgesetzes. Sie sind wegen ihrer Kompliziertheit einem eigenen Abschnitt vorbehalten.[3]

---

1) Das ist theoretisch auch zu erwarten, da Methoden für bestimmte Zwecke entworfen werden, wenn das auch nicht immer bewußt ist, und das Verfahren der Systemanalyse auf Zweckmäßigkeit und Wirtschaftlichkeit zielt, nicht dagegen auf Betroffenenschutz.

2) Hieraus resultiert das Postulat der definierten Struktur (unten 4.4.5).

3) Unten 5.4 ff.

2.3.6 Umweltrelation: Interessenten und Umsystem

Hinsichtlich der M e n s c h e n, die mit dem System zu tun haben,
sind drei Gruppen streng zu unterscheiden (vgl. Abb. 2):

  (1) Benutzer   (=Systemangehörige); z.B. Arzt, MTA, sonstiges Be-
                        dienungspersonal.
  (2) Betroffene   (=Patienten, in mancher Hinsicht auf der Arzt!).
  (3) Interessenten (=externer Informationspetent); z.B. Kassenärztliche
                        Vereinigung, Behörden, Unternehmen . [1]

Benutzer und Betroffene werden häufig miteinander verwechselt; so etwa,
wenn sich Benutzer als "Betroffene" von Datenschutzvorkehrungen empfin-
den. Sie sind jedoch formal und inhaltlich klar unterschieden. [2] Benutzer ist, der (selbst oder durch Hilfskräfte) [3] Daten verarbeitet;
Betroffener, über den Daten verarbeitet werden. Oder anders: Benutzer
ist, wer über den informationellen Systemoutput als Systemangehöriger
verfügen darf; Betroffener, wer vom Systemoutput abgebildet wird. Oder
schließlich: Benutzer ist, zu dessen Gunsten "Datensicherung" (i.e.S.)
und zu dessen Lasten "Datenschutz" implementiert wird; Betroffener, bei
wem es sich umgekehrt verhält. Der Benutzer ist Objekt, der Betroffene
Subjekt des Datenschutzes.

Benutzer und Interessent sind schwerer zu differenzieren, da die Unterscheidung von der Definition der Systemgrenze abhängt: Interessenten
sind Dritte [4] (= die nicht Elemente des Informationssystems sind), an
die nach deren Vorstellung Systemoutput übermittelt werden soll.

---

1) Davon zu unterscheiden die Definition des "Dritten" i.S. des BDSG § 2 Abs. 3 Ziff. 2:
   Bei INA ist "Interessent" auch das Service-Rechenzentrum, dagegen nicht "Dritter",
   weil das BDSG die Auftragsdatenverarbeitung der "speichernden Stelle", also dem
   Systemherrn, zurechnet.

2) Wenngleich sie real zusammenfallen können; etwa wenn das Arztverhalten bei der
   Medikation in INA mit abgebildet wird. – Umgekehrt ist der Patient dann Benutzer,
   wenn ihm ein Zugriffsrecht auf das System eingeräumt wird.

3) Zur technischen Definition des Benutzers, die für Datensicherungsmaßnahmen erheblich wird: HABERÄCKER/LEHNER (Zugriffssicherung). Hier dagegen handelt es sich um
   eine datenschutzrechtliche Begriffsbestimmung, die (mit der in der vorhergehenden
   FN1 genannten Modifikation) mit der "speichernden Stelle" des BDSG § 2 Abs. 3 Ziff. 1
   zusammenfällt.

4) Wegen der Besonderheiten der medizinischen Datenverarbeitung wieder unter Einschluß
   der "Datenverarbeitung außer Haus".

Unter datenschutzrechtlichen Gesichtspunkten kommt es zunächst darauf
an, die Elemente der drei Gruppen (und damit die Schnittstellen [1] zur
Umwelt) möglichst genau zu bestimmen. Die Reihe der Interessenten vor
allem ist eindrucksvoll und läßt die Vielzahl der von INA zu erfüllenden
Informationsfunktionen deutlich werden: INA ist ein "multifunktionales"
System par excellence.

Sodann ist der legitime Informations m i n d e s t bedarf aller Angehöri-
ger der drei Gruppen quantitativ und qualitativ zu erheben:

- welche Informationen unbedingt erforderlich sind,
- wie stark patienten- zbw. arztbezogen die Information sein muß,
- wie hoch ihr Detaillierungsgrad zu sein hat,
- welche Informationen weitergegeben werden müssen (strenger Maßstab!);
  usw.

Damit liegt ein weiteres Ergebnis nahe:
Endgültige Definition des Informationssystems setzt in den meisten Fällen
die Systemanalyse von System u n d Umsystem voraus ... [2]

<u>Abb.: Benutzer, Betroffene, Interessenten:</u>

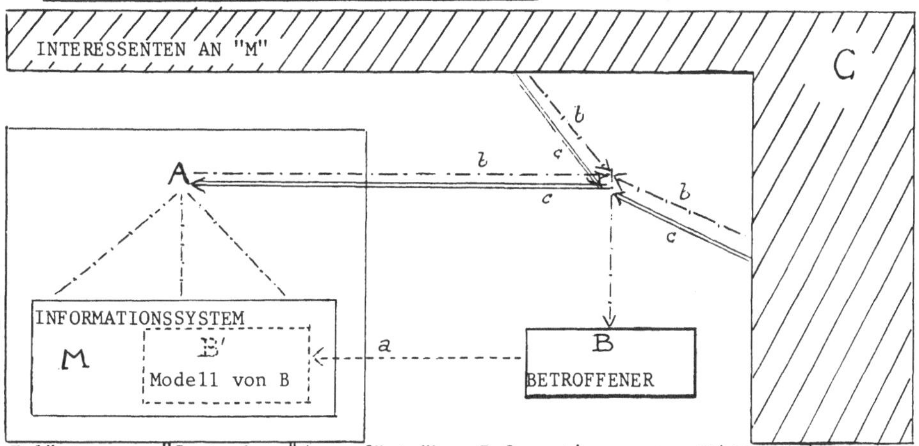

Erläuterung: "Systemherr" A verfügt über Informationssystem M(=Modell) das den Betroffenen B in Datenform B' abbildet(Abbildungsrelation a). Interessenten C wünschen Daten von
A bzw. über B aus M(Drittrelation c). A/C können modellunterstützt B beobachten und/oder
beeinflussen. (Beherrschungsrelation b).

---

1) Für die Schnittstellen selbst wird angenommen, daß sie lediglich Kopplungsmöglich-
   keiten mit der Umwelt bezeichnen, also die bisherigen Informationsbahnen darstellen,
   deren datenschutzkonforme Gestaltung nicht unterstellt werden darf. Weiter wird
   unterstellt, daß die an diesen "Schnittstellen" vorkommenden Informationstransporte
   lediglich manueller Art sind, allenfalls also Datenträgerweitergabe und -austausch.
   Da relativ kurzfristig schon aus Rationalisierungsgründen die Datenträgerweitergabe einen größeren Umfang annehmen wird, insbesondere wo es sich um größere Daten-
   volumina handelt, werden die entsprechenden Datenschutz- und Datensicherungsmaßnahmen hiervon auszugehen haben.

2) Diese Idealforderung kann in der Praxis nur näherungsweise erfüllt werden.

3. NORMATIVE VORGABEN: RECHTLICHE RANDBEDINGUNGEN FÜR EIN INA
(W. Schimmel)

Die rechtlichen Randbedingungen einer Datenschutzkonzeption für ein Informationssystem niedergelassener Ärzte sind im wesentlichen die ärztliche Schweigepflicht (3.1) und das Bundesdatenschutzgesetz [1] (3.2), während die Krankenhausgesetze auf ein INA keine Anwendung finden (3.3).

Ärztliche Schweigepflicht und BDSG beruhen beide auf dem verfassungsrechtlichen Persönlichkeitsrecht (abgeleitet aus Art. 2 i.V.m. Art. 1 GG), das hier primär zu verstehen ist als Grundrecht des Patienten auf Wahrung des informationellen Selbstbestimmungsrechts [2]. Dieses Recht ist im folgenden zu konkretisieren und fortzuentwickeln unter den besonderen Bedingungen des Einsatzes der EDV zur Rationalisierung in der ärztlichen Praxis und im Dienst der gesundheitspolitischen Planung.

3.1 ÄRZTLICHE SCHWEIGEPFLICHT

Von zentraler Bedeutung ist für ein INA als rechtliche Randbedingung die Berufsverschwiegenheit der Ärzte; anhand der hierfür einschlägigen Rechtsvorschriften sollen daher zunächst die gegenwärtig bestehenden gesetzlichen Vorgaben für ein derartiges Informationssystem dargestellt werden.

3.1.1 Gesetzliche Grundlage

Die Berufsverschwiegenheit der Ärzte ist gesetzlich [3] geregelt in § 2o3 StGB bzw. in der Berufsordnung der Ärzte, ferner in Spezialgesetzen sowie in prozessualen Zeugnisverweigerungsrechten; die Schweigepflicht wird durch eine Reihe von gesetzlichen Meldepflichten durchbrochen.

---

1) Gesetz zum Schutz vor Mißbrauch personenbezogener Daten bei der Datenverarbeitung (Bundesdatenschutzgesetz - BDSG) vom 27.1.1977 (BGBl. I S. 2o1).

2) Vgl. den Theorienstreit darüber, ob die Schweigepflicht des Arztes Privatgeheimnisse (also Individualrechte) oder das öffentliche Interesse an der Funktionsfähigkeit der medizinischen Versorgung schützt (für ersteres die wohl herrschende Meinung: MAURACH (Strafrecht) 169; anders etwa BOCKELMANN, in PONSOLD (2.) 1o; SCHÖNKE/SCHRÖDER (Kommentar) RdNr. 3 zu § 2o3. Zum BDSG vgl. BUNDESREGIERUNG (EBDSG), Begründung S. 14.

3) Im folgenden wird auf die spezialgesetzlichen Grundlagen der Schweigepflicht abgestellt. Unberücksichtigt bleibt die verfassungsrechtliche und vertragliche Ableitung der ärztlichen Schweigepflicht.

<u>*3.1.1.1   Die Schweigepflicht im ärztlichen Standesrecht*</u>

Die Regelung in § 2o3 StGB und im ärztlichen Standesrecht (zugrundegelegt ist § 2 der Berufsordnung der Deutschen Ärzte [1]) ist praktisch
inhaltsgleich. Die ausführlichere Normierung in der Berufsordnung berücksichtigt lediglich einige Gesichtspunkte, die das Strafgesetzbuch
nicht ausdrücklich regelt, die aber in der einschlägigen Rechtsprechung
und Literatur fast einhellig anerkannt sind. Es kann daher im folgenden
davon ausgegangen werden, daß strafrechtliche Regelung und Vorschriften
des Standesrechts für die Zwecke dieser Untersuchung inhaltsgleich sind.

Zugrunde gelegt wird hier § 2o3 StGB mit der zugehörigen Judikatur und
Literatur [2], da diese Vorschrift zum einen als Straftatbestand von grös-
serer Bedeutung ist, zum anderen wissenschaftlich wesentlich eingehender
aufgearbeitet wurde [3].

<u>*3.1.1.2   Sondervorschriften*</u>

Für den Arzt einschlägige Verschwiegenheitspflichten in Sondervorschriften
sollen im folgenden nicht berücksichtigt werden, da derartige Vorschriften (z.B. § 353 StGB, Dienstgeheimnis bei Amtsärzten) nur für einige Spe-
zialfälle gelten und deshalb nicht als generelle rechtliche Vorgabe für
ein INA berücksichtigt zu werden brauchen. Normadressaten derartiger Vorschriften - soweit solche überhaupt am INA beteiligt werden - haben die
für sie geltenden Sonderregelungen jeweils für sich zu berücksichtigen.

Im folgenden wird daher lediglich von dem Berufsgeheimnis ausgegangen, das
allgemein für den niedergelassenen Arzt gilt.

---

1) Diese "Berufsordnung für die deutschen Ärzte" (abgedruckt in ETMER (Bundesärzteordnung) Anh. A 2; zitiert: Fassung gemäß den Beschlüssen des 79.Deutschen Ärztetages
   vom lo.-15.5.76) ist nicht rechtsverbindlich; sie stellt lediglich eine Empfehlung
   des Deutschen Ärztetages an die Kammern dar. Angesichts der unübersichtlichen Rechtslage soll hier jedoch auf dieses Muster einer Berufsordnung zurückgegriffen werden;
   die "Berufsordnung für die deutschen Ärzte" kann jedenfalls als eine Konkretisierung
   der Rechte und Pflichten aus dem Behandlungsverhältnis verstanden werden und soll unter diesem Gesichtspunkt im folgenden herangezogen werden.

2) Da die Strafrechtsreform, die am 1.Januar 1975 wirksam wurde, für die Schweigepflicht
   der Ärzte (abgesehen von der Strafdrohung) keine entscheidende Änderung mit sich brachte, konnte auch Literatur zu § 3oo StGB a.F. herangezogen werden.

3) Die Literatur zur ärztlichen Schweigepflicht ist mittlerweile fast unüberschaubar geworden. Die im Literaturverzeichnis aufgenommenen und für Nachweise verwendeten Veröffentlichungen stellen daher nur eine kleine Auswahl von Standardwerken dar.

3.1.1.3 Zeugnisverweigerungsrechte

Unberücksichtigt bleiben ferner prozessuale Zeugnisverweigerungsrechte
des Arztes (§§ 53; 53a StPO; §§ 383; 385 ZPO). Diese Vorschriften gewähren dem jeweiligen Geheimnisträger nur das Recht, die Aussage zu verweigern [1], tangieren aber die ohnehin bestehende Schweigepflicht nicht[2].
Diese prozessuale Ergänzungen der Berufsverschwiegenheit kommen daher
als rechtliche Randbedingungen für ein INA nicht in Betracht [3].

3.1.1.4 Gesetzliche Durchbrechungen

Gesetzliche Durchbrechungen der ärztlichen Schweigepflicht sind in einer
Reihe von Vorschriften enthalten, nach denen ein Arzt Beobachtungen, die
er im Rahmen seiner Berufstätigkeit macht, im öffentlichen Interesse an
eine bestimmte Stelle (z.B. Staatsanwaltschaften, Gesundheitsbehörden)
zu melden hat (Meldepflichten). Derartige Meldepflichten bestehen nach
herrschender Auffassung nur dort, wo sie durch Gesetz ausdrücklich vorgesehen sind [4]; allein die Möglichkeit, daß im Falle einer unterlasse-
nen Meldung höherwertige Rechtsgüter geschädigt werden können, verpflichtet den Arzt nicht zur Durchbrechung seiner Schweigepflicht (kann ihn
aber sehr wohl dazu berechtigen) [5].

Als solche g e s e t z l i c h e n M e l d e p f l i c h t e n kommen
insbesondere in Betracht:

- §§ 138; 139 StGB (Meldung drohender Kapitalverbrechen),
- §§ 3; 4 Bundesseuchengesetz,
- §§ 6; 12 Geschlechtskrankheitengesetz.

---

1) LR/KOHLHAAS, Anm. I zu § 53; KLEINKNECHT (Kommentar) Anm. 1 zu 53; DREHER (Kommentar)
   Anm. 6 Ac zu § 2o3.

2) LR/KOHLHAAS, Anm. III 3 c zu § 53; DREHER (Kommentar) Anm. 6 Ac zu § 2o3; vgl. auch
   SCHÖNKE/SCHRÖDER (Kommentar) RdNr. 32 zu § 2o3.

3) Entsprechend gilt für das Problem der Beschlagnahme von Krankenblättern, vgl. LR/
   DÜNNEBIER, Anm. III 5 zu § 97. - Es sei hier nur darauf hingewiesen, daß der Beschlag-
   nahmeschutz des § 97 StPO voraussetzt, daß sich die betreffenden Unterlagen im Gewahr-
   sam des Arztes befinden (§ 97 Abs. 1 Satz 1 StPO). Nach LR/DÜNNEBIER, Anm. IV, 1 ist
   dem Genüge getan, wenn der Arzt allein berechtigt ist, über das Geheimnis zu dispo-
   nieren; hingegen wird eine Aufbewahrung der Unterlagen beim Arzt selbst nicht gefordert.

4) Vgl. SCHÖNKE/SCHRÖDER (Kommentar) RdNr. 28 f zu § 2o3; DREHER (Kommentar) Anm. 6
   Ab zu § 2o3; KOHLHAAS, in KUHNS (Heilberufe) I/778 und I/782.

5) Ein Recht zur Offenbarung - aber keine Pflicht - ergibt sich z.B. aus § 34 StGB; vgl.
   SCHÖNKE/SCHRÖDER (Kommentar) RdNr. 3o ff zu § 2o3; DREHER (Kommentar) Anm. 6 Ac zu
   § 2o3; KOHLHAAS, in KUHNS (Heilberufe) ebd.

Diese Vorschriften haben Ausnahmecharakter und können nicht analog auf
ähnliche Fälle erstreckt werden, in denen die Durchbrechung der ärztlichen Berufsverschwiegenheit zum Schutz übergeordneter Rechtsgüter erforderlich wird [1]; dort hat der Arzt zu entscheiden, ob er auf Grund einer
Güterabwägung einen Bruch der Verschwiegenheit in Kauf nehmen kann und
will [2].

Derartige Meldepflichten haben in der täglichen Praxis des Arztes wohl
kaum die Bedeutung, daß sie in der Konzeption eines INA irgendeinen
Niederschlag finden müßten (z.B. durch automatisiertes Meldewesen an die
genannten Stellen oder ein Zugriffsrecht dieser Stellen auf entsprechende Daten). Solche Verfahren würden wohl kaum den technischen Aufwand loh-
nen und würden zudem erheblichen Datensicherungsaufwand bedingen [3].

K e i n e   g e s e t z l i c h e   D u r c h b r e c h u n g   der ärztlichen Schweigepflicht enthalten die einschlägigen Vorschriften der
Reichsversicherungsordnung (RVO) [4]. Die Vorschriften der §§ 369 Abs. 2
und 223 RVO [5] sehen lediglich eine Verpflichtung bzw. Berechtigung der
kassenärztlichen Vereinigungen und der Krankenkassen zur Sammlung und
Auswertung der bei Früherkennungsuntersuchungen bzw. Heilbehandlungen
gewonnen Informationen vor. Dies bedeutet nur, daß diese Institutionen
verpflichtet und berechtigt sind, die bei ihnen vorhandenen Daten auszuwerten, nicht aber, daß die ärztliche Schweigepflicht insoweit aufgehoben
ist. Es besteht keine Meldepflicht der Ärzte, die über den aus Gründen
der Abrechnung [6] erforderlichen Informationsaustausch hinausgeht [7].

---

1) Vgl. hierzu die Nachweise der vorigen FN.

2) Vgl. etwa KOHLHAAS, in KUHNS (ebd.), der von einer Abwägung sittlicher Pflichten
   spricht.

3) Dazu unten 5.6.5 (I).

4) Vgl. zu dieser Problematik ZAKRZEWSKI (Abgrenzung) insb. 128-136.

5) Eingefügt durch das KVKG v. 27.6.1977.

6) Vgl. dazu sogleich unten.

7) Vgl. PETERS (Handbuch) Anm. 4 und 7 zu § 369; Anm. 11 zu § 181, und die dort ab-
   gedruckten Richtlinien. Daraus geht hervor, daß die Sammlung der Untersuchungs-
   ergebnisse an die Abrechnung gekoppelt ist.

Überdies sieht die RVO u.a. in § 369 Abs. 2 (ebenso wie § 125 Abs. 2
BSHG) strenge Geheimhaltung und Anonymisierung der betreffenden Informationen vor [1]. Sofern beim Einsatz eines INA Informationen für Auswertungen nach § 369 Abs. 2 RVO außerhalb der Leistungsabrechnung automatisch weitergegeben werden sollen, ist daher sicherzustellen, daß lediglich vollständig anonymisierte Daten aus dem Verantwortungsbereich
der Ärzte gelangen. Dagegen liegt eine nach § 2o3 StGB strafbare Verletzung der ärztlichen Schweigepflicht vor, wenn geheimzuhaltende Informationen [2] durch den Arzt für eine Auswertung gemäß § 369 Abs. 2 RVO
weitergegeben werden, ohne daß die Einwilligung des Dispositionsberech-
tigten vorliegt.

Keine (gesetzliche) Durchbrechung der ärztlichen Schweigepflicht ergibt
sich ferner aus den Erfordernissen der Leistungsabrechnung zwischen niedergelassenen Ärzten, kassenärztlichen Vereinigungen einerseits und Krankenversicherungsträgern andererseits.

Dieses Verfahren, das sich für die gesetzliche Krankenversicherung auf
Grund vertraglicher Vereinbarungen gemäß § 368 f. RVO gestaltet [3], be-
inhaltet für den niedergelassenen Arzt die Verpflichtung gemäß sogenann-
ter Vordruckvereinbarungen die für die Abrechnung erforderlichen Informationen an die Kassenärztlichen Vereinigungen weiterzuleiten.

Jedoch setzt die Weitergabe dieser Informationen an die Kassenärztliche
Vereinigung voraus, daß der betreffende Patient den behandelnden Arzt
zuvor von der Schweigepflicht entbunden hat [4]. Dies geschieht in der
Regel dadurch, daß der Patient - durch Vorlage eines Krankenscheins -
zu erkennen gibt, daß er die Leistungen der gesetzlichen Krankenversicherung in Anspruch nehmen will. Darin liegt schlüssig das Einverständnis mit der Weiterleitung der Abrechnungsdaten an die zuständigen Stellen [5]. Verzichtet der Patient jedoch auf Leistungen aus der gesetzlichen

---

1) Vgl. hierzu wieder PETERS (ebd.).

2) Vgl. unten 3.1.2.

3) Vgl. hierzu statt vieler: KRAUSKOPF (Kassenarztrecht) 78 ff.

4) SCHÖNKE/SCHRÖDER (Kommentar) RdNr.29 zu § 2o3 m.w.Nachw.

5) SCHÖNKE/SCHRÖDER (ebd.) sprechen hier von einer möglicherweise mutmaßlichen Einwilligung. Die Regel dürfte jedoch eine schlüssige Einwilligung durch Vorlage des Krankenscheins sein.

Krankenversicherung (will er sich also als Privatpatient behandeln lassen), so ist die Weitergabe von Abrechnungsdaten an die Kassenärztliche Vereinigung unzulässig [1].

Die Berechtigung zur Weitergabe von Daten zur Leistungsabrechnung ergibt sich daher nur aus dem Einverständnis des Patienten, nicht aus den Vorschriften der RVO und den gemäß diesen Vorschriften getroffenen Vordruckvereinbarungen [2].

Dabei ist allerdings zu beachten, daß diese Berechtigung - Befugnis - zur Durchbrechung der Schweigepflicht nur soweit reicht, als es die Erfordernisse der Abrechnung mit dem betreffenden Versicherungsträger bedingen, und nicht weiter [3]: Konkret zu bestimmen ist der Umfang der Information, die weitergegeben werden darf, an Hand der für die Abrechnung maßgeblichen Vorschriften und Vereinbarungen [4]. - Wird über dieses notwendige Maß hinaus Information vom Arzt weitergegeben, so kann darin eine strafbare Verletzung der Schweigepflicht liegen [5].

Dies ist im Rahmen des INA besonders dann von Bedeutung, wenn die Daten für die Leistungsabrechnung durch die EDV aufbereitet und automatisch weitergeleitet werden; die Programme müssen in diesem Fall so ausgelegt sein, daß beide Voraussetzungen gewahrt werden können [6].

---

1) Vgl. SCHÖNKE/SCHRÖDER (ebd.).

2) SCHÖNKE/SCHRÖDER (ebd.) bezeichnen die Vorschrift des § 1543 d RVO als Folge einer Offenbarungsbefugnis, die aus der Einwilligung abgeleitet wird.

3) Vgl. SPANN (Standeskunde) 249.

4) Vgl. hierzu die bei SPANN (ebd.) angegebenen Beispiele.

5) Dies ergibt sich aus dem Grundsatz, daß die Einwilligung des Patienten eine Weitergabe nur soweit zur "befugten" macht, als diese für den Zweck, der mit der Einwilligung verfolgt wird, erforderlich ist.(Vgl. SCHÖNKE/SCHRÖDER (Kommentar) RdNr. 24 zu § 2o3; SPANN (Standeskunde) 243).

6) Ob dies derzeit technisch möglich ist, kann hier (noch) dahinstehen; praktisch würde (unbeweisbare und untestbare) Integrität der Programme erforderlich werden.

3.1.2 Umfang und Voraussetzungen der ärztlichen Schweigepflicht

Ob die ärztliche Berufsverschwiegenheit die Vertraulichkeit des Gesprächs mit dem Arzt [1] oder aber die Privatheit von Informationen über eine bestimmte Person [2] schützt, ist umstritten. Diese Frage ist aber für den Umfang der ärztlichen Schweigepflicht nicht von Bedeutung und kommt lediglich dort zum Tragen, wo der Arzt Informationen über die geschützte Person (das ist normalerweise der Patient) von Dritten bezogen hat [3] und wo deshalb fraglich ist, wer ihn von seiner Berufsverschwiegenheit zu entbinden hat [4].

(1) **D a t e n a r t e n**: Die ärztliche Berufsverschwiegenheit umfaßt alle Geheimnisse [5], von denen der Arzt "als Arzt", d.h. im Rahmen seiner Berufstätigkeit [6], Kenntnis erhalten hat. Folglich kann die Berufsverschwiegenheit auch **n i c h t a u f "m e d i z i n i s c h e D a t e n" b e s c h r ä n k t** werden. Sie umfaßt vielmehr alle Informationen, die dem Arzt im Rahmen der Behandlung zugänglich werden.

Dies können sein:

- Patientendaten
- Daten über dritte Personen sowie
- beliebige andere Informationen [7].

---

1) So: BINDING (Lehrbuch; 19o2), Bd. I 128; KOHLHAAS (Schweigepflicht) 73.

2) So: DREHER (Kommentar) Anm. 6 Aa zu § 2o3; differenzierend: SCHÖNKE/SCHRÖDER (Kommentar) RdNr. 23 zu § 2o3; ähnlich, aber im Grundsatz gegen die "Vertraulichkeitstheorie": MAURACH (Strafrecht) 176.

3) Vgl. hierzu HACKEL (Schweigepflicht), der derartige Informationen als "Drittgeheimnisse" bezeichnet.

4) Vgl. die vorausgehenden FN; auch unten 3.1.3.

5) Vgl. SCHÖNKE/SCHRÖDER (Kommentar) RdNr. 9 ff., insbesondere RdNr. 11 zu § 2o3; im übrigen einhellige Auffassung. Daran hat auch die Neufassung des § 2o3 StGB nichts geändert: der persönliche Lebensbereich sowie Geschäfts- und Betriebsgeheimnisse werden nur als Beispielfälle angeführt (SCHÖNKE/SCHRÖER (Kommentar) RdNr. 9 zu § 2o3).

6) § 2o3 StGB: "als Arzt"; der gegenüber § 3oo a.F. geänderte Wortlaut hat keine Auswirkungen auf den Inhalt der Vorschrift.

7) Vgl. hierzu die Beispiele bei SCHÖNKE/SCHRÖDER (Kommentar) RdNr. 11 zu § 2o3; DREHER (Kommentar) Anm. 2 Aa zu § 2o3.

Dies bedeutet für INA, daß nach Maßgabe der ärztlichen Berufsverschwiegenheit alle Arten von Informationen schützen und zu sichern sind, die der Arzt im Rahmen des Behandlungsverhältnisses ("als Arzt") erfahren hat; eine großzügigere Handhabung von "nicht-medizinischen" Daten, die aus dieser Quelle stammen, ist unzulässig. (Dies erlaubt zugleich eine wesentliche datentechnische Vereinfachung.) [1]

(2) G e h e i m n i s: Die ärztliche Schweigepflicht erstreckt sich auf alle "Geheimnisse"; d.h. auf Tatsachen, die nur einem beschränkten Personenkreis bekannt sind und an deren Geheimhaltung derjenige, den sie betreffen,[2] ein Interesse hat [3]. Man wird dabei in der Regel unterstellen können, daß die Informationen, die in einem INA gespeichert werden, nicht zur Kenntnis beliebiger Dritten bekanntgemacht sind [4], und wird ferner anzunehmen haben, daß der Betroffene grundsätzlich ein sachlich begründetes Interesse an Geheimhaltung der einem Arzt anvertrauten Informationen hat [5]. Dagegen dürften Informationen aus dem Behandlungsverhältnis, die nicht Geheimnischarakter haben, die seltene Ausnahme darstellen, zudem eine Ausnahme, die nur sehr schwer erkennbar ist [6].

---

1) Unterschiedliche Zugriffsbedingungen können diesen Vorteil freilich wieder zunichte machen.

2) Zur Terminologie: Datenschutzgesetze und -entwürfe bezeichnen diese Person als den "Betroffenen". In der strafrechtlichen Literatur wird sie teils mißverständlich als "Geheimnisträger" (SCHÖNKE/SCHRÖDER (Kommentar) RdNr. 23 zu § 2o3), teils als "Geheimnisgeschützter" (DREHER (Kommentar) Anm. 2 Ac und 6 Aa zu § 2o3) bezeichnet.

3) So die h.M. (SCHÖNKE/SCHRÖDER (Kommentar) RdNr. 7 zu § 2o3; DREHER (Kommentar) Anm. 2 Ac zu § 2o3; MAURACH (Lehrbuch) 17o m.w.Nachw.), die auf ein schutzwürdiges, vernünftiges oder berechtigtes Geheimhaltungsinteresse abstellt, aber spleenige Geheimniskrämerei nicht in den Schutzbereich des § 2o3 einbezieht; a.A. BINDING (Lehrbuch) 127.

4) ..also objektiv noch "geheim" sind (vgl. DREHER (Kommentar) Anm. 2 Ab zu § 2o3; einhellige Auffassung).

5) Für eine solche Vermutung: SCHÖNKE/SCHRÖDER (Kommentar) RdNr. 7 zu § 2o3; schon die Tatsache des Arztbesuchs dürfte grundsätzlich ein "Geheimnis" sein.

6) Dazu müßte festgestellt werden, daß die jeweilige Tatsache bereits einem überschaubaren Personenkreis bekannt ist oder aber kein berechtigtes Geheimhaltungsinteresse besteht. Ersteres setzt umfangreiche tatsächliche Ermittlungen, letzteres die Entscheidung einer komplizierten Rechtsfrage voraus.

Daher wird eine Sonderbehandlung bestimmter, nicht "geheimer" Informationen innerhalb von INA kaum praktikabel sein; mit Sicherheit stünde ihr aber der zusätzliche datentechnische Aufwand entgegen.

(3) K e n n t n i s n a h m e   a l s   A r z t: Die Schweigepflicht des § 2o3 StGB erstreckt sich nur auf solche Geheimnisse, die dem Arzt "als Arzt" anvertraut wurden, bzw. von denen er "als Arzt" Kenntnis erhielt. Wann dies der Fall ist, kann unter Umständen nur schwer entschieden werden; es sei daher insoweit auf die einschlägige Literatur verwiesen [1]. Für ein INA dürfte diese Abgrenzung jedoch kaum problematisch werden, da jedenfalls bei der Dateneingabe in ein INA der Arzt zu erkennen gibt, daß er die betreffenden Informationen in den Kreis des Wissens einbezieht, das zu seinem ärztlichen Wirkungsbereich gehört. Daraus wird man für den Regelfall auch folgern müssen, daß er diese Informationen "als Arzt" erhalten hat [2].

Es wird davon auszugehen sein, daß alle im Rahmen einer Behandlung anfallenden und alle in ein INA eingegebenen Daten unter die ärztliche Schweigepflicht fallen.

(4) K r e i s   d e r   S c h w e i g e p f l i c h t i g e n: Zur Verschwiegenheit verpflichtet sind zunächst die Ärzte selbst (Hauptverpflichtete); insoweit ist der Kreis der Normadressaten klar definiert.

Durch den § 2o3 Abs. 3 StGB wird der Kreis der Schweigepflichtigen erweitert auf das Hilfs- und Lernpersonal der Ärzte (Nebenverpflichtete). Im Rahmen einer Konzeption für ein INA kommt es hier vor allem auf das ärztliche Hilfspersonal an, da innerhalb der Praxis des niedergelassenen Arztes eine von Hilfstätigkeiten getrennte Ausbildung nur relativ selten vorkommt [3]. Hilfspersonal sind alle

---

1) Vgl. SCHÖNKE/SCHRÖDER (Kommentar) RdNr. 12-18, m.w.Nachw.

2) Zwar ist auch der Fall denkbar, daß ein Arzt Informationen im Rahmen der Behandlung verwendet, die er als Privatperson vorher erfahren hat. Das rechtfertigt jedoch nicht schon eine Sonderbehandlung dieser Daten in INA (z.B. eine großzügigere Weitergaberegelung), da aus der Tatsache der Eingabe in ein INA bereits geschlossen werden kann, daß eine Behandlung stattgefunden hat (vgl. zu dieser Frage: SCHÖNKE/SCHRÖDER (Kommentar) RdNr. 18 zu § 2o3).

3) Anders als etwa bei der Referendarausbildung bei Anwälten, oder der medizinischen Ausbildung innerhalb von Kliniken.

die Personen, deren Aufgabe innerhalb der Praxis einen "inneren
Zusammenhang" mit der beruflichen Tätigkeit des Arztes aufweist,
z.B. Sprechstundenhilfen, Sekretärinnen usw. [1].

Noch nicht endgültig geklärt ist die S t e l l u n g   d e s
E D V - P e r s o n a l s in ärztlichen Gemeinschaftseinrichtungen; insoweit schweigen die Kommentare zum StGB. Jedoch spricht
alles dafür, daß auch dieses Personal zum Kreis der Nebenverpflich-
teten nach § 2o3 Abs. 3 gehört: Für EDV-Personal, das in einer Einzelpraxis eingesetzt wird, ergibt sich dies schon aus der mit Sekretärin und Sprechstundenhilfe verwandten Tätigkeit; für die Schweigepflicht kann es keinen Unterschied machen, ob eine Sekretärin manuell Karteien führt oder aber entsprechend ausgebildetes Personal
ein automatisiertes Informationssystem bedient [2]. In beiden Fällen
kommt eine Hilfsperson des Arztes bei ihrer Tätigkeit zwangsläufig
mit Geheimnissen von Patienten in Kontakt; demgegenüber muß das
benutzte Arbeitsmittel außer Betracht bleiben. Das bedeutet zunächst, daß grundsätzlich auch EDV-Personal unter § 2o3 Abs. 3 fallen kann.

Weiter wird man aber davon ausgehen müssen, daß dies auch für Personal gilt, das eine EDVA bedient, die als Gemeinschaftseinrichtung
mehrerer Ärzte betrieben wird. In diesem Falle - wie er auch innerhalb eines INA gegeben sein dürfte - erfolgt lediglich eine Umor-
ganisation, durch die bestimmte Verwaltungsfunktionen (hier: z.B.
die Führung von Krankenblättern) an einer Stelle zentralisiert werden, ähnlich der Funktionsteilung zwischen Verwaltung und ärztlichem
Dienst im Krankenhaus [3]. Für eine derartige arbeitsteilige Organisation in der ärztlichen Praxis muß daher entsprechendes gelten:
Auch hier gehört das in einer zentralisierten Verwaltungseinrichtung
tätige Personal zu den schweigepflichtigen Hilfspersonen.

---

1) Nicht jedoch solche Personen, die im Rahmen ihrer Tätigkeit nur Gelegenheit haben,
   in Geheimnisse Einblick zu nehmen; z.B. Reinigungspersonal, Chauffeure, usw. (vgl.
   hierzu SCHÖNKE/SCHRÖDER (Kommentar) RdNr. 64 zu § 2o3; MAURACH (Strafrecht) 174;h.M.).

2) a.A. FRIEDERICHS (Computer) 229, der allerdings anscheinend nicht zwischen "fremdem"
   EDV-Personal (Service-Rechenzentrum) und EDV-Fachleuten innerhalb der Praxis unterscheidet. Dies verdeutlicht seine eigene (Klarstellung): FRIEDERICHS 82. Wie hier:
   SCHULZE-MANEKE (Stellungnahme) 7; REBLIN (Datenverarbeitung) 5. Vgl. zu dieser Frage auch unten 5.5.3.

3) Vgl. SCHÖNKE/SCHRÖDER (Kommentar) RdNr. 64 zu § 2o3. Diesen Umstand verkennt FRIE-
   DERICHS (Klarstellung) 83, wenn er als Voraussetzung für eine Erstreckung der Schweigepflicht einen persönlichen Kontakt zum Patienten fordert.

Voraussetzungen ist dabei jedoch, daß diese Gemeinschaftseinrichtung unter ärztlicher Verantwortung betrieben wird [1], also nicht
von einem rechtlich selbständigen Unternehmen (z.B. Servicerechenzentrum).

Damit kann z u s a m m e n f a s s e n d festgestellt werden:

- Nach Maßgabe der ärztlichen Schweigepflicht sind grundsätzlich alle
  Informationen zu behandeln, die im Rahmen der ärztlichen Tätigkeit
  gewonnen und in ein INA eingegeben werden; eine Differenzierung nach
  medizinischen und nicht-medizinischen Daten, geheimen und nicht-gehei-
  men Informationen ist insofern nicht generell möglich, auf alle Fälle
  aber nicht zweckmäßig.

- Zur Verschwiegenheit ist neben dem Arzt (und seinen "klassischen"
  Hilfspersonen) auch das in einem als ärztliche Gemeinschaftseinrichtung betriebenen INA tätige EDV-Personal verpflichtet.

3.1.3   Befugnis zur Weitergabe von Informationen, die der Schweige-
        pflicht unterliegen

Ein Vorstoß gegen die ärztliche Berufsverschwiegenheit nach § 2o3 StGB
liegt dann vor, wenn die jeweilige Datenweitergabe

- eine Offenbarung des anvertrauten Privatgeheimnisses darstellt, die
- unbefugt erfolgte.

(1)   O f f e n b a r u n g ist dabei nicht nur die Veröffentlichung
      der entsprechenden Daten an eine unbestimmte Allgemeinheit; viel-
      mehr genügt jede Mitteilung an eine Person, die nicht zur Kenntnis
      dieser Daten berechtigt ist [2]. Dabei ist davon auszugehen, daß zur
      Kenntnis befugt ohne weiteres nur der behandelnde Arzt [3] und des-
      sen Hilfspersonal [4] ist [5].

---

1) Vgl. dazu unten 5.3.7. Diese Möglichkeit wird bei FRIEDERICHS (Computer) nicht erörtert.

2) SCHÖNKE/SCHRÖDER (Kommentar) RdNr. 45 zu § 2o3; DREHER (Kommentar) Anm. 6 zu § 2o3.

3) Als der Geheimnisträger selbst.

4) Diese Personen sind in den "Kreis der Wissenden" einbezogen (SCHMIDT, in PONSOLD
   (2.) 24. Vgl. dazu auch unten 3.1.4.

5) Von diesem Grundsatz kann im folgenden vereinfachend ausgegangen werden, da problematische Einzelfragen für die INA-Konzeption nicht ausschlaggebend sein werden (z.B.
   die Frage nach Auskünften an die Eltern minderjähriger Kinder; vgl. etwa KOHLHAAS,
   in KUHNS: Heilberufe I 782 ff.).

(2) Eine B e f u g n i s   zur Offenbarung von Patientengeheimnissen
besteht in folgenden Fällen:

1. Entbindung des Arztes vom Geheimnis durch den dazu Berechtigten,
2. Rechtspflicht des Arztes zur Offenbarung gegenüber einer bestimmten Stelle,
3. Erfordernis des Schutzes eines höherwertigen Rechtsguts,
4. Wahrnehmung berechtigter Eigeninteressen des Arztes.

Im einzelnen sind diese Voraussetzungen für die Zulässigkeit der
Durchbrechung der ärztlichen Schweigepflicht sehr problematisch
und teilweise auch umstritten [1].

Sie sind aber im Rahmen des INA nicht von spezieller Bedeutung. Die
Weitergabe von Informationen aus dem ärztlichen Bereich wirft hier
keine speziellen Fragen auf, sofern sichergestellt ist, daß der
Arzt in kritischen Einzelfällen die Entscheidung über die Weitergabe zu treffen hat oder bei Routineweitergaben die Verantwortung
für diese Maßnahmen tragen kann. Es kann daher insoweit auf die
einschlägige Spezialliteratur verwiesen werden [2].

(3) Hier sei nur auf ein P r o b l e m hingewiesen, das bei automatisierten Verfahren für die Form der Speicherung bzw. die Auslegung
der Weitergabeprogramme von Bedeutung sein kann: Neben dem Patienten
können auch d r i t t e   P e r s o n e n in den Schutzbereich
des § 2o3 StGB gehören, z.B. die Angehörigen bei einer Familienanamnese. In diesen Fällen muß sichergestellt werden, daß vor der
Weitergabe von Informationen über den Patienten geprüft werden kann,
ob auch gegenüber weiteren betroffenen Personen eine Befugnis zur
Weitergabe besteht [3]. Dies setzt unter Umständen eine Dateistruktur voraus, die eine Unterscheidung zwischen "reinen" Patientendaten und solchen Daten gestattet, die auch Dritte betreffen.

---

1) Vgl. zu diesem Fragenkreis etwa SCHÖNKE/SCHRÖDER (Kommentar) RdNr. 21-33 zu § 2o3
   m.w.N., DREHER (Kommentar) Anm. 6 A zu § 2o3 m.w.Nachw.

2) Eine eingehende Darstellung hierzu wäre nur dann veranlaßt, wenn ein INA zugleich
   als Auskunftssystem für Dritte konzipiert wäre; dies ist jedoch nicht der Fall. Zu
   zwei wichtigen Fragen in diesem Zusammenhang vgl. 3.1.1.3 (Abrechnung bei Kassen-
   patienten) und 3.1.5 (Auswertung medizinischer Daten für Wissenschaft und Planung).

3) Gegebenenfalls muß auch von diesen Personen eine Einwilligungserklärung eingeholt
   werden. Vgl. dazu oben 3.1.2 und SCHMIDT, in PONSOLD (2.) 3o.

(4)   Selbst wenn eine Befugnis zur Weitergabe vorliegt, ist im Einzelfall doch jeweils zu prüfen, w i e   w e i t diese Befugnis reicht [1]. Dies wird sich für den Informationsaustausch mit den Krankenversicherungsträgern anhand der einschlägigen Vorschriften relativ leicht bestimmen lassen [2]; hier kommen daher auch automatisierte Datenübertragungsroutinen in Betracht. Dagegen wird in anderen Fällen der befugten Weitergabe jeweils eine Einzelfallbeurteilung des behandelnden Arztes erforderlich sein, da Dritte (auch Ärzte) wohl nur schwer in der Lage sein werden festzustellen, in welchem Umfang die Offenbarung des Privatgeheimnisses von einer Befugnis gedeckt ist. Bei einer Weitergabe auf Grund des Einverständnisses des Geschützten hängt dies insbesondere davon ab, ob und wieweit der Patient jeweils die Konsequenzen der Entbindung von der Schweigepflicht absehen konnte [3].

Für das INA kann daraus die Konsequenz gezogen werden, daß außerhalb von Routineverfahren nur der behandelnde Arzt zur Weitergabe (im Rahmen des § 2o3 StGB) von der Schweigepflicht unterliegenden Informationen berechtigt sein sollte [4].

3.1.4   Datenverkehr innerhalb von INA

(1)   Das m e d i z i n i s c h e H i l f s p e r s o n a l ist in die ärztliche Schweigepflicht mit einbezogen [5]. Die gesetzliche Regelung geht insoweit davon aus, daß auch das medizinische Hilfspersonal des Arztes in die Geheimnisse des Patienten mit eingeweiht wird - bzw. eingeweiht werden muß [6]. Deshalb bestehen auch keine rechtlichen Bedenken dagegen, daß Patienteninformationen diesem Hilfspersonal in der Praxis des Arztes zur Kenntnis gelangen [7].

---

1) Vgl. DREHER (Kommentar) Anm. 6 B zu § 2o3.

2) Vgl. oben 3.1.1.

3) So: DREHER (ebd.); SCHMIDT, in PONSOLD (2.) 3o; SCHÖNKE/SCHRÖDER (Kommentar) Rdnr. 24 zu § 2o3; a.A. KOHLHAAS, in KUHNS (Heilberufe) I/782.

4) Die Durchbrechung der ärztlichen Verschwiegenheit wird häufig auch als "sittliche Entscheidung" bezeichnet, die nur der Arzt fällen könne. Vgl. hierzu: KOHLHAAS, in KUHNS (Heilberufe) I/778; SCHMIDT, in PONSOLD (2.) 3o.

5) Vgl. oben 3.1.2.

6) SCHÖNKE/SCHRÖDER (Kommentar) RdNr. 64 zu § 2o3; DREHER (Kommentar) Anm. 3 Ba zu § 2o3; SCHMIDT, in PONSOLD (2.) 26.

7) Vgl. SCHÖNKE/SCHRÖDER (Kommentar) RdNr. 27 zu § 2o3; SCHMIDT, in PONSOLD (2.) 24 f.; BOCKELMANN, in PONSOLD (3.) 14.

Es wurde bereits oben [1] dargelegt, daß zu den schweigepflichtigen
Hilfspersonen i.S.d. § 2o3 Abs. 3 StGB auch das EDV-Personal in
einem INA gehören kann, da die teilweise Zentralisation von Verwaltungsfunktionen allein keine Änderung der Pflichten von Personen mit sich bringen kann, die mit diesen Funktionen betraut sind.

Daraus ergibt sich für die Eingabe geheimzuhaltender Daten in ein
INA folgende Konsequenz:

Sofern ein INA als Gemeinschaftseinrichtung der angeschlossenen
Ärzte i n e n t s p r e c h e n d e r R e c h t s f o r m
und mit den erforderlichen technischen und juristischen Absiche-
rungen geführt wird, bestehen keinerlei Bedenken gegen eine Speicherung von geheimzuhaltenden Informationen durch diese Einrichtung und das in dieser Einrichtung beschäftigte Personal. Daher
kann auch nicht davon ausgegangen werden, daß sich der Arzt einer
strafbaren Verletzung seiner Berufsverschwiegenheitspflicht schul-
dig macht, wenn er Daten aus seiner Praxis mit Hilfe der ADV verarbeitet [2]. Dies könnte allenfalls dann gelten, wenn diese Verarbeitung nicht unter ärztlicher Kontrolle und durch Personal, das
dem Arzt nicht untersteht, erfolgt, wenn also Informationen in Be-
reiche geraten, für die der jeweils behandelnde Arzt die Verantwortung nicht mehr übernehmen kann und eine adäquate strafrechtliche Sicherung nicht besteht [3].

(2)   Die W e i t e r g a b e   von geheimhaltungspflichtigen Informationen a n a n d e r e a n d a s I N A a n g e -
s c h l o s s e n e Ä r z t e   ist dagegen nicht uneingeschränkt
zulässig, auch wenn diese derselben Geheimhaltungspflicht nach § 2o3
StGB unterliegen [4]. Dies darf vielmehr nur dann geschehen, wenn
eine Befugnis für diese Weiterleitung von Informationen besteht.

---

1) 3.1.2.

2) Unzutreffend FRIEDERICHS (Computer) 228 f. Er geht von der Grundannahme aus, daß Informationen nach der Eingabe in eine EDVA jeder Kontrolle durch den Arzt entzogen
   sind; diese Annahme ist jedoch nicht richtig, sofern entsprechende Vorkehrungen getroffen sind. Wie hier: SCHULZ-MANEKE (Stellungnahme); vermittelnd: REBLIN (Datenverarbeitung) 5.

3) Für diesen Fall sind die von FRIEDERICHS (ebd.) geäußerten Bedenken richtig.

4) Vgl. SCHMIDT, in PONSOLD (2.) 25; BOCKELMANN, in PONSOLD (3.) 14. - Im Falle einer
   automatischen Übermittlung müßten sehr differenzierte Benutzer- und Zugriffskontrol-
   len eingeführt werden, die unterschiedliche Zugriffsrechte für unterschiedliche Benutzer in unterschiedlichen Situationen zu definieren und zu überwachen gestatteten
   (Hinweis DIERSTEIN).

Insbesondere kommt hier in Betracht die konkludente Entbindung von der Geheimhaltungspflicht bei Einverständnis des Patienten mit der Überweisung an einen Spezialisten. Im übrigen ist bei der K o n s u l t a t i o n von Kollegen die Wahrung der Schweigepflicht sicherzustellen. Dies gilt auch, wenn ärztliche Gemeinschaftseinrichtungen - wie ein INA - bestehen, da allein deswegen die gesetzlichen Verpflichtungen der angeschlossenen Ärzte gegenüber ihren Patienten nicht relativiert werden [1].

(3)　Daß die Wahrung der ärztlichen Verschwiegenheit auch g e g e n ü b e r d e n T r ä g e r n d e r K r a n k e n v e r s i c h e r u n g zu wahren ist, wurde bereits oben dargestellt [2]; daran ändert auch die Tatsache nichts, daß die Mitarbeiter dieser Institutionen nach § 2o3 Abs. 2 StGB selbst zur Verschwiegenheit verpflichtet sind [3]: Die ärztliche Schweigepflicht ist eine persönliche Verpflichtung des Arztes, der nicht durch eine Verschwiegenheit des gesamten medizinischen Dienstes genügt werden kann.

Für den Einsatz von Informationssystemen für den niedergelassenen Arzt läßt sich damit z u s a m m e n f a s s e n d feststellen:

Sofern sichergestellt ist, daß das ganze Informationssystem unter ärztlicher Verantwortung steht und daß das beschäftigte Personal nicht fremden Weisungen untersteht (wie dies z.B. bei "Datenverarbeitung außer Haus" der Fall wäre), kann davon ausgegangen werden, daß der Einsatz von EDV-Anlagen für sich keinen Verstoß gegen die ärztliche Schweigepflicht darstellt; der Arzt macht sich nicht schon dadurch strafbar, daß er der Schweigepflicht unterliegende Daten in den Computer eingibt.

Dies könnte allenfalls dann geschehen, wenn der Arzt sich durch den Einsatz von EDV der Kontrollmöglichkeit über die Informationen, die in seiner Verantwortung stehen, ganz oder teilweise begibt, insbesondere also dann, wenn er im Zeitpunkt der Eingabe nicht absehen kann, an welchen Personenkreis die Informationen weitergeleitet werden und für welche <u>Zwecke sie sonst verarbeitet werden können.</u>

1) Insofern ist die Rechtslage innerhalb eines INA zu der im Krankenhaus verschieden: Im Krankenhaus vertraut der Patient sich und seine Geheimnisse einem Ärzteteam an (SCHMIDT, ebd.); dagegen bleibt der niedergelassene Arzt auch dann alleiniger Vertrauenspartner, wenn er sich zusammen mit anderen Ärzten eines gemeinschaftlichen Informationssystems bedient.

2) 3.1.1.3.

3) Sie sind nicht in den "Kreis der Wissenden" einbezogen (SCHMIDT, in PONSOLD (2.) 24), da sie nicht zwangsläufig mit dem Geheimnis in Berührung kommen, sondern erst nach einer Offenbarung durch den Arzt.

Dies hat für das INA folgende Konsequenzen:

- Es muß eine Rechtsform gewählt werden, die das System ausschließlich in ärztlicher Verantwortung beläßt,

- die Systemauslegung und Programmierung muß den angeschlossenen Ärzten in vollständiger [1] und verständlicher Weise klargemacht werden (das System muß also für die angeschlossenen Ärzte transparent sein), da ihnen ansonsten jede Dateneingabe in das INA durch § 2o3 StGB verwehrt wäre.

3.1.5 Auswertung medizinischer Daten für wissenschaftliche oder gesundheitspolitische Zwecke

Soweit nicht der Gesetzgeber bereits jetzt [2] gesetzliche Durchbrechungen der ärztlichen Schweigepflicht geschaffen hat oder diese in der Zukunft noch schaffen wird, besteht keine Möglichkeit, der Schweigepflicht unterliegende Daten für Zwecke der staatlichen Gesundheitspolitik oder der medizinischen Forschung generell freizugeben. Es gelten hier die allgemeinen Grundsätze für die Befugnis zur Offenbarung geheimzuhaltender Informationen.

Dies ist insbesondere zu berücksichtigen, wenn das INA später an übergeordnete Informationssysteme, die einem oder beiden genannten Zwecken dienen, angeschlossen werden soll; für diesen Fall sind entsprechende Kontrollen vorzusehen.

Keine Verletzung der ärztlichen Schweigepflicht wird zwar in der Regel angenommen, wenn die Person, deren medizinische Daten weitergegeben werden, nicht identifizierbar ist [3]. Hier muß aber darauf verwiesen werden, daß dafür unter günstigen Voraussetzungen die bloße Streichung von Namens-

---

1) Die Forderung ist nur scheinbar unerfüllbar, da nicht technische, sondern Funktionsbeherrschung erfordert ist (analog anderen technischen Geräten).

2) Vgl. 3.1.1.3.

3) Es fehlt dann an einer "Offenbarung" i.S.d. § 2o3 StGB. Vgl. SCHÖNKE/SCHRÖDER (Kommentar) RdNr. 19 zu § 2o3; SCHMIDT, in PONSOLD (2.) 25 f.; KOHLHAAS, in KUHNS (Heilberufe) I/782; BOCKELMANN, in PONSOLD (3.) 14.

und Adressteil des Datensatzes zwar ausreichen mag, daß eine derartige
Anonymisierung aber keinesfalls genügend sicher ist; sehr häufig sind
solche Anonymisierungsverfahren mit wenigen Zusatzinformationen rückgängig zu machen. Vor allem aber schafft der Einsatz der ADV neuartige
Möglichkeiten der Reindividualisierung [1]. Wird all dies nicht angemessen berücksichtigt, so kommt eine strafbare Verletzung der ärztlichen
Schweigepflicht sehr wohl in Betracht. Es wird daher für die Zukunft
noch genauestens zu prüfen bleiben, welche Verfahren im INA zur Anonymisierung von der Schweigepflicht unterliegenden Daten vorgesehen werden müssen. Bedenken sind jedenfalls dann anzumelden, wenn Daten aus
dem INA voll individualisiert abgegeben und erst in anderen Systemen
anonymisiert bzw. aggregiert werden [2].

3.1.6 Auskunftsrecht des Patienten

Hier ist zunächst eine Unterscheidung zu treffen: Unter Auskunftspflicht
des Arztes bzw. Auskunftsrecht des Patienten wird verstanden eine Pflicht/
ein Recht, Auskunft über die Daten zu gewähren/zu verlangen, die der Arzt
im Rahmen des Behandlungsverhältnisses über den Patienten erhalten hat [3].

Davon zu unterscheiden ist die Aufklärungspflicht des Arztes, die ihm
als Vertragspflicht obliegt und dahin geht, dem Patienten die Informationen zu vermitteln, die er benötigt, um seine Situation richtig einzu-
schätzen und die Entscheidung über einzelne ärztliche Maßnahmen (etwa
eine Operation) sachgerecht treffen zu können [4]. Ein Verstoß gegen diese
vertragliche Obliegenheit macht den Arzt schadensersatzpflichtig (ggf.
auch nach §§ 212; 223 ff. StGB strafbar).

---

1) Hierzu eingehend: SCHLÖRER (Schnüffeltechniken); vgl. auch KOHLHAAS (ebd.), der nicht
   nur Anonymisierung, sondern "Tarnung der Person" fordert; ferner BOCKELMANN (ebd.).

2) In diesem Fall würde der Arzt die Kontrolle über geheimhaltungspflichtige Informationen verlieren, so daß die Bedenken von FRIEDERICHS (Computer) 228 f. eingriffen.

3) Diese Recht ist umstritten. Man wird aber der h.M. folgen müssen, die dem Arzt eine
   umfassende Auskunftspflicht auferlegt, weil es ihm verwehrt ist, seinen Vertragspartner - wenn auch in der besten Absicht - zu bevormunden. Eine derartige Bevormundung
   wäre mit dem Konzept des mündigen Staatsbürgers, das hinter Art. 1; 2 GG steht, un-
   vereinbar. Vgl. zum Streitstand etwa: BOCKELMANN, in PONSOLD (2.) 28 ff. m.w.Nachw.;
   SCHMIDT, in PONSOLD (2.) 4o f. m.w.Nachw.; KOHLHAAS, in KUHNS (Heilberufe) I/147 ff.-
   Insoweit ist aber mit dem Erlaß des BDSG eine definitive Klärung der Rechtslage ein-
   getreten: Dieses Gesetz sieht jedenfalls für ein künftiges INA eine Auskunftspflicht
   vor (§§ 4 Nr. 1; 26 Abs. 2).

4) Im Grundsatz unstrittig; vgl. SCHMIDT, in PONSOLD (2.) 37 ff.

Für die Konzeption eines INA wirft diese Aufklärungspflicht keine besonderen Probleme auf. Die umfassende Information des Patienten vor jeder Maßnahme über deren Erfolgschancen, Risiken und Erforderlichkeit wird durch den Einsatz eines Informationssystems prinzipiell erleichtert. Allerdings zeigt sich auch an diesem Punkt, wie wesentlich für ein INA eine rasche, vollständige und korrekte Datenpräsentation ist.

Ähnliches gilt für das Auskunftsrecht des Patienten: Auch hieraus werden kaum zusätzliche Anforderungen an das System erwachsen, da dem Auskunftsersuchen der Patienten wohl grundsätzlich dadurch Rechnung getragen wird, daß der Arzt die entsprechenden Daten aus dem System abruft und dem Patienten in geeigneter Form [1] mitteilt. Unwahrscheinlich - und ungünstig - dürfte dagegen das Verfahren sein, dem Patienten direkt die im System gespeicherten Daten zugänglich zu machen [2].

3.2   DATENSCHUTZRECHT

Als weitere rechtliche Schranke für den Einsatz eines INA kommen die Datenschutzgesetze der Länder [3] und das Bundesdatenschutzgesetz in Betracht.

3.2.1 Geltung des Bundesdatenschutzgesetzes (BDSG)

Zunächst ist festzustellen, daß nicht die bereits bestehenden bzw. in Vorbereitung befindlichen L a n d e s d a t e n s c h u t z g e s e t z e, sondern Bundesrecht zur Anwendung kommt.

Eine Kompetenz zur Regelung des Datenschutzes besteht für die Länder nur dort, wo öffentliche Stellen der Länder und landesrechtlicher Körperschaf-

---

1) Die in einem INA gespeicherten Daten dürften für sich dem Patienten kaum verständlich sein - schon wegen der medizinischen Fachsprache.

2) Ein solches Verfahren hätte zur Folge, daß dem Patienten auch ungesicherte Diagnosen zugänglich würden; dies ist jedoch rechtlich nicht geboten (vgl. BOCKELMANN, in PONSOLD (2.) 28) und wäre überdies u.U. für den Erfolg der Behandlung sehr abträglich (z.B. bei lebensbedrohenden Krankheiten).

3) Sämtlich abgedruckt in BURHENNE/PERBAND (EDV-Recht).

ten Daten verarbeiten [1]. Die private Datenverarbeitung, also auch die
beim niedergelassenen Arzt, fällt dagegen in die konkurrierende Gesetzgebung des Bundes und der Länder [2]; der Bund hat die ihm insoweit zu-
stehende Gesetzgebungskompetenz mit dem BDSG genutzt. Daher ist für Datenschutzgesetze der Länder im Bereich der privaten Datenverarbeitung
kein Raum mehr [3].

Das Bundesdatenschutzgesetz tritt allerdings hinter besonderen Rechtsvorschriften des Bundes zurück, die auf in Dateien gespeicherte personenbezogenen Daten zur Anwendung kommen [4]. Derartige Vorschriften sind
für den Bereich der Datenverarbeitung beim niedergelassenen Arzt - mit
Ausnahme insbesondere der Schweigepflicht - derzeit nicht gegeben. Damit tritt die im Gesetz enthaltene Subsidiarität nicht ein; das Bundesdatenschutzgesetz ist grundsätzlich auf INA anwendbar [5].

Nach § 45 S. 3 BDSG bleibt die Verpflichtung zur Wahrung besonderer Berufsgeheimnisse - insbesondere des § 2o3 StGB - unberührt. Dies hat zur
Folge, daß im Bereich der Datenverarbeitung beim niedergelassenen Arzt
nebeneinander die Berufsverschwiegenheit der Ärzte und das Bundesdatenschutzgesetz zwingend gelten [6].

Die Datenverarbeitung in einem INA fällt in den Anwendungsbereich des
Gesetzes: Ein INA wird von mehreren Ärzten, einer Personenvereinigung

---

1) Vgl. EBDSG, Begründung S. 16. Diese Kompetenz wird aus den Kompetenzen für das Ver-
   waltungsverfahrensrecht abgeleitet: Art. 7o ff. in Verbindung mit Art. 84 Abs. 1;
   85 Abs. 1 und 86 GG. Zur Regelung im BDSG (§ 7 Abs. 2) vgl. ORDEMANN/SCHOMERUS (Erläuterungen) Anm. 5 zu § 7.

2) Vgl. wieder EBDSG, Begründung S. 16. Eine ausdrückliche Kompetenz für Datenschutzgesetze ist im GG nicht vorgesehen. Deshalb kann eine Kompetenzzuweisung nur aus ander-
   weitigen Vorschriften entnommen werden. Dabei können die Vorschriften über die Datenverarbeitung nicht-öffentlicher Stellen (EBDSG, 3. und 4. Abschnitt) den Kompetenzen
   für Wirtschafts-, Arbeits- und Zivilrecht zugeordnet werden: Art. 74 Nr. 1; Nr. 11 und
   12 GG.

3) Art. 72 Abs. 1 GG. - Dagegen haben die Länder die für den Privatsektor zuständigen
   Datenaufsichtsbehörden zu bestimmen, §§ 3o; 4o BDSG.

4) § 45 S. 1 BDSG.

5) In § 45 S. 1 und 2 BDSG wird lediglich der Grundsatz der Spezialität von Gesetzen ausdrücklich zitiert, wonach die speziellere gesetzliche Regelung dem allgemeinen Gesetz
   vorgeht. Spezielle gesetzliche Regelungen für Datenspeicherung, -veränderung, Benachrichtigungspflichten usw. existieren aber für den Bereich der Medizin nur partiell.
   Vgl. EBDSG, Begründung S. 32.

6) Lediglich die Vorschriften über die Datenübermittlung (§ 24 BDSG) werden von § 2o3
   StGB nach dem Grundsatz der Spezialität (vorige FN) verdrängt.

des privaten Rechts, getragen[1], und dient der Speicherung und sonstigen Verarbeitung [2] personenbezogener Daten [3]; die gespeicherten Daten sind - unter bestimmten Voraussetzungen - auch zur Übermittlung an Dritte bestimmt [4] und sollen in automatisierten Verfahren verarbeitet werden.

Soweit beim Einzelarzt bzw. im INA Daten konventionell - z.B. in Karteien - gespeichert werden, die unter keinem Aspekt zur Weitergabe bestimmt sind, gilt das Bundesdatenschutzgesetz nicht; es ist aber zumindest zweifelhaft, ob es sich lohnt, für diese Daten eine Sonderbehandlung vorzusehen.

Schließlich werden innerhalb des INA Daten in Dateien im Sinne des BDSG gespeichert [5].

3.2.2   Inhalt des Bundesdatenschutzgesetzes

Für ein INA gilt gemäß § 22 Abs. 1 BDSG der dritte Abschnitt des Gesetzes (Datenverarbeitung nicht-öffentlicher Stellen für eigene Zwecke)[6].

---

1) § 1 Abs. 2 S. 1 Nr. 2 i.V.m. § 22 BDSG.

2) § 1 Abs. 2 S. 1 BDSG.

3) § 2 Abs. 1 BDSG.

4) § 1 Abs. 2 S. 2 BDSG; die interne nicht-automatisierte Datenverarbeitung wird nicht vom BDSG geregelt. Kritisch hierzu: SCHIMMEL/STEINMÜLLER (Problemstellung) 152 f. Diese Einschränkung im Geltungsbereich des BDSG ist jedoch für ein INA - als automatisiertes Informationssystem - ohne Bedeutung. Zudem ist die Mehrzahl der dort gespeicherten Daten ohnedies zur Übermittlung an Dritte (insbesondere bei der Leistungsabrechnung) bestimmt.

5) § 1 Abs. 2 S. 1 i.V.m. § 2 Abs. 3 Nr. 3 BDSG; vgl. hierzu das EDV-Konzept für INA; DANIELS/SCHAEFER (Zusammenfassung) 173 ff.; insbesondere 191 f. zur Form der Speicherung; sowie ORDEMANN/SCHOMERUS (Erläuterungen) Anm. 3.3 zu § 2 zum Datei-Begriff des BDSG.

6) Dabei ist - aus Rechtsgründen (vgl. oben 3.1.4) - unterstellt, daß ein INA nur als ärztliche Gemeinschaftseinrichtung, nicht als Servicerechenzentrum betrieben wird (vgl. auch unten 5.8). Jedenfalls gelten diese Vorschriften aber gem. § 22 Abs. 2 BDSG für die beteiligten Ärzte und mittelbar über §§ 31 Abs. 1 S. 1 Nr. 3; 37 BDSG für die Verwaltung des INA.

Diese Vorschriften gelten für sämtliche im INA gespeicherten personenbezogenen Informationen, im Grundsatz unabhängig von den jeweils angewand-
ten Verarbeitungsverfahren [1]. Das Bundesdatenschutzgesetz ist insoweit
in seinem Anwendungsbereich wesentlich weiter als die oben dargestellte
ärztliche Schweigepflicht: neben Geheimnissen aus dem Behandlungsverhältnis [2] (insbesondere Patientendaten) werden alle anderen personenbezogenen Daten (insbesondere auch die über den Arzt) geschützt. Das Bundesdatenschutzgesetz regelt überdies alle Phasen der Datenverarbeitung,
nicht nur die Übermittlung ("Offenbarung") [3] von Informationen. Die Zulässigkeitsvoraussetzungen für die Handhabung personenbezogener Daten
nach dem Bundesdatenschutzgesetz sind jedoch nicht so streng wie die
ärztliche Schweigepflicht [4].

Dies wird im Rahmen dies Datenschutzkonzepts für das INA zu berücksichtigen sein.

Im folgenden sollen die Vorschriften des BDSG und ihre Auswirkungen auf
ein INA kurz dargestellt werden [5].

---

1) Das Gesetz bezieht auch manuelle Datenverarbeitungsverfahren ein (§ 2 Abs. 2 a.E.
   BDSG).

2) Vgl. oben 3.1.2.

3) Die Begriffe sind nicht gleichbedeutend, WSt (Risikosysteme) 75 f., was aber hier
   vernachlässigt werden kann.

4) Im einzelnen vgl. sogleich unten.

5) Es kann sich dabei allerdings nur um eine erste - vorsichtige - Skizze der Grund-
   linien handeln. Gesicherte Aussagen werden erst möglich sein, wenn das BDSG - eine
   völlig neuartige Materie - von Rechtsprechung und Literatur gründlicher als bisher
   aufgearbeitet sein wird.

<u>3.2.2.1   *Speicherung personenbezogener Daten (§ 23 BDSG)*</u>

Da eine Spezialvorschrift über die Zulässigkeit der Speicherung von personenbezogenen Daten durch den niedergelassenen Arzt nicht existiert, greift insoweit das BDSG ein. Danach ist die Speicherung [1] personenbezogener Daten durch den behandelnden Arzt oder durch ein INA (§ 22 Abs. 2 BDSG) zulässig [2], wenn:

- sich die Speicherung im Rahmen des der Behandlung zugrunde liegenden Vertragsverhältnisses oder vertragsähnlichen Vertrauensverhältnisses hält (§ 23 S. 1 Fall 1 BDSG),

- die Speicherung zur Wahrung berechtigter Interessen des Arztes bzw. des INA erforderlich ist und kein Grund zur Annahme besteht, daß schutzwürdige Belange des Betroffenen beeinträchtigt werden (§ 23 S. 1 Fall 2 BDSG), oder

- der Betroffene in die Speicherung eingewilligt hat (§ 3 S. 1 Nr. 2 BDSG), wobei die Einwilligung in der Regel der Schriftform bedarf (§ 3 S. 2 BDSG).

Im Grundsatz wird man davon ausgehen können, daß der Arzt schon aus Kostengründen nur die Informationen über seine Patienten speichern wird, die er entweder für die Behandlung unumgänglich braucht oder die er zum Zweck der Leistungsabrechnung erfassen muß; für die Speicherung von Patientendaten werden sich daher aus § 23 BDSG kaum Einschränkungen gegenüber der bisherigen Praxis ergeben.

Es wird sich aber aus Gründen einer vertrauensvollen Zusammenarbeit mit den Patienten empfehlen, diese auf den Anschluß des Arztes an ein INA hinzuweisen und ihre Zustimmung zur Speicherung und Verarbeitung sie betreffender Daten in einem automatisierten Informationssystem einzuholen.

---

1) Die Terminologie des BDSG weicht weit von der in der ADV bzw. Informatik üblichen ab. Die Definition der Speicherung findet sich in § 2 Abs. 2 Nr. 1 BDSG; vgl. auch ORDEMANN/SCHOMERUS (Erläuterungen) Anm. 2.1 zu § 2.

2) Im folgenden werden nur die für INA wesentlichen Zulässigkeitsvoraussetzungen dargestellt. Daneben ist die Speicherung personenbezogener Daten nach dem BDSG auch zulässig, wenn eine Rechtsvorschrift sie explizit erlaubt (§ 3 S. 1 Nr. 1 BDSG), oder unmittelbar aus allgemein zugänglichen Quellen entnommene Daten in nicht-automatisierten Verfahren verarbeitet werden (§ 23 S. 2 BDSG); beides kommt jedoch beim Betrieb von INA wohl kaum in Betracht. § 11 Abs. 1 der Berufsordnung für die deutschen Ärzte (vgl. oben FN zu 3.1.1) ist insoweit nicht einschlägig: Die darin vorgesehene Pflicht zur Anfertigung ärztlicher Aufzeichnungen konkretisiert lediglich den Inhalt des Behandlungsvertrags zwischen Arzt und Patienten, ist aber keine davon abgelöste Rechtsgrundlage für die Speicherung personenbezogener Daten.

Soweit Daten über andere Personen als die Patienten gespeichert werden,
müssen auch diesen gegenüber die gesetzlichen Voraussetzungen (§ 23 oder
§ 3 S. 1 BDSG) vorliegen.

Dies kann zu Schwierigkeiten im Rahmen der F a m i l i e n a n a m -
n e s e   führen, da dort im Regelfall die Voraussetzungen der §§ 3 oder
23 BDSG wohl kaum vorliegen werden. Die Einwilligung der betroffenen Personen wird bei einer Familienanamnese wohl nur in Ausnahmefällen eingeholt; mit ihnen besteht weder ein Vertragsverhältnis noch ein vertrags-
ähnliches Vertrauensverhältnis; ü b e r w i e g e n d e berechtigte
Interessen der speichernden Stelle (also des Arztes!) liegen ihnen gegenüber ebenfalls nicht vor. Sofern sich nicht eine Form der Speicherung
finden läßt (übrigens auch der Speicherung in den Krankenblättern!), die
Familienanamnesen nicht mehr in "Dateien" i.S. des BDSG speichert oder
als auf Dritte bezogene Personendaten erkennen läßt [1], wird man nach
dem Inkrafttreten des BDSG nicht mehr umhin kommen, vor Familienanamnesen die Einwilligung der betroffenen Familienmitglieder einzuholen.

Ansonsten werden im INA, soweit derzeit abzusehen, noch personenbezogene
Daten über die angeschlossenen Ärzte (z.B. Abrechnungsdaten) gespeichert
sein; dies ist unproblematisch, da insoweit "speichernde Stelle" und
"Betroffener" identisch sind bzw. die Einwilligung zweifellos gegeben
werden wird.

3.2.2.2   *Übermittlung personenbezogener Daten (§ 24 BDSG)*

Hier ist zu differenzieren zwischen Daten, die der ärztlichen Berufsverschwiegenheit unterliegen, und sonstigen personenbezogenen - also
dem BDSG unterfallenden - Daten (vgl. Abb. 3):

(1)   Daten, die der Schweigepflicht unterliegen

Für diese Daten gelten ausschließlich die oben dargestellten Grundsätze
zur Berufsverschwiegenheit der Ärzte nach § 2o3 StGB; für eine Anwendung
des Bundesdatenschutzgesetzes verbleibt kein Raum. Dies ergibt sich zum

---

1) Z.B. Speicherung des Anamneseergebnisses im Form von Risikofaktoren, die sich ausschließlich auf den Patienten beziehen, nicht aber (z.B.) durch Übernahme eines ausgefüllten Anamnesefragebogens mit Angaben über die Angehörigen des Patienten (vgl.
   DANIELS/SCHAEFER: Zusammenfassung 49 ff.).

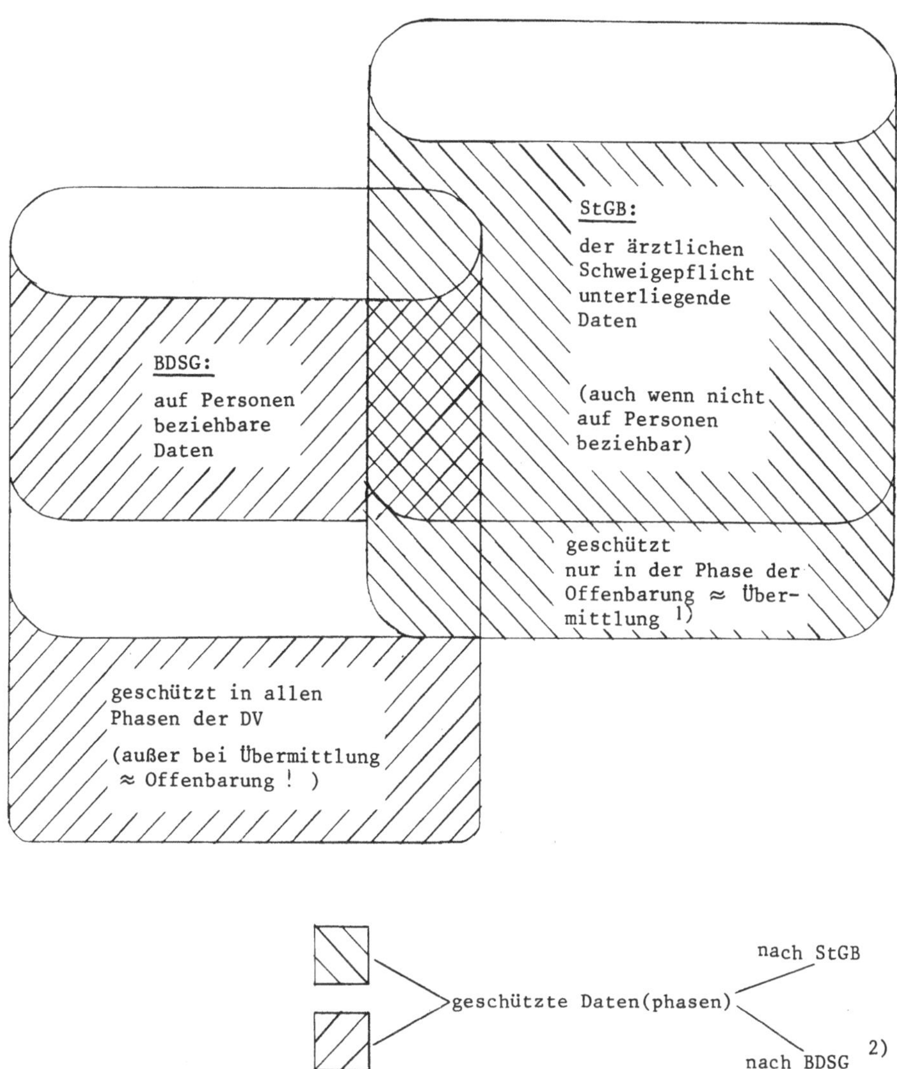

Abb.: Das Verhältnis des Datenschutzes nach BDSG
und StGB. 3)

1) Offenbaren i.S.d. StGB ≈ übermitteln i.S.d. BDSG

2) Die Darstellung wird in bestimmten Bereichen der Verwaltung weiter kompliziert
    durch die noch einmal abweichenden Vorschriften von § 35 SGB-AT und § 30 VerwVerfG.

3) Nach WSt (Risikosysteme) 76.

einen aus der bereits oben [1] angeführten Vorschrift des § 45 S. 3 BDSG[2],
zum anderen auch aus der einschlägigen Vorschrift des BDSG: § 24 BDSG regelt schon nach seinem Wortlaut nicht die Übermittlung von Daten, die der
Verschwiegenheitspflicht unterliegen, durch den Schweigepflichten selbst,
sondern nur deren (Weiter-)Übermittlung durch Dritte, an die diese Daten
zulässigerweise gelangt sind [3].

Das bedeutet, daß auf die Übermittlung (bzw. Offenbarung) von Informationen, die der Schweigepflicht unterliegen [4], keinesfalls die großzügige-
ren Vorschriften des BDSG über die Datenübermittlung zur Anwendung kommen - auch wenn die entsprechenden Tatbestandsmerkmale des BDSG erfüllt
sind. Dies gilt insbesondere für die Vorschrift des § 24 Abs. 2 BDSG,
wonach listenmäßig zusammengefaßte Angaben über Personengruppen privile-
giert behandelt werden, wenn sie sich auf sogenannte "freie Daten" beschränken [5].

(2)   Sonstige personenbezogene Daten

In einem INA sollen nicht nur Daten, die der Schweigepflicht unterliegen -
vereinfachend also Daten aus dem Behandlungsverhältnis [6] - gespeichert
werden, sondern auch andere personenbezogene Daten (z.B. Angaben über die
angeschlossenen Ärzte, über deren Angestellte usw.). Für die Übermittlung
dieser Daten ist das BDSG maßgeblich.

---

1) 3.2.1.

2) Durch diese Vorschrift - sie hat neben § 45 S. 1 BDSG lediglich klarstellenden Charakter; vgl. ORDEMANN/SCHOMERUS (Erläuterungen) Anm. zu § 45 - wird besonders hervorgehoben, daß durch das BDSG bereits bestehende Schweigepflichten aus beruflichen
   Gründen keine Relativierung erfahren sollen.

3) Dies ergibt sich aus einer Gegenüberstellung von § 24 Abs. 1 S. 1 und S. 2 BDSG.
   Durch die Regelung der Datenübermittlung wird eine strengere Handhabung von Daten,
   die früher einer besonderen Schweigepflicht unterlagen, erzwungen, während die
   Schweigepflicht selbst - gemäß § 45 S. 3 BDSG - "unberührt" bleibt.

4) Vgl. im einzelnen oben 3.1.2.

5) Diese Privilegierung des Umgangs mit sog. "freien Daten" - dieser Begriff wird vom
   BDSG nicht mehr verwendet, anders noch der Regierungsentwurf - soll den Interessen
   der Adreßverlage entgegenkommen (vgl. EBDSG, Begründung S. 3o). Diese Vorzugsrege-
   lung im Interesse der Werbewirtschaft tritt jedoch hinter der ärztlichen Schweigepflicht zurück; gegen diese verstößt schon die Übermittlung der Namen der Patienten
   (vgl. oben 3.1.2), da auf diesem Wege dem Informationsempfänger Rückschlüsse auf
   eine Konsultation ermöglicht werden (PETTERS/PREISENDANZ: Strafgesetzbuch, Anm. II
   1a zu § 2o3).

6) Im einzelnen vgl. oben 3.1.2.

Danach - also nach §§ 3 und 24 BDSG - ist die Übermittlung [1] personenbezogener Daten zulässig

- auf Grund einer Rechtsvorschrift (§ 3 S. 1 Nr. 1 BDSG),

- mit Einwilligung des Betroffenen (§ 3 S. 1 Nr. 2, S. 2 BDSG) [2],

- im Rahmen eines eventuell mit dem Betroffenen bestehenden Vertrags-
  oder vertragsähnlichen Vertrauensverhältnisses (§ 24 Abs. 1 S. 1
  Fall 1 [3] oder

- soweit dies zur Wahrung berechtigter Interessen des Trägers eines INA,
  eines Dritten oder der Allgemeinheit erforderlich ist, wenn schutzwürdige Belange des Betroffenen nicht beeinträchtigt werden (§ 24
  Abs. 1 S. 1 Fall 2 BDSG).

Unzulässig ist dagegen die Übermittlung von personenbezogenen Daten, die
einem besonderen Amts- oder Berufsgeheimnis unterliegen und von der zur
Verschwiegenheit verpflichteten Person in Ausübung ihrer Amts- oder Be-
rufspflicht an die speichernde Stelle - hier also das INA - übermittelt
werden (§ 24 Abs. 1 S. 2 BDSG). Insoweit ergänzt das BDSG bereits bestehende Geheimhaltungsvorschriften um ein generelles Übermittlungsver-
bot für diejenigen, an die zulässigerweise geheimzuhaltende Daten gelangt sind [4].

Sofern es sich bei den zu übermittelnden Daten lediglich um die listenmäßig zusammengefaßten Angaben von Namen, Titeln, akademischen Graden,
Geburtsdaten, Berufsbezeichnungen u.ä., Anschriften und Rufnummern handelt,
ist die Übermittlung bereits dann zulässig, wenn kein Grund zur Annahme
besteht, daß schutzwürdige Belange der Betroffenen beeinträchtigt werden
(§ 24 Abs. 2 BDSG) [5].

---

1) Definition: § 2 Abs. 2 Nr. 2 BDSG; vgl. auch ORDEMANN/SCHOMERUS (Erläuterungen) Anm.
   2.2 zu § 2; BERGMANN/MÖHRLE (Handkommentar) Anm. 6 zu § 2.

2) In der Regel ist dabei die Schriftform gemäß S. 2 zu wahren. Ausnahmen sind in entsprechend gelagerten Fällen möglich; vgl. ORDEMANN/SCHOMERUS (Erläuterungen) Anm.
   4.1 zu § 3.

3) Dies wird für die angeschlossenen Ärzte in der INA zugrundeliegenden Vereinbarung
   (Satzung, Gesellschaftsvertrag u.ä.), für die Angestellten im jeweiligen Anstel-
   lungsvertrag liegen.

4) Beispiel: Die Ergebnisse einer amtsärztlichen Eignungsuntersuchung von Angestellten
   des INA oder der angeschlossenen Ärzte dürfen nicht mehr weitergegeben werden.

5) Kritisch zu einer solchen die Werbewirtschaft privilegierenden Regelung: DJT (Grundsätze) 27; BURKART (Datenstreik) 646 ff.; SCHIMMEL/STEINMÜLLER (Problemstellung)
   156 f. Hier sei nochmals darauf hingewiesen, daß diese Vorschrift nicht für die Übermittlung von Namen, Anschrift usw. von Patienten gilt; oben 3.2.2.2 (1).

Sofern in einem INA die automatisierte Übermittlung personenbezogener Daten ohne individuelle Zulässigkeitsprüfung vorgesehen werden soll,
ist durch entsprechende Datensicherungsroutinen zu gewährleisten, daß
Daten nur im zulässigen Umfang an Dritte gelangen können [1]. Die jeweiligen Übermittlungsprogramme sind zu dokumentieren; erforderlichenfalls
ist durch weitere Unterlagen zu belegen, an welche Stellen und in welchem Umfang Daten aus dem INA weitergegeben werden [2].

Sofern INA Daten auf Abruf von außen automatisch weitergibt, kann dies
erforderlich machen, daß ein Protokoll geführt wird, das die abrufende
Stelle, den Zeitpunkt des Abrufs und die abgefragten Daten aufführt [3].

Diese Vorschriften über die technisch-organisatorische Absicherung des
Systems gelten auch für die Weitergabe von Daten, die der ärztlichen
Schweigepflicht unterliegen. Das BDSG tritt insoweit nicht als subsidiär
zurück [4]. Damit ergibt sich im Rahmen der Datensicherung die Notwendigkeit der einheitlichen Handhabung aller personenbezogenen Daten im INA.

---

1) § 6 Abs. 1 S. 1 BDSG i.V.m. Nr. 4 und 5 der Anlage hierzu. - An dieser Stelle sei
aber darauf hingewiesen, daß wegen der weitgehend vagen und generalklauselhaften
Formulierung der Vorschriften des BDSG über die Zulässigkeit der Verarbeitung personenbezogener Daten automatisierte Weitergabekontrollen äußerst problematisch sein
dürften. Derartige Verfahren werden daher aller Voraussicht nach nur für eindeutig
geklärte Routinefälle praktikabel sein.

2) § 6 Abs. 1 S. 1 BDSG i.V.m. Nr. 6 der Anlage hierzu; vgl. auch BERGMANN/MÖHRLE (Handkommentar) Maßnahmen-Katalog zur Anl. zu § 6, 3.1.4.

3) Das BDSG schreibt - anders als die Entwurfsfassung - die Führung eines Protokolls
nicht mehr explizit vor; in Nr. 6 der Anlage zu § 6 Abs. 1 S. 1 BDSG wird jedoch
gefordert, daß bei automatisierter Datenübermittlung die potentiellen Empfänger
feststellbar sind; in Nr. 4 und 5, daß Benutzung des Systems und Zugriff auf personenbezogene Daten auf den Kreis der Berechtigten beschränkt bleiben. Eine zweckmäßige,
u.U. auch erforderliche Maßnahme, die die Erfüllung dieser drei Anforderungen sicher-
stellen kann, ist die Führung eines Protokolls (vgl. BERGMANN/MÖHRLE (ebd.) 3.4.4).

4) Die ärztliche Schweigepflicht enthält - anders als die "Berufsordnung für die deutschen Ärzte", hier: § 11 Abs. 5 - keine explizite Regelung hinsichtlich der bei
automatisierter Verarbeitung zu beachtenden Datensicherungsanforderungen; mit der
Folge, daß insoweit die Subsidiarität des BDSG (§ 45) nicht zum Tragen kommt. Es
gelten folglich die einschlägigen Vorschriften des BDSG, wobei allerdings im Rahmen der Erforderlichkeitsprüfung (§ 6 Abs. 1 S. 2 BDSG) besondere strenge Maß-
stäbe anzulegen sind. - Zum Datensicherungskonzept für ein INA vgl. unten Kapitel 6.

3.2.2.3   *Datenveränderung (§ 25 BDSG)*

Die Veränderung [1] personenbezogener Daten soll nach dem Bundesdatenschutzgesetz unter ähnlichen Voraussetzungen wie die Speicherung von Daten zulässig sein. Von Bedeutung dürften für ein INA vor allem [2] folgende Zulässigkeitsvoraussetzungen sein:

- Die Datenveränderung muß sich im Rahmen der Zweckbestimmung des zwischen dem INA und dem jeweils Betroffenen bestehenden Vertragsverhältnisses halten [3],

- die Datenveränderung erfolgt auf Grund einer Rechtsvorschrift [4], oder

- die Einwilligung des Betroffenen liegt vor [5].

Diese Vorschrift gilt einheitlich für Daten, die dem § 2o3 StGB unterliegen, soweit sie auf konkrete Personen bezogen werden können (§ 2 Abs.1
BDSG), und für andere personenbezogene Daten [6].

Im Rahmen des Behandlungsverhältnisses Arzt-Patient dürften dabei keine
größeren Komplikationen auftreten, da sich bereits jetzt die Führung und
Fortschreibung von Aufzeichnungen über den Patienten (wenigstens im Regelfall) an den Erfordernissen der Heilbehandlung und der Abwicklung des
zugrunde liegenden Vertragsverhältnisses orientiert [7]. Insoweit dürfte
das BDSG für den Arzt kaum Neuerungen bringen [8]. Die Datenveränderung
in einem INA könnte sich daher entsprechend den jetzt üblichen Modalitäten gestalten.

---

1) Definition: § 2 Abs. 2 Nr. 3 BDSG; vgl. auch BERGMANN/MÖHRLE (Handkommentar) Anm. 7
   zu § 2; ORDEMANN/SCHOMERUS (Erläuterungen) Anm. 2.3 zu § 2.

2) D.h. unter dem hier in erster Linie erörterten Aspekt der medizinischen Datenverarbeitung. Insoweit dürfte eine "Datenveränderung" zur Wahrung der berechtigten Interessen
   des INA (bzw. der angeschlossenen Ärzte) gem. § 25 Fall 2 BDSG kaum von Bedeutung sein.

3) § 25 Fall 1 BDSG.

4) § 3 S. 1 Nr. 1 BDSG.

5) § 3 S. 1 Nr. 2 BDSG; Formvorschrift ebd. S. 2.

6) Im ärztlichen Berufsrecht finden sich insoweit keine Vorschriften, die gem. § 45
   BDSG diesem Gesetz vorgehen könnten; insbesondere regelt § 11 der "Berufsordnung
   für die deutschen Ärzte" nicht die Veränderung ärztlicher Aufzeichnungen.

7) Überflüssige Änderungen an ärztlichen Aufzeichnungen dürften in aller Regel schon
   aus arbeitsökonomischen Überlegungen unterbleiben.

8) Unzulässig wäre nach § 25 BDSG z.B. eine Verfälschung von ärztlichen Aufzeichnungen zur Abwendung von Schadensersatzansprüchen.

3.2.2.4   *Löschung; Sperrung (§ 27 Abs. 2; 3 BDSG)*

Die ärztliche Berufsverschwiegenheit ergibt keinen Anhaltspunkt für
eine Pflicht zur Aufbewahrung bzw. Vernichtung von Aufzeichnungen des
Arztes über Patienten. Auf Grund des Behandlungsverhältnisses ist der
Arzt schon jetzt (schuldrechtlich) verpflichtet, Aufzeichnungen anzu-
fertigen und entsprechend den Erfordernissen der Heilbehandlung aufzubewahren [1]. § 11 Abs. 2 der "Berufsordnung für die deutschen Ärzte"
sieht eine Aufbewahrungsfrist von (in der Regel) zehn Jahren vor [2].

Die Rechtslage wird insoweit nunmehr ergänzt durch die einschlägigen
Vorschriften des BDSG: Danach können personenbezogene Daten (nur dann)
gelöscht [3] werden, wenn ihre Kenntnis zur Erfüllung des mit der Speicherung verfolgten Zwecks - bei ärztlichen Aufzeichnungen: Heilbehandlung - nicht mehr erforderlich ist u n d   kein Grund zur Annahme besteht, daß durch die Löschung schutzwürdige Belange des Betroffenen beeinträchtigt werden [4]. Das BDSG sieht also implizit eine an den Zwek-
ken der Speicherung und den Interessen der Betroffenen ausgerichteten
Pflicht zur Speicherung personenbezogener Daten vor [5].

Nach dem BDSG müssen personenbezogene Daten gelöscht werden, wenn die
Speicherung unzulässig war [6], oder wenn der Betroffene es in den Fällen
verlangt, in denen eine Sperrung unter den obigen Voraussetzungen zulässig ist [7]. Damit setzt das BDSG auch eine Grenze für die Dauer der Speicherung: Wenn der verfolgte Zweck erreicht ist, dürfen personenbezogene
Daten gegen den Willen des Betroffenen nicht mehr gespeichert werden [8].

------

1) Die Führung von ärztlichen Aufzeichnungen ist eine Nebenpflicht, die sich aus dem
   zwischen Arzt und Patieten geschlossenen Behandlungsvertrag ergibt.

2) Bemerkenswert ist insoweit, daß gegenüber der früheren Fassung der Berufsordnung
   damit die Aufbewahrungsfrist verdoppelt wurde.

3) Definition: § 2 Abs. 2 Nr. 4 BDSG; vgl. auch ORDEMANN/SCHOMERUS (Erläuterungen)
   Anm. 2.4 zu § 2.

4) § 27 Abs. 3 S. 1 BDSG.

5) Daraus kann sich u.U. die Verpflichtung ergeben, Unterlagen weit über die bisher
   üblichen Aufbewahrungsfristen hinaus aufzubewahren; dies insbesondere bei wichtigen Daten (z.B. festgestellte Risikofaktoren, schwere nachwirkende Eingriffe usw.).

6) § 27 Abs. 3 S. 2 Fall 1 BDSG.

7) § 27 Abs. 3 S. 2 Fall 2 BDSG.

8) So ist z.B. denkbar, daß in entsprechend gelagerten Fällen der Patient nach Abschluß
   der Heilbehandlung die Löschung der zu seiner Person gespeicherten Daten verlangen
   kann.

Für die Verarbeitung medizinischer Daten greift überdies eine Sonder-
regelung [1] ein: Kann die speichernde Stelle - hier das INA bzw. die
angeschlossenen Ärzte - die Richtigkeit von Daten über "gesundheitliche
Verhältnisse" einer Person nicht beweisen, so sind diese Daten zu löschen. Dies hat zur Folge, daß gegen den Protest des Betroffenen nur
mehr erweisbar richtige Daten (z.B. nur gesicherte Diagnosen) gespeichert werden dürfen [2].

Daten, die für die Erfüllung des Zwecks der Speicherung nicht mehr benötigt werden, sind nach dem BDSG [3] zu s p e r r e n, d.h. mit einem
besonderen Vermerk zu versehen und grundsätzlich von der weiteren Verarbeitung und Nutzung auszuschließen [4]; gesperrte Daten dürfen nur aus-
nahmsweise u.a. zu wissenschaftlichen Zwecken weiter verwendet und aus-
gewertet werden, was insbesondere im Bereich der medizinischen Datenverarbeitung von erheblicher Bedeutung sein wird [5].

Nach § 4 Nr. 3 und 4 hat der Betroffene einen durchsetzbaren Anspruch
auf Sperrung bzw. Löschung der zu seiner Person gespeicherten Daten.

3.2.2.5 Auskunftsanspruch (§ 26 BDSG)

Nach dieser Vorschrift ist dem Betroffenen erforderlichenfalls davon
Mitteilung zu machen, daß über seine Person erstmals Daten gespeichert

---

1) § 27 Abs. 3 S. 3 BDSG.

2) Diese Vorschrift zwingt dazu ungesicherte Annahmen (z.B. Diagnosen) auch als solche
   zu kennzeichnen. In dieser Form gespeichert, also als "Vermutung", "Verdacht" des
   behandelnden Arztes, sind die Daten dann "richtig" und brauchen nicht gelöscht zu
   werden.

3) § 27 Abs. 2 S. 2 BDSG.

4) § 27 Abs. 2 S. 3 i.V.m. § 14 Abs. 2 S. 3 BDSG. - Es sei auf die Problematik der
   "Sperrung" hingewiesen. Die Sperrung von Daten ist überall da letztlich wirkungslos,
   wo der Inhalt des Datenfeldes bereits aus der Feldtyp-Beschreibung ersichtlich ist
   und die Tatsache der Sperrung auf den - in der Regel für den Betroffenen negativ zu
   bewertenden - Inhalt schließen läßt (Hinweis von DIERSTEIN).

5) § 14 Abs. 2 S. 3 BDSG. Gerade die Ermöglichung und Verbesserung wissenschaftlicher
   Auswertungen ist eines der Ziele des Einsatzes von EDV in der Medizin. - Aber auch
   hier ist die wissenschaftliche Weiterverwendung nur zulässig unter der zusätzlichen
   Voraussetzung der Wahrung der ärztlichen Schweigepflicht in dem oben (3.1.2/3) angegebenen Umfang.

werden [1]; dies wird im Rahmen des Behandlungsverhältnisses kaum zum
Tragen kommen, da dort der Patient üblicherweise sieht, daß mit Beginn
der Behandlung über seine Person Aufzeichnungen (Krankenblatt) angefer-
tigt werden [2].

Nach dem BDSG hat der Betroffene eine umfassenden Anspruch auf Auskunft
über die zu seiner Person gespeicherten Daten [3]. Die Auskunft ist
schriftlich zu erteilen, wenn nicht wegen besonderer Umstände eine andere Form (z.B. in der Medizin das Gespräch mit dem Arzt) angemessen
ist [4]. Dies bedeutet, daß der Arzt nicht gegen seinen Willen zur Erteilung einer Abschrift der Krankenblätter gezwungen werden kann, entbindet
aber nicht von der Verpflichtung zu umfassender Auskunft.

Für diese Auskünfte kann nach dem BDSG grundsätzlich eine kostendecken-
de G e b ü h r verlangt werden [5].

Es muß aber wohl davon ausgegangen werden, daß diese Gebührenpflicht
nicht im Rahmen von Vertragsverhältnissen besteht, durch die einer der
Vertragspartner ohnedies zur gebührenfreien Erteilung einer entsprechenden Auskunft verpflichtet ist. Da aus dem Behandlungsvertrag dem Arzt
die Nebenpflicht erwächst, den Patienten im erforderlichen Umfang über
seinen Zustand, die Erfolgsaussichten und Risiken der vorgesehenen
Therapie - ohne zusätzliche Gebührenerhebung - zu informieren (A u f-
k l ä r u n g s p f l i c h t) [6], entfällt die Gebührenpflicht nach
dem BDSG jedenfalls insoweit, als sich die Auskunft im Rahmen der Aufklärungspflicht hält: Es kann nicht davon ausgegangen werden, daß das
BDSG für bereits bestehende vertragliche Aufklärungspflichten ein zu-
sätzliches Entgelt vorsehen will.

---

1) § 26 Abs. 1 BDSG.

2) Zudem ist die Führung von Krankenunterlagen - als Pflicht des Arztes (vgl. oben
   3.2.2.4) - allgemein bekannt. Nach § 26 Abs. 1 kann deshalb die Benachrichtigung
   i.d.R. unterbleiben, da der Betroffene von der Speicherung Kenntnis erlangt, ohne
   besonders benachrichtigt zu werden.

3) § 26 Abs. 2 S. 1; § 4 Nr. 1 BDSG.

4) § 26 Abs. 2 S. 4 BDSG. Dadurch soll dem Arzt ermöglicht werden, den Patienten in
   schonender Weise mit einer u.U. schwer belastenden Diagnose zu konfrontieren (vgl.
   EBDSG, Begründung S. 26 zu § 11; näher dazu: ORDEMANN/SCHOMERUS (Erläuterungen)
   Anm. 6.2 zu § 26).

5) § 26 Abs. 3 S. 1 BDSG mit einer Ausnahme (§ 26 Abs. 3 S. 2) für den Fall, daß ein
   Berichtigungs- oder Löschungsanspruch (§ 27 BDSG) durchgesetzt wurde, oder wenigsten
   Grund zur Annahme bestand, dem Betroffenen stünde ein solcher Anspruch zu.

6) Vgl. hierzu oben 3.1.6.

Anderes kann kaum für die A u s k u n f t s p f l i c h t des Arztes
gelten, auch wenn diese allgemein nicht als vertragliche Nebenpflicht
konstruiert, sondern unmittelbar aus den Grundrechten der Patienten abgeleitet wird. Sofern überhaupt die Auskunft inhaltlich über die Aufklärung hinausgeht (was schwer verstellbar ist), ist schlechthin unvor-
stellbar, daß das BDSG eine Verschlechterung insoweit bringen soll, daß
bisher kostenlose Auskünfte des behandelnden Arztes nunmehr von einem
Entgelt abhängig gemacht werden können [1].

Der Auskunftsanspruch e n t f ä l l t jedoch unter bestimmten Voraussetzungen [2]. Hierbei kommen für ein INA wohl lediglich folgende Fälle
in Betracht [3]:

- Die betreffenden personenbezogenen Daten sind nach einer Rechtsvorschrift geheimzuhalten [4]. Diese Ausnahmeregelung wird immer dort
  eingreifen, wo durch die Erteilung der Auskunft die anderen gegenüber
  bestehende Schweigepflicht verletzt würde. Das ist denkbar, wenn Daten gespeichert werden, die von Drittinformanten stammen, oder Daten,
  die mehrere Personen gleichzeitig betreffen (z.B. bei Familienanamne-
  sedaten).

- Die betreffenden Daten sind ihrem Wesen nach, namentlich wegen über-
  wiegender berechtigter Interessen einer dritten Person, geheimzuhalten
  [5] - ohne daß insoweit eine Rechtsvorschrift die Geheimhaltung gebietet [6].

- Die betreffenden Daten sind gesperrt, weil ihrer - sonst angezeigten -
  Löschung Aufbewahrungsvorschriften entgegenstehen [7].

---

1) Außer Betracht bleibt hier die u.U. gegebene Möglichkeit der Liquidation von Bera-
   tungsgebühren. Die entsprechenden Gebührensätze dürften aber auch für die Zukunft
   die Obergrenze des Entgelts für eine Auskunft darstellen.

2) § 26 Abs. 4 BDSG. Kritisch zu derart weitreichenden (und unpräzisen) Beschränkungen
   der Auskunftspflicht: DJT (Grundsätze) 41; 43 f.; auch SCHIMMEL/STEINMÜLLER (Problemstellung) 161 f.

3) Nicht dagegen eine Gefährdung von Sicherheit und Ordnung oder des Wohls der Bundesrepublik bzw. deren Länder (§ 2o Abs. 4 Nr. 2 BDSG) oder eine Gefährdung der Geschäftszwecke oder Ziele eines INA (bzw. der angeschlossenen Ärzte), da auch und gerade die Erfüllung der bestehenden Auskunftspflicht ein Ziel des INA sein soll (§ 26
   Abs. 4 Nr. 1 BDSG); schließlich werden auch kaum Daten aus allgemein zugänglichen
   Quellen in einem INA gespeichert werden (§ 26 Abs. 4 Nr. 4 BDSG).

4) § 26 Abs. 4 Nr. 3 BDSG.

5) Dazu vgl. sogleich unten.

6) § 26 Abs. 4 Nr. 3 BDSG.

7) § 26 Abs. 4 Nr. 5 BDSG.

Soweit die ärztliche Schweigepflicht eingreift, wird man dieser im Regelfall den Vorrang gegenüber dem Auskunftsrecht des Betroffenen gewähren müssen.

Problematisch sind dabei jedoch die Fälle, in denen der Arzt seine Informationen über den Patienten nicht nur von diesem, sondern auch von Drittinformanten bezieht. Hier entsteht eine Konfliktsituation, in der der Arzt entscheiden muß, ob er dem an sich berechtigten Auskunftsbegehren des Patienten Vorrang zu gewähren hat gegenüber einem eventuell berechtigten Interesse des Drittinformanten, ungenannt zu bleiben. Diese Problematik ist in der Literatur umstritten [1]. Da die ärztliche Schweigepflicht des Arztes primär der Verwirklichung der Grundrechte des Patienten aus Art. 1 und 2 GG dienen, wird man vom Vorrang der Interessen des Patienten auszugehen haben. Demgegenüber hat im Grundsatz das Interesse von Drittinformanten an einer vertraulichen Behandlung ihres Gespräches mit dem Arzt zurückzustehen. Die ärztliche Verschwiegenheit dient auch primär dem Schutz der Geheimnisse des Patienten, und nicht der Vertraulichkeit sonstiger Mitteilungen durch Dritte [2].

Der Arzt wird also die Auskunft über Patientendaten unter Berufung auf das BDSG im überwiegenden berechtigten Interesse Dritter nur mit äußerster Vorsicht verweigern dürfen. Es ist zur Wahrung der Interessen des Patienten vertraglich verpflichtet und kann diese daher nicht hinter Anonymitätswünschen Dritter zurücksetzen.

3.2.2.6 *Berichtigungspflicht (§ 27 Abs. 1 BDSG)*

Nach dieser Vorschrift sind unrichtige personenbezogene Daten richtigzustellen. Dies ist keine Neuerung gegenüber der früheren Rechtslage; der Arzt war bisher ohnehin zur korrekten Führung seiner Aufzeichnungen verpflichtet, da ansonsten der Behandlungserfolg nicht gesichert wäre [3]. Das BDSG ergänzt insoweit die Rechtslage um eine explizite

---

1) Vgl. hierzu HACKEL (Schweigepflicht) m.w.Nachw.

2) Wie hier: BOCKELMANN, in PONSOLD (3.) 16 m.w.Nachw.; vgl. auch oben 3. FN 2.

3) Nicht nur zur Führung von Aufzeichnungen schlechthin, sondern selbstverständlich auch zur korrekten, d.h. richtigen Führung ist der Arzt vertraglich verpflichtet.

Berichtigungspflicht für die speichernde Stelle [1] und einen korrespon-
dierenden Berichtigungsanspruch des Betroffenen [2]. Die Beweislast für
die Richtigkeit medizinischer Daten trägt die speichernde Stelle; gelingt ihr der Nachweis der Richtigkeit dieser Daten nicht, so hat sie
diese zu löschen [3].

3.2.2.7 Überwachung des Datenschutzes (§§ 28 - 3o BDSG)

Die Einrichtung eines betrieblichen Datenschutzbeauftragten [4] wurde in
der politischen Diskussion um den Regierungsentwurf als Ausprägung der
"Selbstkontrolle" heftig angegriffen; gleichwohl hat sich der Gesetzgeber nunmehr endgültig für dieses Prinzip entschieden, es aber immerhin durch eine behördliche Überwachung ergänzt [5].

Es ist davon auszugehen, daß im INA, in dem die Datenverarbeitung automatisch geschieht, mehr als fünf Personen mit der Datenverarbeitung beschäftigt sein werden, da hierzu auch das Personal in den Praxen gezählt
werden muß, das die Arztkonsolen bedient. Deshalb ist für ein INA ein
betrieblicher Datenschutzbeauftragter zu bestellen [6]. Dieser untersteht
unmittelbar der Leitung des INA [7]. Seine Aufgaben sind im Gesetz [8] aufgezählt, sie erstrecken sich insbesondere auf die Führung von Listen,
Überwachung der Datenverarbeitung, Instruktion des Personals und Beratung der Geschäftsführung.

Es empfiehlt sich, die Person des Datenschutzbeauftragten in das unten
[9] vorgeschlagene Datenschutzgremium für ein INA zu integrieren; als
Einzelperson dürfte er nicht in der Lage sein, die anfallenden schwierigen medizinischen, juristischen und datenverarbeitungstechnischen
Probleme zu lösen.

---

1) § 27 Abs. 1 BDSG.

2) § 4 Nr. 2 BDSG.

3) § 27 Abs. 3 S. 3 BDSG; vgl. auch oben 3.2.2.4.

4) Bestellung: § 28 BDSG - Aufgaben: § 29 BDSG.

5) § 3o BDSG.

6) § 28 Abs. 1 S. 1 BDSG.

7) § 22 Abs. 3 S. 1 BDSG.

8) § 29 BDSG.

Die - nach Landesrecht zuständige - Aufsichtsbehörde [1] unterstützt den
Datenschutzbeauftragten und hat eine Reihe von Auskunftsrechten und Kon-
trollbefugnissen [2].

3.2.2.8   *Technische und organisatorische Maßnahmen des Datenschutzes*
          (§ 6 BDSG)

Hierzu kann auf die Ausführungen des Kapitels über Datensicherung verwiesen werden [3]; die Vorschriften des BDSG zur Datensicherung sind
dort bereits in ein komplettes Datensicherungskonzept umgesetzt und
bei den Ausführungen entsprechend dargestellt; dies gilt insbesondere
für die Anlage zu § 6 Abs. 1 S. 1 BDSG.

An dieser Stelle sei nur auf folgendes besonders hingewiesen: Zu treffen sind nach dem BDSG alle technisch-organisatorischen Vorkehrungen,
die erforderlich sind, um die Einhaltung des BDSG zu gewährleisten [4].
Was im einzelnen "erforderlich" ist, ergibt sich dabei aus einer Abwägung zwischen erstrebtem Schutzzweck und Aufwand [5]. - Da die Datensicherung in einem INA zugleich die Wahrung der Schweigepflicht sicher-
stellen soll, also insgesamt ein sehr wichtiger Schutzzweck verfolgt
wird, werden bei diesem medizinischen Informationssystem auch besonders
hohe Aufwendungen gerechtfertigt sein, um einen entsprechenden Sicher-
heitsstandard zu erreichen [6].

---

1) Vgl. § 3o Abs. 1 BDSG.

2) Vgl. § 3o Abs. 2 und 3 BDSG.

3) Vgl. unten 6.

4) § 6 Abs. 1 S. 1 BDSG.

5) § 6 Abs. 1 S. 2 BDSG.

6) Bei unzureichender Datensicherung würden die Bedenken von FRIEDERICHS (Computer)
   228 durchgreifen; vgl. oben 3.1.4.

3.2.2.9   Straf- und Bußgeldvorschriften (§§ 41, 42 BDSG)

Das BDSG stellt die unbefugte Übermittlung und Veränderung nicht offenkundiger personenbezogener Daten sowie den unbefugten Abruf und das unbefugte Entnehmen von Daten aus verschlossenen Dateien unter S t r a f e.

O r d n u n g s w i d r i g k e i t e n   nach dem BDSG sind Verstöße gegen Benachrichtigungspflichten, gegen die Pflicht einen Datenschutzbeauftragten zu bestellen, sowie gegen bestimmte Aufzeichnungs- und Registrierungspflichten.

Diese Vorschriften können jedoch für das Datenschutzkonzept außer Betracht bleiben, da sie keine zusätzlichen Anforderungen für ein INA enthalten, sondern lediglich eine Ahndung von Verstößen gegen oben bereits dargestellte Normen vorsehen. Es kann aber bei einem Verweis auf den Wortlaut dieser Vorschriften sein Bewenden haben [1].

3.3   KRANKENHAUSGESETZE

Zugrunde gelegt wird hier das Hessische Krankenhausgesetz vom 4. April 1973; dieses Gesetz gilt für das "Modell Kassel", auf dem INA konkret basiert [2]. Andere Landeskrankenhausgesetze bleiben außer Betracht [3].

Dieses Gesetz enthält in §§ 13 und 14 zwar Vorschriften über die Verarbeitung medizinischer Daten [4]. Diese §§ gelten jedoch gemäß § 8 nur für Krankenhäuser, also nicht für die niedergelassenen Ärzte und für INA nur bei Anschluß an ein Krankenhausinformationssystem.

---

1) Vgl. dazu unten 6.3.2 zur haftungsrechtlichen Bedeutung dieser Vorschriften.

2) In Kassel sollte das INA-Konzept zunächst als Pilotversuch realisiert werden.

3) Die Rechtslage in anderen Bundesländern dürfte insoweit aber kaum anders sein.

4) Es darf angeführt werden, daß diese Datenschutznormen, die überhaupt erst auf Intervention des Hessischen Datenschutzbeauftragten aufgenommen wurden, keineswegs den möglichen und notwendigen Schutz medizinischer Daten gewähren.

3.4   ERGEBNIS

Wie schon ausgeführt wurde, können die vorausgehend gemachten Aussagen
nur als ein erster Versuch verstanden werden, die bestehenden Rechtsvorschriften - also insbesondere die ärztliche Schweigepflicht und das
BDSG - in Gestaltungskriterien für ein künftiges Informationssystem
beim niedergelassenen Arzt umzusetzen.

Abgesehen von der generellen Problematik des Unterfangens, einzelne Vorschriften über menschliches Verhalten in ein ADV-Organisationskonzept
umzusetzen, erwiesen sich dabei vor allem zwei Umstände als besonders
hinderlich: Zum einen ist die Schweigepflicht des Arztes immer noch als
eine Pflicht konzipiert, die sich an den Arzt als Individuum wendet und
dessen Einbindung in ein umfassendes System der medizinischen Versorgung nur am Rande berücksichtigt, auf die Möglichkeit komplexer Informationssysteme für diesen Bereich der sozialen Sicherung überhaupt nicht
eingeht. - Zum anderen erweist sich das BDSG mit seiner Anhäufung von
Generalklauseln gegenwärtig - also vor einer genaueren Aufarbeitung
durch Rechtsprechung und Wissenschaft - nur als ungefähre Leitlinie,
nicht aber als konkreter Maßstab für die rechtliche Bewertung informationellen Verhaltens. - Schließlich folgt aus den abstrakten Rechtsnormen des BDSG noch keine konkrete Organisationsvorgabe für INA.

Man wird überhaupt zusehen müssen, ob die bestehenden Rechtsvorschriften allein bei sachgerechter Auslegung zu Ergebnissen führen, die den
Besonderheiten der medizinischen Datenverarbeitung adäquat sind. Hier
ist zweifellos noch sehr viel zu leisten.

Letztlich bleibt aber auch der Gesetzgeber in der Pflicht, die Entwicklungen in der medizinischen Datenverarbeitung zu beobachten und - sollten die bestehenden Vorschriften nicht ausreichen - gefährlichen Ten-
denzen mit einem bereichsspezifischen Datengesetz entgegenzutreten.

4 DAS SYSTEM DES DATENSCHUTZES

Es zeigt sich, daß die rechtlichen Vorgaben noch nicht ausreichen, um
für das "Risikosystem INA" eine klare und zugleich datenschutzgerechte
Konstruktion zu ermöglichen [1]. Zu vage ist das Gesetz, aber auch zu
zahlreich sind die Durchbrechungsmöglichkeiten; sie sind dem Sachkundi-
gen bekannt und brauchen hier nicht aufgezählt zu werden.

Um die zusätzlichen Prämissen zu erhalten, ist es notwendig auf die bisherige Datenschutzdiskussion zurückzugreifen - sie ist keineswegs durch
das BDSG überholt, eher im Gegenteil - und sie im Hinblick auf INA weiterzuentwickeln.

Dies geschieht in folgender Weise: Der wissenschaftlichen Erörterung des
Datenschutzes liegen einige Annahmen über Datenverarbeitung und Datenschutz zugrunde (4.1), die es gestatten unzureichende Datenschutzauf-
fassungen zurückzuweisen (4.2) und das Lösungsprinzip zu skizzieren (4.3).
Kernstück der Weiterentwicklung sind die "Zehn Gebote des Datenschutzes",
die Datenschutz-Postulate (4.4). Dies zusammen führt zur Formulierung
eines dataillierten Systemvorschlags (unten 5), dessen Datensicherungsteil wegen Bedeutung und Umfang gesondert aufgeführt ist (6).

---

1) Dieses Zwischenergebnis wäre auch (rechts-)theoretisch ableitbar gewesen: Rechtliche Anforderungen an ein Informationssystem lassen für verschiedenartigste Organisationsformen weiten Raum; so das Ergebnis einer Untersuchung der FORSCHUNGS-
   GRUPPE INFORMATIONSRECHT über Rechtsformen von Fachinformationszentren; vgl. vorläufig EGLOFF/PICKEL (Fachinformationszentren) 227 ff.

4.1 GRUNDANNAHMEN DER BISHERIGEN DATENSCHUTZTHEORIE

Die Datenschutzdiskussion, vor allem in der BRD, erbrachte mehr oder
weniger anerkannte Resultate, die für die Rekonstruktion datenschutz-
freundlicher Systeme relevant sind [1], und die in gedrängtester Kürze
etwa so zusammengefaßt werden können:

4.1.1 Komplementarität von Datenschutz und Datenverarbeitung

D a t e n s c h u t z   i s t   d i e   K e h r s e i t e   d e r   D a -
t e n v e r a r b e i t u n g [2]. Den wohl unabsehbaren Chancen entsprechen die Gefahren, denen es mit "Datenschutz" [3] zu begegnen gilt [4].

Die Entwicklung automatisierter Datenverarbeitung in der Gegenwart ist
kein Zufall. Im Laufe der fortschreitenden Arbeitsteilung der Gesellschaft
wurde nach Mechanisierung und Automatisierung der körperlichen Arbeit nun-

---

1) Zusammenfassung bei WSt (EStL-1/2); Ausweitung auf Fragen gesellschaftlicher In-
formationsverteilung: id. (Leviathan), mit kritischer Anmerkung NARR; schließlich
(Datenverkehrsrecht). Ferner FIEDLER, z.B. (Datenschutz); SIMITIS (Datenschutz);
(Arbeitsrecht); LENK (Datenschutz); PODLECH (Datenschutz); KILIAN (Datenschutz);
(Arbeitgeber); (Arbeitsrecht). - (Selbst)kritisch zu dieser Diskussion EGLOFF/
SCHIMMEL (Magna Charta).

2) Dies ist der Ausgangspunkt von WSt u.a. (Gutachten) 34 - noch vor jeder Unterscheidung in: Datenschutz i.e.S. - i.w.S., also in Schutz des Bürgers vor Verletzung seiner "Privatsphäre" (was immer das auch sei) bzw. der gesellschaftlichen
und staatlichen Institutionen vor unerwünschten Verschiebungen der Informations-
verteilung im Gefolge der DV.

3) Eine höchst irreführende Breviloquenz!, die sich freilich unausrottbar eingebürgert
hat und zu zahl- und folgenreichen Mißverständnissen - gelegentlich willkommenen -
Anlaß bot. Denn selbstverständlich geht es nicht nur um "Daten"verarbeitung und
"Daten"schutz, sondern um Indienststellung dieser neuen Datentechnologien für
übergeordnete, nichttechnische Zwecke, einschließlich der daraus abzuleitenden
Rückwirkungen auf Organisation und Funktion von Informationssystemen. - Präziser
wäre schon "Informationsschutz" (so WSt: EDV und Recht 87) oder "Informationskontrolle" (unten 4.1.2), wobei freilich auch dieser Begriff zweideutig (vgl.
PODLECH "Grundsatz des Verbots sektorübergreifender Informationskontrolle", in
(Gesellschaftstheorie) 319). - Ebenso sollte korrekter von "Informationsverarbeitung" die Rede sein, worauf mich wiederum DIERSTEIN aufmerksam machte, da in den
seltensten Fällen potentielle Gefahren vom technischen Subsystem allein ausgehen,
häufiger schon von der Mensch-Maschine-Kommunikation, in den weitaus meisten
Fällen aber von der menschlichen Zweckbestimmung des Outputs oder gar des Gesamtsystems.

4) In anderer Betrachtungsweise ist es durchaus zulässig, statt von Komplementarität
der Datenverarbeitung und des Datenschutzes letzteren als einen wesentlichen
Bestandteil "ordnungsgemäßer Datenverarbeitung" zu bezeichnen - wenn diese Einsicht sich nur durchsetzen würde.

mehr die Automatisierung geistiger Funktionen [1] notwendig [2], um die
gestiegene und sonst unbewältigbare Komplexität des Sozialwesens beherrschbar zu machen. Dies geschieht durch Aufbau von Informationssystemen, die gleichsam die "Produktionsstätten" für geistige Tätigkeiten darstellen [3]. Der Unterschied zur bisherigen Form der Informationsverarbeitung durch Individuen und Institutionen besteht darin, daß Maschinen diese
Funktion jetzt in größerem Umfang unter Ausschluß oder Unterordnung des
Menschen selbst übernehmen.

4.1.2   Informationskontrolle und Datenverkehrsrecht

D a t e n s c h u t z   i s t   i m   K e r n   u m f a s s e n d e   I n -
f o r m a t i o n s k o n t r o l l e   i m   I n t e r e s s e   u n d
u n t e r   B e t e i l i g u n g   d e r   B ü r g e r. Er ist erreich-
bar durch Normierung der Datenströme und -operationen ("Datenverkehrs-
kontrolle" durch "Programmkontrolle") sowie organisierte Transparenz des
Systems, gegebenenfalls mit Hilfe spezialisierter externer Institutionen
("Fremdkontrolle").

Datenschutz und Datenschutzrecht sind, so verstanden, lediglich schlag-
wortartige Charakterisierungen für ein umfassenderes Phänomen, nämlich
für das Problem der befriedigenden Einbettung von Informationssystemen
in ihre soziale Umwelt sowie der Anpassung des Rechtssystems an die neu-

---

1) Man spricht hier schon von einer "Taylorisierung der geistigen Arbeit", die der
   Computer mit sich bringe: KIRSCH (Taylorismus).

2) In zwei Stufen: Zunächst werden intellektuelle Funktionen automatisiert, die sich
   in der bisherigen Entwicklung bereits herausdifferenziert hatten; sodann aber wird
   auch die "Schnittstelle" zwischen automatisierten intellektuellen *und* physischen
   Funktionen von der Automation erfaßt, so daß *innerhalb* der automatisierten Prozesse die gesellschaftliche Arbeitsteilung partiell wieder rückgängig gemacht wird.-
   Die nächste Stufe, die sich in bestimmten Formen des Technologie-Verbunds bereits
   ankündigt, ist die Reintegration automatisierter intellektueller Funktionen in
   an sich manuelle Arbeitsprozesse (z.B. durch Einsatz von Mikroprozessoren), wobei
   aber die Rückmeldung an ein zentrales Rechnersystem (meist unsichtbar) neuartige
   Organisationsformen menschlich-maschineller Arbeit hervorbringt (zu beobachten etwa
   in der Kassenautomation (mit integriertem Abrechnungs- und Kontrollwesen sowie
   Reaktion des Systems für Lagerhaltung, Nachbestellung, ...). - So erweist sich
   "Datenschutz" als eine historische (und bereits jetzt überholte) soziale Reaktion
   auf sehr viel verwickeltere sozio-technische Prozesse, die erst in ihrer Anfangs-
   phase einer bis auf weiteres exponentiellen Entwicklung stehen.

3) Für näheres vgl. WSt (Informationsrecht).

artige gesellschaftliche Realität. So betrachtet scheint es sinnvoller
zu sein, statt von Datenschutz von "Informationskontrolle"[1] zu sprechen
und das Datenschutzrecht im Sinne auch eines "Datenverkehrsrechts" [2]
weiterzuentwickeln.

Datenschutz als Verhinderung unerwünschter Datenverarbeitung(sfolgen)
- oder anders: als allein "ordnungsgemäße Datenverarbeitung" - kennt
zwei Klassen von Schutzobjekten:

(1) Natürliche Personen [3] und Personenmehrheiten bzw. Gruppen [4]
     (I n d i v i d u a l- u n d G r u p p e n d a t e n s c h u t z)

(2) Gesellschaftliche Institutionen (I n s t i t u t i o n a l d a -
     t e n s c h u t z).

Unter ersteren fällt eine mögliche Gefährdung der "Privatsphäre" [5] der
Bürger, insbesondere der Patienten; unter letztere etwa Verschiebungen
im Informationshaushalt zwischen Staat und Wirtschaft oder innerhalb der
privaten und staatlichen Institutionen; hier etwa zwischen dem System
privater und staatlicher Krankenversorgung und den Zielen der öffentlichen Gesundheitspolitik.

---

1) Vgl. WSt (Leviathan) 5o9 ff.

2) Ausdruck von RAVE (Gesundheitswesen) 279 - dies reicht freilich nicht mehr aus;
   vgl. WSt (Datenverkehrsrecht).

3) Der ursprüngliche Vorschlag, auch juristische Personen in den Schutzbereich einzubeziehen (WSt u.a.: Gutachten), wurde im Laufe der weiteren Diskussion wegen zu
   großer juristischer Schwierigkeiten zurückgestellt (DJT: Grundsätze): Man kann den
   Schutz der Daten des Rentners X und des Konzerns Y eben nicht in eine einzige formale Regelung pressen. Gleichwohl ist das Problem ungelöst und muß namentlich im
   internationalen Rahmen der Verteilungskämpfe auf dem Informationsmarkt gesehen werden.

4) Oft wird zusätzlich noch von Gruppendatenschutz gesprochen, so etwa DJT (Grundsätze) 29. Im Rahmen eines INA scheint jedoch eine derartige Ausweitung des
   Schutzbereiches entbehrlich; hierzu SCHIMMEL (Informationsrecht) 158.

5) Zur Kritik s.u. 4.2.1.-Die "private" Sphäre ist nicht das einzige Schutzobjekt;
   daneben steht mindestens gleichberechtigt die Gefährdung der "Sozialsphäre" des
   Bürgers, deren soziale Funktion durch "Erfassungsschutz" (KRAUCH) in demokratischen Gemeinwesen erhalten bleiben muß.

Beide Aspekte des Datenschutzes müssen unter dem übergeordneten Gesichtspunkt gesellschaftlicher Informationskontrolle zusammengesehen werden [1].
Jede andere Betrachtungsweise würde von überholten Trennungsvorstellungen
zwischen Staat und Gesellschaft ausgehen und zudem die gesamtgesellschaft-
liche Bedeutung der Datenverarbeitung auch im Gesundheitsbereich überge-
hen.

Da es sich bei INA um ein relativ kleines System im Rahmen der allgemeinen ärztlichen Versorgung handelt, kann das Problem des Institutionalda-
tenschutzes (hier: der Verschiebungen im Kräfteverhältnis zwischen öffentlicher Gesundheitspolitik und privater Gesundheitsfürsorge) im wesentlichen ausgeklammert bleiben; es darf freilich nicht verkannt werden,
daß auf höherer Systemebene diese Fragen unmittelbar (und umso deutlicher)
relevant werden.

4.1.3 Datenschutz als Organisationsproblem

Da die Einführung der ADV die bisherigen Entscheidungsstrukturen tief-
greifend verändert, wird auch die Organisation der beteiligten Institutionen allmählich umgeformt [2]. Dies gilt für deren innere Organisation
wie für die Beziehungen nach außen.

Dem entsprechend umfaßt auch Datenschutz - als "Kehrseite" der Datenverarbeitung - alle Teile des Informationssystems, von den Daten und der

---

1) Gerade INA gibt ein gutes Argument dafür, daß soziale Organisation (des Gesund-
heits- und Sozialwesens) und "Privatheit" (von Ärzten und Patienten) innigst auf-
einander rückgekoppelt sind.

2) Für die oben 2.1.(5) genannten Organisationsarten trifft dies in verschiedenem
Maße zu: Die technische Organisation wird in die herkömmliche Organisation eingeführt; die Ablauforganisation der Arbeitsprozesse wird in verschieden hohem Maße
Automationswünschen angepaßt; die Aufbauorganisation spaltet sich durch Ausformung einer eigenen institutionellen Organisation der Informationssysteme auf,
nicht zuletzt verursacht durch den Einsatz von Großrechnern; derzeit ist unter den
Bedingungen von "verteilter Intelligenz" und "Rechner am Arbeitsplatz" eine scheinbar rückläufige Tendenz zu beobachten (in Wirklichkeit wird nur die Informations-
substruktur unsichtbarer). Die rechtliche Organisation jedoch blieb durch die Au-
tomationsfolgen bisher im wesentlichen unangetastet, degenerierte aber gelegentlich zur Fassade (z.B. Finanzamt einer Stadt wird bloße Datenerfassungsstelle).-
Die einzelnen organisatorischen Folgen sind also sehr differenziert zu betrach-
ten.

Hard- und Software über die beteiligten Menschen [1] bis zur Ablauf- und Aufbauorganisation sowie Umweltkopplung des Informationssystems mit seinem Umsystem:

D a t e n s c h u t z   i s t   e i n   O r g a n i s a t i o n s p r o b l e m.

Während diese These für die innere Struktur von Informationssystemen als allgemeine Auffassung gelten darf, ist sie für die Beziehungen zwischen Informationssystemen und Umwelt keineswegs ebenso anerkannt. Es handelt sich um einen Vorgang der Institutionsbildung. Neben die bisherigen Problemlösungsstruktur in Wirtschaft und Staat - sie zum geringeren Teil ersetzend, zum größeren Teil unterstützend - tritt eine durch die Institutionalisierung von Informationssystemen hervorgerufene neuartige I n f o r m a t i o n s o r g a n i s a t i o n [2]. Sie besteht aus Rechenzentren, Leitstellen, Ein- und Ausgabestellen, mit einem Spinnennetz von Daten- und Datenträgerverbindungen; Leitungs- und Koordinationsstellen werden errichtet sowie zahlreiche Normen erlassen, die die Aufgabe haben das Informationssystem mit dem Umsystem dauerhaft zu verbinden, die Informationsbahnen zu regeln, das Informationssystem selbst stabil zu erhalten und politische Pressionen abzuwehren [3].

So tritt diese Informationsorganisation zwischen und neben bisherige Informationsbahnen und wirkt (meist) als Verstärker der ursprünglichen

---

1) Also ist die konventionelle (manuelle) Informationsverarbeitung in das Schutzsystem mit einzubeziehen, zumal sie durch die Unterstützung durch Automation eine neue Qualität erhält.

2) Durch die neueste Entwicklung der Miniaturisierung der DV-Technik ist dieses Thema keineswegs überholt, sondern nur schwieriger durchschaubar geworden; die Informationsorganisation tritt statt neben die bisherige Verwaltung als eine zusätzliche "Dimension" in ihr Gefüge ein und kompliziert es. - Dieser Prozeß wird im Bereich der staatlichen Verwaltung unter dem Stichwort "Dissoziation der Verwaltung" erörtert; vgl. WSt (Stellenwert) 462; RUCKRIEGEL (DV-Verbund) 14 ff.

3) Als geradezu klassisches Beispiel kann die bereits in den Jahren 1969 ff. erfolgte Planung eines Makrosystems "Bayerisches Informationssystem" gelten, die bereits 1970 durch das Bayerische EDV-Organisationsgesetz rechtlich und politisch abgesichert wurde, dessen Implementierung aber im wesentlichen an den Widerständen der etablierten Ministerien und neuestens an der technischen Entwicklung weg vom Großrechner scheiterte. Für näheres vgl. die beiden Auflagen von SIEMENS (Bayerisches Informationssystem) und GOLLER u.a. (KI-System); zur Verfassungswidrigkeit (die bei dem Scheitern nur eine marginale Rolle spielte): PODLECH (Verfassungsrechtliche Probleme); EBERLE (Organisation) 112 ff.

Systemleistung mittels Systemdifferenzierung und Systemspezialisierung [1].

Diese sozialen Gesetzmäßigkeiten gelten auch für m e d i z i n i s c h e
Informationssysteme [2].

4.1.4   Spezifische Leistung von Informationssystemen

D a t e n s c h u t z   i s t   d i e   o r g a n i s a t o r i s c h e
A n t w o r t   a u f   d i e   d u r c h   d i e   s p e z i f i s c h e
L e i s t u n g   v o n   I n f o r m a t i o n s s y s t e m e n   e n t -
s t e h e n d e n   s p e z i f i s c h e n   G e f a h r e n .

Es wird also notwendig die Leistung von Informationssystemen genauer zu
bestimmen. Sie ist das Ergebnis der Maschine-Mensch-Interaktion im Informationssystem und beider Interaktion mit der Umwelt. Insofern vereint das
Informationssystem Eigenschaften (1.) automatisierter und (2.) menschlicher Teilsysteme sowie (3.) solche, die gerade aus der Kopplung der beiden Teilsysteme untereinander und mit der Umwelt herrühren [3]. Auf alle
drei Aspekte muß zu einer befriedigenden Datenschutzregelung Rücksicht
genommen werden.

Damit zeigt sich, daß D a t e n s c h u t z   k e i n   p r i m ä r
t e c h n i s c h e s   P r o b l e m   ist, ebenso wie Datenverarbeitung
- als Breviloquenz für den Prozeß der Mensch-Maschine-Interaktion in computerunterstützten Informationssystemen - in dieser Betrachtung nicht
primär als Rechnerfunktion, sondern als Leistung eines Gesamtsystems erscheint.

Was zunächst das automatisierte Teilsystem betrifft, so vermag die darin
stattfindende Datenverarbeitung folgende geistige Funktionen zu simulie-
ren [4]: intellektuelle (informationelle) Rekonstruktion (Modellbildung;
"Abbildung") von realen

---

1) Auf die sozialen Gesetzmäßigkeiten im Gefolge der ADV hat vor allem LUHMANN
   (Auswirkungen) aufmerksam gemacht.

2) Unten 5.4.6 ff.

3) Einen instruktiven Überblick über soziale Auswirkungen bringen GEIGER/SCHNEIDER
   (Computer) Kap. 6 ff.; ferner WSt (Auswirkungen); (Verwaltungsautomation) 69 ff;
   TSCHUDI (Rechtsinformation) 16 ff; vor allem aber WEIZENBAUM (Reason) und GENRICH
   (Belästigung).

4) Für das weitere WSt (Verwaltungsautomation) 94 ff.

- Systemen (z.B. Personengruppen: etwa Risikopatienten)
- Prozessen (z.B. ärztlichem Verhalten)
- Kombinationen beider.

Daraus entstehen

(1) Lernmodelle (z.B. Dokumentationssysteme; im Rahmen von INA: z.B. Auskunftssystem);

(2) Entscheidungsmodelle (z.B. automationsunterstützte Diagnose; im Rahmen von INA: nur rudimentär als verwaltungsmäßige Unterstützung; etwa Abrechnungen, Terminüberwachung; aber auch im Rahmen der Labor- und EKG-Automation);

(3) "Simulationsmodelle", die System- und Prozeßmodelle vereinen (z.B. im Rahmen von gesundheitspolitischen Planungen; hierfür vermag INA vor allem die als Planungsunterlagen unentbehrlichen Primärinformationen bereitzustellen, die freilich ohne die zugehörige Auswertungsprogramme wertlos bleiben).

Das maschinelle Teilsystem ist als Hilfssystem des Menschen aufzufassen, das dessen Begrenzungen maschinell aufhebt: [1] Die Informationsprozesse werden mit millionenfach größerer Schnelligkeit, Genauigkeit und Zuverlässigkeit ausgeführt; Komplexitätsgrade können bewältigt werden, die bisher praktisch oder sogar prinzipiell von Menschen nicht beherrschbar waren. Vor allem aber ist das System in der Lage Ereignisse aus der Umwelt (im nicht völlig erreichbaren Idealfall) in "real time" [2] aufzunehmen, zu verarbeiten und Anweisungen an Menschen oder Apparate für eine adäquate Reaktion zu geben - im Rahmen von INA besonders deutlich bei der Unterstützung ärztlichen Entscheidens, oder bei der Überwachung in einer Intensivstation.

Die dadurch entstehende Mensch-Maschine-Interaktion führt zur quantitativen und qualitativen Steigerung und Veränderung der Leistungsfähigkeit des "Systemherrn", hier der beteiligten Ärzte, mit den entsprechenden Auswirkungen für Nichtbeteiligte (sie "fallen zurück", haben relative oder absolute Einkommensminderungen, usf.).

---

1) WSt (EStL-1).

2) "Echtzeit"; vgl. LÖBEL u.a. (Lexikon), Art. Realzeitverfahren.

So entstehen drei Gruppen von "Beteiligten":

(1) solche, denen die Systemleistung nicht zur Verfügung steht, obwohl
    sie an sich beteiligt sein könnten: M a r k t p r o b l e m;
(2) solche, die im Maschinisierungsprozeß durch den Automaten ersetzt
    werden: R a t i o n a l i s i e r u n g s p r o b l e m [1];
(3) solche, die im DV-Prozeß abgebildet werden: H e r r s c h a f t s-
    p r o b l e m.

Nur letzteres ist Hauptgegenstand der hier zu führenden Datenschutzerör-
terung, während die beiden anderen Problemkreise einer gesonderten Behandlung bedürfen und ungeachtet ihrer großen Bedeutung nur gelegentlich
mitberücksichtigt werden.

Hieraus entsteht eine schwere methodische und sachliche Unzulänglichkeit:
Die drei Problemkreise stehen miteinander in verschieden starker Wechsel-
wirkung [2], so daß vorzuschlagende Datenschutzmaßnahmen in ihrer Wirkung
überlagert werden von möglicherweise ebenfalls notwendigen Markt- und Ra-
tionalisierungsschutzvorkehrungen.

4.1.5   Das System und seine Umwelt

"N i c h t   d e r   C o m p u t e r   o d e r   d i e   D a t e n
s i n d   g e f ä h r l i c h,   s o n d e r n   d e r   B e n u t z e r
u n d   I n t e r e s s e n t".

In systemtheoretischer Sicht wird jedes System definiert durch seine Umwelt; sie gibt ihm Ziel, Bestand und Grenzen vor [3]. Dies trifft auch und
gerade bei INA zu: Es hat u.a. den Zweck die Tätigkeit des Arztes und
seine gesundheitspolitischen Aufgaben zu unterstützen. Es trifft aber auch

---

1) Der Begriff der Rationalisierung, entwickelt bei der Maschinisierung körperlicher
   Arbeit, ist erst recht bei der Mechanisierung intellektueller Funktionen ungeeignet
   die Komplexität des Problems adäquat wiederzugeben. Hier ist er lediglich als schlag-
   wortartiger Hinweis zitiert.

2) Hierzu einige Problemkreise ohne Vollständigkeitsanspruch: Automationsunterstützte
   Auskunft an Patienten; Veränderung der ärztlichen Entscheidungsstruktur durch Auto-
   mationseinsatz (der Arzt "unterhält sich" mit der Datenstation und nicht (mehr) mit
   dem Patienten bei gegebener Zeitknappheit); Veränderung der Qualifikationsstruktur
   von technischem und medizinischem Hilfspersonal des Arztes; Einfluß all dieser Fak-
   toren auf den Datenschutz a) der Patienten, b) des Arztes, c) auf institutioneller
   Ebene: im Verhältnis INA - übergeordnete Systeme; usf.

3) Dies wird in den meisten Definitionen von "System" nicht deutlich.

für die im System residierenden Daten und Informationen zu: das gleiche
Datum mag ein physisches Leben retten und eine soziale Existenz zerstö-
ren; einmal in der Hand des Arztes, das andere Mal in der des politischen
Gegners.

Das Umsystem wird auch in einer weiteren Hinsicht relevant, nämlich als
Verwerter des Output. Für INA bedeutet dies zunächst die Einbettung in
ein übergeordnetes System im Rahmen der Automationsbestrebungen des Ge-
sundheits- und Sozialwesens; hierher gehören aber auch die verschiedenen
Informationsweitergabepflichten und -wünsche an die/aus der Umwelt. Da
INA vom Umsystem her konstituiert wird, mag es sich auch im Rahmen seiner
rechtlichen Organisation relativ stabil verhalten, stehen gerade hier die
wichtigsten Fragen des Datenschutzes zur Beantwortung an, ohne daß sie
im Rahmen der vorliegenden Untersuchung vollständig bearbeitet werden
könnten: Wird das Umsystem die medizinischen Daten zum Vorteil oder zum
Nachteil von Arzt und Patient verwenden? Wird die gleiche Verwendung dem
Arzt zum Vorteil, dem Patienten zum Nachteil gereichen können; oder auch
umgekehrt? Derartige Fragen sind derzeit unbeantwortbar. Denn dies setzt
die vollständige Kenntnis des Umsystems voraus, das jedoch noch zu wenig
definiert ist.

Darum in diesem Zusammenhang nur wenige allgemeine Hinweise, die für die
unten gemachten Vorschläge vorausgesetzt sind: Die Umwelt tritt für das
Informationssystem in zunächst als "Interessent" für Systemleistungen in
Erscheinung. Unter den Gesichtspunkten des Datenschutzes kann man drei
K l a s s e n   v o n   I n t e r e s s e n t e n   unterscheiden.

(1) Relativ unproblematisch ist entgegen vielfacher Auffassung der _ille-
gitime_ Interessent. Seine "Computerkriminalität" [1] mag im Einzelfall
schmerzhaft sein; da er aber meist eher den legitimen Benutzer als den
Betroffenen gefährdet, genügt insoweit der Verweis auf die Optimierung
des Datensicherungsbündels. Jedenfalls fällt die Gefährdung, die von ihm
ausgeht, sozial nicht allzusehr ins Gewicht.

---

1) Das Schlagwort kam in Mode durch VON ZUR MÜHLEN (Computerkriminalität); umfassende komprimierte Gesamtdarstellung des Problems findet sich bei MARX/SCHNEIDER
   (Sicherheit der Information).

(2) Unter dem <u>partiell legitimen</u> Interessent sei hier verstanden derjenige, der zunächst legitimerweise auf den Output zugreifen darf, diesen
aber - ein häufiger Fall - in rechtlich nicht anerkannter Weise verwertet [1].

Hier sind vor allem die zahlreichen Weitergabemöglichkeiten an dritte
und vierte Interessenten zu nennen, die zum Informationsempfang nicht berechtigt sind. Dies trifft grundsätzlich für alle INA-Daten zu, für die
nicht die oben genannten Ausnahmen nachgewiesen sind.

(3) Das diffizilste Problem, auf das hier nur hingewiesen werden kann,
ist die Gefährdung der Betroffenen durch den <u>legitimen</u> Interessenten:
Das Hauptrisiko für den betroffenen Bürger geht heute von einem sich
immer mehr verdichtenden Netz von Rechts- und Verwaltungsvorschriften
aus, das infolge des steigenden Planungs- und Kontrollbedarfs der modernen Industriegesellschaft von den staatlichen und kommerziellen Bürokratien für notwendig gehalten wird (und z.T. auch notwendig ist) [2]. Diese
Informationsregelungen verlangen die Übermittlung von immer mehr Daten
an immer zahlreichere öffentliche und auch kommerzielle Stellen für eine
immer weiter steigende Zahl von Zwecken, ohne daß - als Mindestforderung -
bei den Empfängern ein ausreichender Betroffenenschutz gewährleistet wäre.
Eher im Gegenteil! Vom Empfänger gehen wiederum zahlreiche (und wiederum
häufig durch Rechtsvorschriften sanktionierte) Datenbahnen an weitere
"legitime" Interessenten. In diesem Zusammenhang sei nur an die exzessiven Datenwünsche von Sicherheitsbehörden und anderer Datensammler erinnert, die im Laufe der letzten beiden Gesetzgebungsperioden zum guten
Teil durch Gesetzesänderungen legitimiert wurden; so etwa durch das BDSG
und andere Rechtsvorschriften [3].

Diese schwierigste aller Datenschutzfragen ist vorläufig unlösbar, wie
unten noch näher zu begründen sein wird. Wenigstens eine methodische Konsequenz sei jedoch hieraus gezogen: Entgegen der hier aus didaktischer
Absicht gewählten Reihenfolge "von innen nach außen" ist für die p r a k
t i s c h e Erstellung einer Datenschutzkonzeption umgekehrt zu verfahren:

---

1) Dieses Problem ist in § 24 BDSG nur teilweise gelöst worden.

2) Für näheres WSt (Schutz vor Datenschutz).

3) Zum Geheimbereich und seiner doppelten Absicherung durch neuere Verfassungsschutzgesetze und durch das BDSG vgl. WOLTER (Verfassungsschutz) und WSt (Staatswohl).

beginnend vom Umsystem, den Interessenten und Benutzern "nach innen" über
die Organisation und Mensch-Maschine-Interaktion vorzustoßen bis zum
"Kern", der Hardware. Nur ein solches "top-down"-Verfahren genügt im übrigen (system-)theoretischen Ansprüchen.

4.2   UNZUREICHENDE LÖSUNGSVORSCHLÄGE

Einige ungeeignete Ansätze übersahen wesentliche Gegebenheiten der Datenverarbeitung oder ihrer Umwelt:

4.2.1   "Privatsphäre"

Der Schutz der "Privatsphäre", des "right of/to privacy", des "right to
be let alone" und des "right to share and to withhold", behauptete die
amerikanische Diskussion vor allem, sei Objekt des Datenschutzes [1].

Jedoch sind alle Informationen, die eine wie immer definierte Privatsphäre abbilden können, einschließlich der intimsten Angaben über reli-
giöses [2], politisches [3] oder sexuelles Verhalten [4], insbesondere über
den Gesundheitszustand der Bewohner, längst in Staat und/oder Wirtschaft
vorhanden; zwar noch verstreut über viele Karteien, Akteien, Archive und
Ablagen, nunmehr aber integrierbar [5] (zusammenführbar) über ADV. Ein
"unantastbarer Bereich privater Lebensgestaltung", [6] über den keine Daten gesammelt oder verarbeitet werden dürften, existiert in der Realität
nicht mehr [7].

1) Statt vieler: WESTIN (Privacy); (Privatsphäre); dazu KAMLAH (Privacy).

2) Z.B. über Lohnsteuerangaben oder Abonnementgebührenabbuchungen.

3) Z.B. über Wohnort oder Vereinsbeiträge + Demonstrationsphotos usw.

4) Z.B. über Beihilfeakten oder Medikationen.

5) Zur integrierten Datenverarbeitung JÄHNIG (Verwaltung); als Optimierungsproblem:
   WSt (EStL-1) 115; EBERLE (ADV-Organisation) 114 f.

6) So das Bundesverfassungsgericht in ständiger Rechtsprechung; vgl. BVerfG NJW 1969,
   39 17o7; NJW 197o, 13 555; 1972, 49 2214; dazu kritisch KAMLAH (Datenüberwachung);
   SCHIMMEL/STEINMÜLLER (Problemstellung) 124 ff.

7) Darum wurde - wohl verfrüht - das "Ende der Privatsphäre" proklamiert (WSt:Gutach-
   ten 53 ff.); äußerst kritisch TIEDEMANN/SASSE (Deliquenzprophylaxe) 125 ff. - der
   Streit beruht aber auf einer Verwechslung; STEINMÜLLER und Mitarbeiter behaupten
   das empirische Ende der herkömmlichen "Privatsphäre", TIEDEMANN/SASSE deren präskrip-
   tiv-normative Funktion als Rechtsbegriff. Weiterführend nunmehr der sozialpsycholo-
   gische Ansatz von RÜPKE (Privatheit).

Darum ist auch eine "Privatsphäre" des Arztes oder seiner Patienten in
diesem Sinne nicht mehr vorhanden - ganz abgesehen davon, daß schon bisher eine "Privatsphäre" im Verhältnis Arzt-Patient nur noch in einem übertragenen Sinn existierte: erweitert auf Gruppen- und Gemeinschaftspraxen,
erweitert auf Krankenhausverwaltungen, ärztliches Hilfspersonal, schließlich erweitert auf Versicherungen und Krankenkassen. Erst recht wird dies
bei Einführung der Automation in die medizinische Versorgung der Fall
sein [1].

In zumindest einem Bereich ist die Zukunft bereits Gegenwart geworden:
Die Einrichtung medizinischer Datenbanken oder, wie etwa in Hessen und
anderen Bundesländern schon normativ realisiert, die Installierung über-
regionaler Informationsverbunde über medizinische Daten bedeutet den endgültigen Exitus der herkömmlichen "Privatsphäre", gerade im Hinblick auf
deren Ausformung im medizinischen Bereich, der sogenannten ärztlichen
"Schweigepflicht". Darum kann Anerkennung von "Privatsphäre" als eines
schutzwürdigen Rechtsgutes   nur in einer   n e u e n   I n t e r p r e-
t a t i o n   sinnvoll sein:

Privatsphäre ist dann gewahrt, wenn jeder berechtigte Datenbenutzer und
-interessent "parzelliert" nur diejenigen Informationen erhält - und wären sie auch aus dem "Intimbereich" (vgl. die Meldepflicht des Geschlechts-
krankheitengesetzes) -, die er zur Erfüllung seiner spezifischen und legitimen Einzelaufgaben unbedingt und als Minimum benötigt. Dies ist die
sogenannte   R e l a t i v i t ä t   d e r   P r i v a t s p h ä r e [2]:
relativ zur jeweiligen Kompetenz [3] einer berechtigten Stelle ist ledig-

---

1) WSt (Schweigepflicht) 46 f.

2) So zunächst WSt u.a. (Gutachten) 51; 91 ff.; 97 ff. u.ö.; vgl. (Allgemeine Grundsätze) 15: "Der Begriff der Privatsphäre ist relativ zum jeweiligen Benutzer des
   Systems". Soziologisch-rollentheoretische Weiterentwicklung: MÜLLER (Privatsphäre)
   und folgende Veröffentlichungen; juristische Ausfüllung: MALLMANN (Verwaltungs-
   Informationssysteme) 48 ff.; Fehlinterpretation der "Relativität": AUERNHAMMER
   (Regierungsentwurf), jeder verstehe unter seiner Privatsphäre etwas anderes: Aber
   auf diese subjektive Erwartung von einzelnen über ihre "Privatsphäre" kommt es
   nicht an, sondern auf die objektiv vorhandenen Informationsparzellierungen bei
   den öffentlichen und privaten Instanzen, die den Bürger immer nur partiell (und
   dadurch "geschützt") abbilden und abbilden sollen.

3) Hieraus folgt die "Kompetenzorientierte Datenverarbeitung" (unten 4.3.2).

lich das jeweilige Minimum an Information und Informationsverarbeitung nicht als Verletzung der "Privatsphäre" anzusehen. "Privatsphäre" wandelt sich so zu der rechtspolitischen Zielvorstellung [1], eine "kompetenzorientiertere Datenverarbeitung" als technisch-organisatorische Voraussetzung für die Ausübung der individuellen und sozialen Freiheitsrechte unter den Bedingungen automationsunterstützer Verwaltungen durchzusetzen.

Dies gilt auch zwischen Arzt und Patient, Patient und Krankenhaus, Arzt und Kassenärztlicher Vereinigung [2], INA und übergeordneten Informationssystemen: Das legitime Minimum zu bestimmen ist konkreter Schutz der "Privatsphäre" im Zeitalter der ADV [3].

4.2.2   "Personenbezogene Daten"

Auch der scheinbar modernere Versuch - er liegt dem BDSG zugrunde [4] -, unter Aufgabe des unbrauchbaren Begriffs "Privatsphäre" mit dem Schutzgut der personenbezogenen D a t e n als informationeller Abbildung der "Privatsphäre" zu operieren, schlug fehl: Die Personenbezogenheit haftet Daten nicht als abstrakte Qualität an, sondern ergibt sich aus der jeweiligen inneren und äußeren Organisation eines Informationssystems, also aus dem Systemzusammenhang [5] und dessen sozialem Kontext. Je nach Dateiaufbau und Datenbankstruktur, Dateninventar und Programmrepertoire, Benutzerlegitimation und Zusatzwissen können auch Sachdaten, generelle und statistische Daten, selbst anonymisierte und verschlüsselte Daten, zu personenbezogenen Daten verbunden oder umgeformt werden ("S y s t e m-
r e l a t i v i t ä t   u n d   T r a n s f o r m i e r b a r k e i t
d e r   D a t e n k a t e g o r i e n") [6].

---

1) Privatsphäre als rechtspolitische Zielvorstellung: so der akzeptable Kompromißvorschlag von SIMITIS (Argumente) XV; ähnlich (Datenschutz) 145 ff.

2) Vgl. oben 3.1.4.5.

3) Für den Bereich der öffentlichen Verwaltung findet sich hierzu bei PODLECH (Alternativentwurf) eine präzise Umschreibung in Gestalt eines Gesetzentwurfs.

4) §§ 2 Abs. 1 i.V.m. 1 Abs. 2 S. 1 BDSG.

5) Für die Informatik wurde dies erstmals ausgeführt durch HABERÄCKER/LEHNER (Zugriffssicherung).

6) Dies wurde erstmals und ausführlich begründet bei WSt u.a. (Gutachten) 54 ff.; dort sind aber noch generelle und statistische Daten verwechselt; Korrektur bei GARSTKA (Grundbegriffe) 219 ff.; schließlich WSt (Stellenwert) 46o.

Personenbezogene Daten sind also ebenfalls "relativ", nämlich bezogen auf die spezifische Leistung, Benutzer- und Interessentenstruktur des jeweiligen Informationssystems.

Diese Zurückführbarkeit ist - was nicht allgemein bekannt ist - in mehreren Untersuchungen hinsichtlich aggregierter medizinischer Daten nachgewiesen [1]; vergleichbare Ergebnisse finden sich in der deutschen Literatur hinsichtlich des Hochschulbereichs [2] und der empirischen Sozialforschung [3], in Rezeptionen weitergehender amerikanischer Erfahrungen.

Um es zu wiederholen: G e f ä h r l i c h   s i n d   n i c h t   d i e   D a t e n,   s o n d e r n   d e r   B e n u t z e r   -   u n d   d e r   I n t e r e s s e n t. Was der Arzt weiß, geht die Polizei nichts an, und die Versicherung nur zum Teil.

4.2.3   "Sensitive Daten"

Damit versagt auch der Versuch, bestimmte "sensitive (=gefährliche oder gefährdete) Daten" nach Gefährlichkeit zu ordnen [4], sie ein für allemal einem gestuften Sonderschutz zu unterwerfen, oder gar der ADV prinzipiell zu entziehen [5]. Dieser Vorschlag ist gerade im Hinblick auf medizinische Informationssysteme häufig gemacht worden [6].

---

1)   SCHLÖRER, zuletzt (Statistikgeheimnis) 2o3 ff.

2)   JACOBS (Anonymisierung).

3)   Z.B. KARHAUSEN (Umfragen) 91 ff.

4)   Zum "Sensitivity grading" vgl. BING (Classification).

5)   Aus dem gleichen Grund wie bei den "personenbezogenen" Daten. Gefährlichkeit ist keine Daten-, sondern primär eine Benutzer- und Interessentenqualität.

6)   So wurde in der öffentlichen Anhörung zum BDSG vom 6.5.1974 fast einhellig eine Sonderbehandlung medizinischer Daten gefordert; vgl. in DEUTSCHER BUNDESTAG (Sachverständigenanhörung) 58 ff.: die Stellungnahme der Bundesärztekammer und des Bundesverbands der Ortskrankenkassen.

Ein derartiges "sensitivity grading" behält lediglich eine beschränkte
Bedeutung innerhalb kleinerer, vom allgemeinen Datenverkehr abgesonder-
ter Informationssysteme mit monofunktionaler Benutzerstruktur [1].

Dies trifft für INA nur unter der Voraussetzung zu, daß es "abgeschottet"
errichtet wird.

4.2.4   "Verrechtlichung"

Als Ausweg schlagen Juristen häufig vor, wenn schon die Ansätze der Privatsphäre, der personenbezogenen oder der sensitiven Daten nicht genüg-
ten, doch wenigstens den D a t e n v e r k e h r zu verrechtlichen [2].
Darunter verstand man ursprünglich, daß alle Datenmengen, -bahnen und
-operationen rechtlich fixiert werden sollten.

Dieser Vorschlag scheitert an der Realität: Der Gesetzgeber wäre völlig
überfordert, wollte er die unzähligen Rechtsnormen erlassen, die hierfür
notwendig wären.

4.2.5   "Einwilligungstheorie"

Eine Variante der Verrechtlichung ist die"Einwilligungstheorie": Stimme
der Betroffene - hier: der Patient - zu, so sei jegliche Datenverarbeitung legitim [3]. Aber der Betroffene, und schon gar der Patient, gibt
nur allzu gern um eines materiellen Vorteils willen, und erst recht zugunsten seiner Gesundheit, die Zustimmung für beliebige ihn betreffende
(Daten-)Operationen, so daß es notwendig ist, den Betroffenen, der vor
allem sein individuelles kurzfristiges Wohl im Auge hat, im Interesse
des übergeordneten Ganzen vor sich selbst zu schützen [4].

---

1) WSt (Informationskontrolle) 72. - Ein prinzipieller Rückschritt darum BDSG § 35 Abs.3
   S. 3 (Sondervorschrift zur Löschung von Daten über gesundheitliche Verhältnisse usw.,
   wenn ihre Richtigkeit von der speichernden Stelle nicht bewiesen werden kann - sonst
   nicht?).

2) So zuerst KAMLAH (Datenüberwachung) 363, aufbauend auf der Rechtsprechung des BVerfG
   (oben FN zu 4.2.1).

3) So konsquent das BDSG (§ 2 Abs. 3 Nr. 1).

4) Darum kann man auf Grundrechte nur sehr beschränkt überhaupt verzichten. Freilich
   ist diese Frage im einzelnen umstritten; vgl. JENSEN (Informationsweitergabe) 24 f.
   (mit Lit., auch zu § 35 SGB).

Das Einwilligungskonzept kann also - wenn überhaupt - nur höchst begrenz-
te Bedeutung haben [1], will es sich nicht dem berechtigten Vorwurf der
Ausnützung einer sozialen Machtposition aussetzen [2].

4.2.6   "Entfremdungstheorie"

Eine weiter Variante ist die "Entfremdungstheorie": [3] Das informationelle Selbstbestimmungsrecht des Betroffenen aus den Artikeln 2 [4] und 5 [5]
des Grundgesetzes verbietet es Daten in einer anderen Zweckbestimmung zu
verwenden, als sie der Betroffene preisgegeben hat [6]. Diese Grundrechts-
position wird auch nicht durch angebliche Sachzwänge der ADV erschüttert[7].

Streng angewandt würde dies bedeuten, daß medizinische Daten nur im un-
mittelbaren Zusammenhang der ärztlichen Behandlung verwendet werden dürften [8]; bereits die gesetzliche Weitergabepflichten lägen dann möglicherweise durchaus außerhalb der Intention des uninformierten "Datenspenders
Patient". Erst recht würde etwa jede übergreifende Rationalisierung durch

---

1) Vgl. unten 5.7.3 zum Einwilligungsrevers.

2) Vgl. hierzu DJT (Grundsätze) 15 ff.; kritisch zum BDSG SCHIMMEL/STEINMÜLLER (Problemstellung) 155 f.; vor allem aber SIMITIS, zuletzt in (Arbeitsrecht).

3) Vgl. hierzu BVerfG NJW 1970,13 555; NJW 1969,39 17o7.

4) WSt u.a. (Gutachten) 93 ff.

5) EBERLE (Meinungsfreiheit).

6) Darum meist "Zweckentfremdungsverbot" genannt.

7) Gleichwohl hat das BDSG diesem Grundsatz nur beschränkte Geltung verschafft; es
   geht nicht primär vom Selbstbestimmungsrecht des Betroffenen über seine Abbilder
   aus, sondern vom Informationsbedarf der Verwaltungen und Unternehmen; erst sekundär wird dem Grundrechtsgebot dadurch genüge getan, daß die den Verwaltungen und
   Unternehmen für ihre Verwaltungs- bzw. Geschäftszwecke benötigten Informationen
   "rationalisiert zugeteilt" werden und so mittelbar dem informationellen Selbstbestimmungsrecht des Betroffenen ein gewisser Schutz verbleibt, der durch Aus-
   kunftsrechte sowie durch die Kontrollinstitutionen aktualisiert werden kann. -
   Anders der US Privacy Act von 1974!

8) Dies ist nur z.T. bei medizinischen Daten (§§ 1o Abs. 1 S. 2; 24 Abs. 1 S. 2 BDSG;
   eine entsprechende Regelung für den Datenhandel fehlt!), vor allem aber bei Sozial-
   versicherungs- und Verwaltungsverfahrensdaten im wesentlichen geltendes Recht; vgl.
   § 35 SGB AT und 3o VwVfG. Ebenso der Grundgedanke des US Privacy Act von 1974. Hierzu nunmehr die umfassende Untersuchung der PRIVACY PROTECTION STUDY COMMISSION
   (Information Society) 1977 (mit vorsichtiger Kritik an diesem Prinzip pp. 5o2 sqq.).

übergreifende Informationssysteme im Bereich der medizinischen Versorgung verunmöglicht, zuletzt sogar Planung und Forschung ausgeschlossen. Schließlich wäre die Kollision mit der ärztlichen Überformung des ursprünglichen Datenhergabezwecks zu bedenken - all diese Gründe, die eine strikte Entfremdungstheorie zunächst als antiquiert erscheinen lassen.

Gleichwohl ist die (Verfassungs-)Rechtslage eindeutig und auch rechtspolitisch sinnvoll: Dem Betroffenen muß ein gewisses Selbstbestimmungsrecht darüber zustehen, wie er in der Öffentlichkeit erscheint, soll er nicht "informationell entmündigt" werden [1].

Der berechtigte Kern der Zweckentfremdungstheorie ist darum in einer umfassenderen Datenschutzkonzeption bewahrend aufzuheben.

4.2.7   "Kein Datenschutz für Planung und Forschung notwendig"

Die Lage wird weiterhin dadurch kompliziert, daß der gestiegene Informationsbedarf einer p l a n e n d e n   V e r w a l t u n g, hier: im Rahmen der Gesundheitspolitik allgemein sowie zahlreicher Einzelmaßnahmen, sich schlechterdings auf alle Datenkategorien richtet [2], insbesondere alle medizinischen Datenarten einschließlich individueller Patienten-, Angehörigen- und Arztdaten erfaßt.

Das gleiche gilt für die Vorhut gesellschaftlicher Planung, die e m -
p i r i s c h e   S o z i a l f o r s c h u n g [3], selbstredend auch für ihre medizinische Variante [4].

---

1) Dagegen ist häufig geäußerte Auffassung unzutreffend, daß Daten jemand "gehören" könnten. Die Übertragung von Eigentumskategorien auf ideelle Gegenstände wie Informationen - anders bei den Datenträgern! - führt zu falschen rechtlichen Konsequenzen, so richtig BURKERT (Geld-Information). Gleichwohl trifft man häufig die Auffassung, daß dem Bürger "seine" Daten gehörten, oder, noch häufiger, dem Datenverarbeiter oder dem Arzt (weil er sich der Mühe des Erfassens und Speicherns unterzogen hat!). Zutreffend MEISTER (Datenschutz), der ein Eigentum am personenbezogenen Datum ablehnt (92 ff.).

2) WSt (Schutz vor Datenschutz).

3) Dazu MÜLLER/KUHLMANN (Social Bookkeeping).

4) Es sei hier nur auf Sozialmedizin und Medizinsoziologie hingewiesen; desgleichen auf epidemiologische u.a. Langzeitstudien.

Es wird häufig behauptet, das alles gebe keine Fragen des Datenschutzes auf: nur "aggregierte" oder "anonymisierte" Daten würden benötigt [1]. Ganz abgesehen davon, daß es heute keine Probleme macht, aus Millionen derartiger Daten individuelle Personen herauszufiltern [2] - zu Ende ist auch das Märchen, der Planer und der Forscher bedürfe nur genereller und statistischer Daten. Es ist inzwischen allgemein anerkannt, daß effektive Planung und Forschung etwa bei Verlaufs- und Wanderstatistiken (im medizinischen Bereich: z.B. bei epidemiologischen oder anderen Langzeituntersuchungen) auf individuelle Informationen über einzelne Personen über viele Jahre zugreifen können sollte.

Zudem ist zu warnen vor einer freizügigen Anerkennung von "wissenschaftlicher" Forschung [3], die allzu häufig blanker Broterwerb (wenn nichts anderes) ist. Erst recht gibt die hier ausgesprochene Anerkennung eines gestiegenen Informationsbedarfs keinen Freibrief für die Untergrabung jeglichen Datenschutzes. Vielmehr bewährt sich gerade eine sinnvolle Konzeption an diesem Prüfstein [4].

4.2.8   Datenschutzgesetze

Auch die Lösungsvorschläge des B u n d e s d a t e n s c h u t z g e s e t z e s   sowie der bisher bekanntgewordenen Länderdatenschutzgesetzentwürfe bzw. -novellierungen reichen nicht aus, [5] wie oben anhand des insoweit typischen BDSG ausgeführt wurde. Das gleiche gilt für die Krankenhausgesetze, für die stellvertretend das Hessische Krankenhausgesetz genannt sei [6]. Sie sind darum lediglich ein Element im Rahmen eines umfassenderen Ansatzes.

---

1) Für das Planungsinstrument "Sozialdatenbank" z.B. ZSCHAU (Sozialdatenbank); (Fortentwicklung).

2) Vgl. die Stellungnahme von KARHAUSEN, in: DEUTSCHER BUNDESTAG (Sachverständigenanhörung) 15o ff.; ebenso die Stellungnahme des STATISTISCHEN BUNDESAMTES, ebd.: 155 ff.

3) Zum Forschungsbegriff vgl. DAMMANN (Forschungsfreiheit) 2o7 ff.

4) Unten 5.6.5(4).

5) Entsprechend für Sozialdaten vor allem HEUSSNER (Bundesdatenschutzgesetz).

6) Vgl. oben 3.2/3 .

4.3   SKIZZE DES LÖSUNGSPRINZIPS

Der n e u e A n s a t z ergibt sich aus der Kritik der bisherigen
Ansätze unter Anwendung informationswissenschaftlicher Gesichtspunkte.
Er versucht alle Betroffenen und alle Aspekte der Datenverarbeitung zu
berücksichtigen sowie den Schutzbereich möglichst weit zu fassen:

Wenn die Wirklichkeit der modernen Verwaltung in Wirtschaft und Staat
die Wunschträume nach "Privatsphäre" und informationeller Selbstbestimmung - man mag sagen, leider - überholt hat, dann kann es nur noch darum
gehen, durch optimale Ausnützung der informationstechnischen und rechtlichen Möglichkeiten i n d i e I n f o r m a t i o n s s y s t e m e
F r e i h e i t s s p i e l r ä u m e n e u z u i m p l e m e n -
t i e r e n [1]; oder anders: Wenn Datenschutz das Komplement der Datenverarbeitung ist, so ist auch sein Geltungs- und Schutzbereich umfassend
zu konzipieren. (Welche Einzelmaßnahmen dann innerhalb dieses Bereichs
zu treffen sind, ist eine ganz andere Frage).

4.3.1   Umfassender Schutzbereich

Wie oben [2] näher begründet wurde, sind wegen der Systemrelativität der
Daten und ihrer leichten gegenseitigen Transformierbarkeit grundsätzlich
- nicht nur personenbezogene, sondern zunächst - a l l e D a t e n Gegenstand des Schutzes [3], s o f e r n n i c h t e i n d e u t i g
von der gesamten Systemstruktur her nachweislich einzelne Datenkategorien
aus dem Schutz entlassen werden können. Dies trifft auch für INA zu.

---

1) Zur rechtspolitischen Beurteilung der Datenschutzvorstellungen und -ideologien vgl.
   besonders DAMMANN (Strukturwandel); O. MALLMANN (Zielfunktionen).

2) 4.2.1; 4.2.2.

3) Soweit dies Daten sind, die bei der beruflichen Tätigkeit des Arztes anfallen, greift
   ohnedies im Regelfall die ärztliche Schweigepflicht ein (oben 3.1.2).

Ferner sind a l l e A r t e n der Datenverarbeitung einzubeziehen.
Dies gilt insbesondere für die m a n u e l l e Datenverarbeitung [1].
Durch Einführung der ADV in die ärztliche Praxis erhält die herkömmliche
Informationsverarbeitung des Arztes und seines Hilfspersonals einen ver-
änderten Stellenwert, der es verbietet, die bisher relativ informellen
Strukturen beizubehalten.

Innerhalb des Datenverarbeitungsprozesses sind grundsätzlich a l l e
P h a s e n , F o r m e n und P r o z e d u r e n der Datenverarbeitung einzubeziehen [2]. Der gesamte Informationsprozeß im Rahmen der
ärztlichen Behandlung ist schutzwürdig, von der ersten Datenerfassung
bis zur Löschung.

4.3.2 Gesamtplanung des Datenschutzes

Eine vernünftige, insbesondere ökonomische Aspekte einbeziehende Realisierung von Datenschutzforderungen verbietet es, Datenschutzmaßnahmen
gleichsam nachträglich und sekundär auf vorhandene Systeme aufzupfropfen.
Allein sinnvoll ist e i n e v o n v o r n h e r e i n k o n -
t r o l l f r e u n d l i c h e S t r u k t u r i e r u n g [3]. Sie
umfasse das gesamte System mit allen seinen Elementen, von der Hardware
bis zur Kontrollbehörde.

Da die Maschinisierung geistiger Funktionen durch die ADV sich in den
Algorithmen (Programmen) verkörpert [4], liegt auch hier der Kern des

---

1) DJT (Grundsätze) 26 ff.; nach WSt u.a. (Gutachten) 54 ff. Dem folgen auch sämtliche
   Datenschutzgesetze bzw. -entwürfe in der BRD; auch die geplante Novellierung des
   schwedischen Datengesetzes sieht dies nun vor (Mitteilung Jan FREESE).

2) Auch dies ist im BDSG verwirklicht, mit Ausnahme der DV-Phase der Erfassung - § 2
   Abs. 2 Ziff. 1 regelt nur das Erfassen "auf einem Datenträger" (Ausnahme die "Erhebung" nach § 9 Abs. 2 BDSG). Diese Verhinderung von "Erfassungsschutz" (KRAUCH)
   mit erdrückendem Material überzeugend kritisiert zu haben, ist ein wesentliches Verdienst der GMD-Studie (Auswirkungen). Begründung: WSt u.a. (Gutachten) 57 ff.; 93
   ff. und pasim.

3) AMESBERGER u.a. (Datenschutz) 68 ff. sprechen von der "Implementierung der Privatsphäre"; OBERLODE/WINDFUHR (Methoden) 236 gehen davon aus, daß Datenschutz und (un-
   umgängliche) Datensicherung als einheitliches Maßnahmepaket realisiert werden solle
   (z.B. auch Programmkontrolle und Protokollierung, ebd. 233).

4) Theoretisch bedeutsam als Kontrolle der maschinell simulierbaren intellektuellen
   Anteile menschlicher Arbeit; vgl. WSt (EStL-1) 111.

Schutzes; P r o g r a m m k o n t r o l l e [1] ermöglicht die Nachprüf-
barkeit aller Datenverarbeitungsprozesse; Datenflüsse werden durch Programme geregelt, sie sind die Verkehrswege der Daten im Informationssystem.

Um Programme kontrollierbar zu machen, bestehen mindestens folgende Voraussetzungen [2]: Standardisierte, vollständig dokumentierte Programmierung; modularer (bausteinartiger) Programmaufbau; Verwendung höherer
(kompatibler) Programmsprachen; Verbot der Verwendung ungenehmigter Programme. Zusätzliche Schutzprogramme überwachen die Programmbanken und die
Programmweitergaben (Programminhalts- und Programmverkehrskontrolle).

Ergänzend tritt hinzu das Prinzip der k o m p e t e n z o r i e n t i e r-
t e n   D a t e n v e r a r b e i t u n g [3]: Die Datenbedarfsanalyse im

---

1) Zuerst WSt (Stellenwert) 461; Durchführung eingehend bei PODLECH (Alternativentwurf)
   16 ff.; 66 ff.; 71 ff.; neuestens HEUSSNER (Bundesdatenschutzgesetz) 359 m.w.Nachw.

2) Vgl. hierzu das bei OBERLODE/WINDFUHR (1974) dargestellte Beispiel, insbesondere 233.
   - Die hier angeführten Vorkehrungen sind zum guten Teil in den Rechenzentren öffentlicher Verwaltung implementiert und sogar durch Verwaltungs- und Rechtsnormen vorgeschrieben; was bisher noch fehlt ist die systematische und kohärente Berücksichtigung
   aller Teilmaßnahmen.

3) Wieder nach WSt (Stellenwert) 461 f. - Die bloße Funktionsorientierung des BDSG, das
   im Grundsatz die Verarbeitung aller personenbezogenen Daten gestattet, die für einen
   legitimen Verwaltungs- bzw. Unternehmenszweck benötigt werden, geht viel zu weit, da
   sie den Schluß von einem (häufig wenig bestimmten) Zweck auf beliebige Informations-
   mittel gestattet; so WSt ständig seit BMI (Dokumentation) 178 f. Mit Recht kritisie-
   ren darum auch Vertreter des öffentlichen Rechts den in diesen Bestimmungen des BDSG
   liegenden verfassungsrechtlich bedenklichen Schluß vom Zweck auf die Mittel des Ver-
   waltungshandelns; z.B. SCHWAN (Freiheitsgrundrechte); ähnlich für den privaten Bereich BÜHNEMANN (Betriebsberater); (Datenschutz) 138 ff. Wesentlich weiterführende
   Vorschläge macht PODLECH (Problematik) 23 ff.; (Gesellschaftstheorie) 318 ff. durch
   <u>Formulierung von sieben verfassungsrechtlich fundierten Prinzipien</u> als normatives Lö-
   sungsmodell des gesellschaftstheoretischen Problems des Datenschutzes:
   1. Grundsatz des Erhebungsverbots pragmatikfreier personenbezogener Informationen
   2. Grundsatz des Verbots der Zweckentfremdung erhobener personenbezogener Informatio-
      nen
   3. Grundsatz des Verbots sektorübergreifender Informationskontrolle (des Staates über
      den Bürger)
   4. Grundsatz der Fremdkontrolle geheimdienstlicher Informationsübermittlung
   5. Grundsatz der Primärerhebung personenbezogener Daten
   6. Grundsatz des privaten Verwertungsverbots personenbezogener Informationen
   7. Grundsatz des Löschungsgebots nicht mehr benötigter personenbezogener Informationen.

Rahmen der Systemanalyse von INA stellt sicher, daß das Minimum an legitimen Benutzern das legitime Minimum an Informationen verarbeitet und weiter⁄gibt, um den betroffenen Patienten vor unnötiger Beeinträchtigung zu schützen. Zwar ist das allgemeine Problem der Definition des Informationsbedarfs bisher ungelöst [1]; auch das Problemlösungsverhalten des Arztes ist nach Struktur und Informationsbedarf zu wenig erforscht. Doch ist das kein entscheidendes Hindernis, da es sich im Rahmen von INA um Informationen für definierte Klassen von Entscheidungen mit relativ bekannter Struktur handelt.

4.3.3   Flankierende Maßnahmen

Die übrigen Kompenenten des Informationssystems müssen den vorgeordneten Prinzipien 4.3.1 und 4.3.2 entsprechen.

Zunächst muß die H a r d w a r e -Ausstattung in Technik und Betriebssystem diesen Forderungen angepaßt sein. Sie muß in Größe und Verarbeitungsgeschwindigkeit die Datenverwaltungsprogramme abarbeiten können, die zur Zuweisung, Sicherung und Kontexterhaltung der Datenmenge an den jeweiligen Berechtigten (Arzt) erforderlich sind. Insbesondere ist anzustreben, daß schon von der Hardware her (eine derzeit noch unerfüllte Forderung) ungenehmigte Programme und Programmänderungen zurückgewiesen, unberechtigte Benutzer erkannt und dokumentiert werden. Diese Probleme sind derzeit überwiegend nur softwaremäßig realisierbar; weitergehende Resultate (bei militärischen Datenbanken) sind vorläufig im zivilen Bereich zu aufwendig.

Ferner müssen die sonstigen Möglichkeiten der D a t e n s i c h e r u n g zum großen Teil auch in den Dienst des Datenschutzes gestellt werden [2].

Der D a t e i - und D a t e n b a n k a u f b a u muß eine eindeutige Zuordnung der Daten zu Kompetenzen, Kontexten und Benutzern ermöglichen [3].

---

1) Zum rechtlichen Problem der Definition des Informationsbedarfs vgl. Chr. MALLMANN (Verwaltungs-Informationssysteme).

2) Das ist der Sinn des § 6 BDSG mit Anlage, der keine Datensicherungs-, sondern eine Datenschutzbestimmung darstellt.

3) Vgl. AMESBERGER u.a. (Datenschutz) 74 ff.

Die a u t o m a t i s i e r t e n und m a n u e l l e n P h a s e n
der Datenverarbeitung sind jeweils so zu organisieren, daß sie auch in
ihrer Interaktion transparent bleiben.

Schließlich ist die A r b e i t s t e i l u n g z w i s c h e n I n -
f o r m a t i o n s o r g a n i s a t i o n von INA und der allgemeinen
ärztlichen Tätigkeit im Sinne der Interaktionsdefinitionen möglichst über-
schaubar zu gestalten.

Einschränkend ist zu wiederholen, daß das Problem der p l a n u n g s -
und f o r s c h u n g s r e l e v a n t e n m e d i z i n i s c h e n
D a t e n nicht in allen Aspekten Gegenstand dieser Untersuchung ist.
Denn es kann umfassend nur im Rahmen übergeordneter Systeme erörtert werden. Es darf soviel angedeutet werden, daß diese schwierigste aller Datenschutzfragen nach neueren Forschungen lösbar zu sein scheint.

4.3.4 Selbst- und Fremdkontrolle

Die traditionellen Formen der Selbstkontrolle reichen bei automationsunterstützten Systemen nicht aus [1]. Auch die nachträgliche Fremdkontrolle
durch Gerichte kommt gerade bei unerlaubter Informationsverarbeitung fast
stets zu spät. Sie ist zudem bei INA völlig ineffektiv: Der Patient wird
normalerweise nicht klagen, schon weil er nichts erfährt (daß z.B. sein
Arzt die Daten an ein Servicerechenzentrum weitergegeben hat), und häufig
wird ihm sogar die Klageberechtigung fehlen.

Um die erreichbare Transparenz zu gewährleisten, sind stabilisierende
o r g a n i s a t i o n s r e c h t l i c h e V o r k e h r u n g e n
zu treffen: Nach innen sind Datenbedarf und Datenverkehr, soweit nicht in-
formationstechnisch und -organisatorisch bereits geschehen, juristisch
festzuschreiben. Ferner ist eine unabhängige Instanz zu schaffen, die
diese Fixierung überwacht und die notwendigen Veränderungen legitimiert.
Wie sie zweckmäßig beschaffen sein könnte, kann nicht abstrakt deduziert
werden (siehe im einzelnen unten); jedenfalls aber hat sie eigene Sach-
kunde mit fehlendem Eigeninteresse und weisungsfreier Stellung sowie angemessener Ausstattung zu vereinen [2], will sie ihre delikate Funktion erfüllen.

---

1) So die praktisch einhellige Meinung aller Wissenschaftler auf allen Hearings zum
   BDSG, das ursprünglich dem Konzept der Selbstkontrolle folgte, es aber nunmehr
   wenigstens im öffentlichen Bereich aufgegeben hat; vgl. DJT (Grundsätze) 31 ff.;
   SCHIMMEL/STEINMÜLLER (Problemstellung) 163 ff. Nunmehr vor allem DAMMANN (Kontrolle des Datenschutzes).

2) WSt (Stellenwert) 462; im einzelnen (Gutachten) 126 ff.; 151 ff.; 159 ff.

Nach außen ist diese Instanz zugleich verantwortlich der externen Kontrolle aufgrund von Datenschutz-[1] und ggfs. Spezialgesetzen.

4.3.5   Kontroll- und Abwehrrechte der Betroffenen

Das Datenschutzrecht gewährt dem Betroffenen, hier vor allem den Patienten, eine Reihe von Rechten, die, obwohl von eher geringer praktischer Bedeutung, das System des Datenschutzes auch im Rahmen von INA vervollständigen [2]. Hieraus folgt ergänzend für die innere Organisation von INA, daß eindeutige technische [3], organisatorische und rechtliche Verantwortungen

- für die Haftung [4]

- für die Einsichts-, Auskunfts-, Berichtigungs-, Sperrungs- und Löschungsrechte der Betroffenen

- für die Prüfungsrechte der Aufsichtsbehörden und betrieblichen Datenschutzbeauftragten

getroffen werden müssen [5].

---

1) Infrage kommen die Aufsichtsbehörden der Länder (nach den Entwürfen: zumeist Innenministerium) nach §§ 3o; 4o BDSG.

2) Oben 3.2.2.5 ff.

3) Und zwar vor allem hinsichtlich der Zugriffsberechtigung für Dateien und Programme.

4) Unten 6.3.2.

5) Unten 5.7.2 (Satzung).

4.4 SPEZIELLE DATENSCHUTZHYPOTHESEN

Die folgenden zehn Postulate stellen eine Weiterentwicklung der allgemeinen Datenschutzhypothesen (4.1) im Hinblick auf INA dar. In ihrer Tragweite gehen sie aber darüber hinaus. Denn das zu lösende Problem läßt sich allgemeiner so formulieren:

Wie kann ein Informationssystem datenschutzgerecht organisiert werden, das Daten enthält, die für die Betroffenen hohe Risiken bedeuten, aber von sehr verschiedenartigen Benutzern und Interessenten - legitimerweise oder nicht - benötigt werden?

Das aber ist die generelle Problematik des "riskanten Systems".

4.4.1 POSTULAT I: ÖKONOMISCHE REALISIERUNG VON DATENSCHUTZ-ANFORDERUNGEN

Erläuterung: Die gesellschaftlichen Vorteile der Automation medizinischer Informationsprozesse ("Rationalisierung"; Leistungserhöhung und -erweiterung) sollen durch Datenschutzmaßnahmen möglichst nicht beeinträchtigt werden.

Diese normative Hypothese zielt auf die Durchsetzbarkeit von Datenschutzanforderungen bei der Planung und im praktischen Betrieb des Systems; nur ökonomisch sinnvolle Vorschläge haben die Chance der Realisierung. Da für jedes System mehrere Datenschutzlösungen möglich sind, verlangt sie, daß diejenigen informationstechnischen (usw.) Maßnahmen getroffen werden, die bei gleichem oder vergleichbarem Effekt insgesamt die geringsten gesellschaftlichen Kosten verursachen [1].

Für diese Ausweitung des Prinzips der Nutzen-Kosten-Analyse gibt es bisher keine anerkannten allgemeinen Kriterien; es zeigt sich jedoch gerade bei INA, daß je nach dem angestrebten Nutzen verschiedene Lösungen "optimal" sind [2].

---

[1] OBERLODE/WINDFUHR (Methoden) 236 gehen davon aus, daß die Kosten eines einheitlichen Datenschutz-Datensicherungs-Maßnahmepakets (das sind 2% der Gebäudegesamtkosten, o.1% der Software-Erstellungskosten, o,6% der Betriebskosten eines Rechenzentrums) durch gleichzeitige Rationalisierungseffekte mehr als ausgewogen werden. - Diese Auffassung scheint sich inzwischen durchzusetzen.

[2] Vgl. unten 5.2 und 5.3.

Direkte Folge diese Grundsatzes der möglichst ökonomischen Realisierung
des Datenschutzes ist das Gebot, möglichst wenig Differenzierungen in
der Bewertung oder Behandlung von Daten vorzunehmen; z.B. werden einige
rechtlich bedeutsame Unterscheidungen zwischen verschiedenen Datenkategorien bei rationeller technischer Gestaltung des Datenschutzsystems
überflüssig [1].

Ferner ist es weit ökonomischer, das gesamte Informationssystem in all
seinen Elementen von vornherein betroffenen-freundlich zu organisieren,
als nachträglich systemfremde Datenschutzmaßnahmen einem "technischen
Optimum" aufzupfropfen [2].

Schließlich folgt aus diesem Postulat, daß Systemkonzept und Datenschutzkonzept gleichzeitig und in Rückkopplung entwickelt und realisiert werden
sollten: das Gebot des "vorbeugenden und begleitenden Schutzes" ist hier
so vorteilhaft wie in der Gesundheitspolitik der Vorrang der präventiven
vor der kurativen Medizin.

4.4.2 POSTULAT II: VORRANG DER DATENTECHNISCHEN REALISIERUNG VON DATENSCHUTZANFORDERUNGEN

Erläuterung: Es gilt, im Schlagwort, die ADV für die Kontrolle der ADV
fruchtbar zu machen: Im Sinne des ökonomischen Prinzips (Postulat I)
sind die Datenschutzanforderungen an medizinische Informationssysteme
mit einem Minimum an Normen und einem Optimum an technischen Vorkehrungen zu erfüllen, da dies insgesamt - wenigstens grundsätzlich - mit geringeren Kosten verbunden zu sein scheint [3] und weniger menschlicher
Manipulation oder Unkorrektheit angesetzt ist.

Da Datenschutz unter den konkreten Bedingungen von INA (überwiegend)
"Wahrung der ärztlichen Schweigepflicht" heißt, folgt hieraus, daß die
Datenschutzkonzeption für INA die Funktion hat, die ärztliche Schweige-
pflicht datentechnisch und organisatorisch zu realisieren (und in diesem
Rahmen sekundär juristisch abzusichern).

1) Z.B. die Sonderbehandlung nicht-geheimer Patientendaten (vgl. oben 3.1.2).

2) Auch AMESBERGER u.a. (Datenschutz) 68 ff. fordern, daß Datenschutz schon bei der
   Systemkonzeption berücksichtigt werden sollte; ebenso OBERLODE/WINDFUHR a.a.O.

3) Vg. wieder OBERLODE/WINDFUHR a.a.O.

4.4.3 POSTULAT III: ABSCHOTTUNG DES RISKANTEN INFORMATIONSSYSTEMS

Erläuterung: Die "Abschottung" [1] eines medizinischen Informationssystems
ist die ökonomischste Realisierung der ärztlichen Schweigepflicht im Hinblick auf die vielfältigen und häufig schwer abweisbaren Benutzer- und
Interessentenwünsche an das Datenpotential medizinischer Informationssysteme.

Der Grundgedanke lautet: Je dichter die Grenzen eines Informationssystems
nach außen sind, umso freier und ungehinderter kann die Informationsverarbeitung im Innern sein - wieder eine Folge des Ökonomieprinzips.

Andere Lösungen sind zweifellos möglich, jedoch technisch weniger zuverlässig und darum rechtlich negativ zu bewerten.

Hierbei umfasse Abschottung zwei Aspekte:

- negativ die Reduzierung der Umweltkanäle auf das funktional notwendige
  Minimum
- positiv die möglichst präzise Definition - und damit Kontrollierbar-
  keit - dieser Umweltkanäle.

Letzteres bedeutet zugleich die Anerkennung der notwendigen Informationsweitergabepflichten durch INA, freilich nur im Rahmen des rechtlich unbedingt Gebotenen [2], und in diesem Rahmen deren reibungslose, zuverlässige
und erschöpfende Erfüllung.

---

1) Vorgeschlagen von WSt (Dokumentation) 123; ebenso nunmehr die amerikanische PRIVACY
   PROTECTION STUDY COMMISSION (Information Society) 574 ff. mit ihrem "Principle of
   functional separation" für statistische und Forschungsinformationssysteme.

2) S.o.: Meldepflichten (3.1.1.3) und Datenaustausch im Rahmen der Abrechnung (3.1.1.3;
   3.1.4).

4.4.4   POSTULAT IV: AUSSCHLIESSUNG DES UNDICHTEN DRITTEN

Erläuterung: Das Abschottungspostulat (III) muß in einem gewissen Sinn
auf die angekoppelte Systemwelt ausgedehnt werden: Es ist unsinnig, eine
Koje gegen Wasser hermetisch abzudichten, wenn das ganze Schiff leck ist.
Ebenso ist jede Datenschutzmaßnahme innerhalb eines Systems und jede Abschottung nach außen wirkungslos und damit überflüssig, wenn das Empfängersystem "undicht" ist, also wenn die Systemleistung unberechtigten oder
berechtigten Dritten zukommt, die ihrerseits nicht die für diese Infor-
mationskontexte erforderlichen Datenschutzmaßnahmen getroffen haben oder
für gerade diese Information inkompetent sind [1].

Dritter in diesem speziellen Sinn ist hierbei jedes Empfängersystem,
sei es ein menschlicher Benutzer (systemintern) [2] oder ein (systemexterner) Interessent von INA [3]. Undicht in diesem Sinne ist jedes
Empfängersystem, bei dem nicht festgestellt ist, daß es mit gerade
diesen empfangenen Daten nur berechtigte Operationen durchführt [4],
insbesondere daß es nicht seinerseits unberechtigte Weitergaben zuläßt.

Hier handelt es sich um eine Erscheinungsform des bereits erörterten
übergeordneten Problems des Datenschutzes, das im Rahmen von INA nur
partiell und subsidiär gelöst werden kann (z.B. durch Erschwerung von
unkontrollierten Weitergaben oderder Identifizierbarkeit von Personen),
weil es INA transzendiert (nämlich nur in den Umwelt-Systemen von INA
endgültig bewältigt werden kann) [5].

Eine besonders wichtige Folgerung wäre das Verbot der Datenweitergabe
durch INA ohne Nachweis von für diesen Informationskontext [6] ausrei-
chenden Datenschutzvorkehrungen im und durch das Empfängersystem.

---

1) Bei Krankenkassen und kassenärztlichen Vereinigungen ergibt sich die "Dichtheit" aus
   der Schweigepflicht ihrer Mitarbeiter (§ 2o3 Abs. I Nr. 6 und Abs. II Nr. 1; 2 StGB).

2) Insofern wäre zu fordern, daß auch innerhalb des "Kreises der Wissenden" (SCHMIDT,
   in PONSOLD,(Lehrbuch) 28; vgl. auch oben 3.1.2) die Zugangsberechtigung zu einem
   INA (i.e.S.) abgestuft werden sollte.

3) Z.B. MTA verkauft Patientenkartei an Adreßverlag; Staatsanwalt oder Versicherung
   wünscht Auskunft über einen Arzt.

4) Dies bedeutet für übergeordnete Informationssysteme die Forderung nach deren definierter Struktur (in Erweiterung des anschließenden Postulats V).

5) Z.B. ist durch amtliche Untersuchungen belegt, daß es etwa im Bereich der sozialen
   Sicherung mit dem Datenschutz keineswegs aufs Beste bestellt ist; vgl. BUNDESMINISTER
   FÜR ARBEIT UND SOZIALORDNUNG (Empfehlung). § 35 SGB hat ungeachtet des guten Willens
   seiner Verfasser die praktischen Probleme eher noch vermehrt; so zutreffend HEUSSNER
   (Bundesdatenschutzgesetz) 353 ff.

6) Hier den weitergehenden Schutz der medizinischen Daten!

4.4.5   POSTULAT V: DEFINIERTE STRUKTUR

Erläuterung: Das Abschottungspostulat (III) führt folgerichtig zum Wunsch nach "definierter Struktur" des Systems. Das Definitionspostulat dient der Erhöhung der Transparenz [1] von INA durch Offenlegung möglicher Gefahrenquellen.

Wenn ein Informationssystem in seinen wesentlichen Elementen hinreichend genau bestimmt ist, kann es vom Betroffenen (wenn auch unter Beiziehung sachkundiger Hilfe) leichter durchschaut werden; Schwachstellen sind eher erkennbar, Abwehrmaßnahmen haben bessere Erfolgschancen.

Der Grundsatz besagt im einzelnen die eindeutige Bestimmtheit und Abgeschlossenheit [2] der

- Informationsbahnen und zugelassenen Informationsveränderungen (der Informationsprozesse) im Innern sowie der Informationskanäle (Schnittstellen) nach außen

- Zahl und Qualifikation der berechtigten Benutzer und Interessenten

- juristischen Verantwortlichkeit und Haftung innerhalb des Systems bei Reaktionen der Umwelt (z.B. Schadenersatzansprüchen von Patienten aus Verletzung der ärztlichen Schweigepflicht)

- Grenzen des Systems

- rechtlichen Organisationsform.

Das Prinzip der definierten Struktur will keine statische Festschreibung des Systems; es soll lediglich diejenigen Veränderungen erschweren, die nicht von der Leitung von INA mitverantwortet werden können, und läßt darum verantwortete (definierte) Änderungen selbstverständlich zu [3].

---

1) Transparenz ist Voraussetzung für eine effiziente Kontrolle, gleichgültig ob diese von den Betroffenen individuell, oder kollektiv durch eine Kontrollinstanz oder durch Medien der Öffentlichkeit wahrgenommen werden soll.

2) Die Struktur muß nicht nur wohl definiert, sondern auch in allen Teilen abgeschlossen sein. Offene Zweige ("vielleicht kann man das später noch brauchen") sind in aller Regel Ansatzpunkte für spätere Gefahren (trap doors) - Hinweis DIERSTEIN.

3) Das Prinzip (formuliert anfangs 1974) hat sich inzwischen ungeachtet seiner Abstraktheit bereits in der Praxis bewährt, anscheinend weil es dem Formalismus der DV entgegenkommt.

4.4.6 POSTULAT VI: MÖGLICHSTE EINFACHHEIT

Erläuterung: Es bezweckt die quantitative Minimierung der definierten Struktur [1] im Hinblick auf die leichtere Überschaubarkeit und Beherrschung des Gesamtsystems. Es bedeutet, daß im Rahmen des Fachzwecks von INA zur Ermöglichung der Kontrolle die Systemelemente eine bestimmte Mindestgröße nicht unterschreiten dürfen, ihre Zahl festgelegt (dies folgt bereits aus Postulat V) und zugleich möglichst niedrig gehalten wird; konkret etwa: möglichst wenig Terminals mit möglichst wenig Zugangsberechtigten im Rahmen einer Arztpraxis.

4.4.7 POSTULAT VII: VERTEILTE KONTROLLE

Erläuterung: Das Postulat VII will eine kostensparende und zugleich funktionsgerechte Kontrollorganisation erreichen. Es verteilt die Kontrolle, modernen organisationstheoretischen Erwägungen folgend, auf die verschiedenen Ebenen und Elemente des Informationssystems.

Es fordert unterschiedliche Vorgehensweisen:

- auf der Ebene der D a t e n zur Einhaltung ihrer Kontextualität;

- auf der Ebene der V e r f a h r e n die differenzierte Behandlung der manuellen und der automatisierten Prozesse, insbesondere bei letzteren durch Programmkontrolle;

- auf der Ebene der O r g a n i s a t i o n und des R e c h t s die differenzierte Behandlung der allgemeinen Organisation [2] des medizinischen Systems und des informationstechnischen Teils (INA i.e.S.); der Subsysteme zueinander; Trennung der fachlichen und der technischen Verantwortung [3]; differenzierte Behandlung von verschieden qualifizierten und/oder autorisierten Benutzern [4];

---

1) D.h. die zahlenmäßige Verkleinerung der eben (4.4.5) genannten Elemente.

2) Man bemerkt die auch sonst bei DV-Einführung auftretende Differenzierung der bisherigen Verwaltung in einen Bereich herkömmlicher Verwaltungs- und technisch geprägter Informationsorganisation - unten 5.4.1 sowie 5.7 (rechtliche Organisation).

3) Unten 5.4.5, 5.4.7.

4) Unten 5.5.1 ff.

- auf der Ebene der R e l a t i o n zum Umsystem [1] die differenzierte
  Behandlung erstens von Benutzern und bloßen Interessenten, zweitens
  der verschiedenen Typen von Informationsinteressenten, je gesondert
  bei manueller (z.B. Datenträgeraustausch) und automatisierter Informationsweitergabe;

jeweils nur w e n n u n d s o w e i t der Schutz Betroffener diese
Ausnahmen vom Ökonomie- und Einfachheitsprinzip (I; VI) erzwingt.

Konkretisiert auf der Ebene der fachlichen und technischen Organisation eines medizinischen Informationssystems ergibt sich daraus die
F o r d e r u n g d e r d o p p e l t e n V e r a n t w o r t -
l i c h k e i t der Beteiligten:

Da INA i.w.S. eine Menge von teils technischen, teils humanen Teilsystemen darstellt, die insgesamt auf kollektiver Ebene die ärztliche Schweigepflicht realisieren, da aber zugleich die ärztliche Schweigepflicht des
einzelnen Arztes undelegierbar erhalten bleibt [2], ergibt sich das Erfordernis einer doppelten (individuellen und kollektiven) Verantwortlichkeit, und damit einer doppelten (individuellen und kollektiven) Kontrolle,
nämlich auf der Ebene durch den einzelnen Arzt und auf der kollektiven
Ebene (INA i.w.S.) durch ein entsprechendes Subsystem.

Dies bedeutet, daß eine rechtliche Organisationsform gewählt werden muß,
die

- die individuelle Verantwortlichkeit des Arztes auch im Rahmen des
  Gesamtsystems bestehen läßt [3] - "Selbstkontrolle"

- eine kollektive Verantwortlichkeit für das Gesamtsystem gewährleistet.

Für letztere muß innerhalb von INA eine eigene Instanz für die Kontrolle
zuständig werden, die unter Beachtung des Ökonomieprinzips kostensparend
organisiert sein soll, zugleich aber die informationstechnische Transparenz wie die medizinische Verantwortlichkeit in ihren juristischen Formen nach außen zu repräsentieren hat, und somit eine gemäßigte Form der
Fremdkontrolle darstellt.

---

1) Unten 5.6.

2) Insoweit zutreffend: FRIEDRICHS (Computer), der bereits in der Eingabe in eine EDVA
   einen Vorstoß gegen diesen Grundsatz sieht.

3) Vgl. dazu auch unten 3.1.2.

4.4.8   POSTULAT VIII: REALISIERUNG DES ZUSÄTZLICHEN SCHUTZES

<u>Erläuterung</u>: Die Forderung nach primär technischer Absicherung des Daten-
schutzes (oben Postulat II) bietet einen weiteren Vorteil: Mit geringem
Zusatzaufwand kann ein höherer Schutz der Betroffenen als bisher erreicht
werden.

Es wäre wenig sinnvoll alten Wein in neue Schläuche zu gießen, oder anders,
mit den modernsten Mitteln der ADV-Technologie den gegenwärtigen allseits
als unzureichend erkannten Sicherheitszustand der ärztlichen Information
zu zementieren. Vielmehr sollte die Möglichkeit benutzt werden, durch
diese Technik eine qualitative Steigerung des Schutzes zu erreichen - dies
um so mehr, als die hierfür notwendigen Aufwendungen wegen eben dieser
Technik verhältnismäßig gering sind: Ein Stahlschrank, oder gar ein
Schreibtisch des Arztes bieten einen geringeren Schutz als die dezen-
trale und möglicherweise verschlüsselte Speicherung von Patienteninformationen in zwei verschiedenen Dateien [1].

4.4.9   POSTULAT IX: BETEILIGUNG DER BETROFFENEN

<u>Erläuterung</u>: Das Postulat des zusätzlichen Schutzes (VIII) mindert nur
Gefahren, vermehrt noch nicht die Chancen in Richtung auf eine "menschen-
freundlichere" Gestaltung des Systems. Es ist darum zunächst zu erweitern
um das Postulat der Beteiligung der Betroffenen an der Gestaltung von
INA [2].

Diese Erweiterung von Postulat VIII [3] zieht die organisatorische Folgerung aus der empirischen Erkenntnis, daß hochtechnisierte Systeme, über-
läßt man sie ihrem eigenen Gefälle, durch bloß negative Absicherung allein nicht nur nicht menschenfreundlich werden, vielmehr im Gegenteil

---

1) Die These des letzten Satzes gilt nicht uneingeschränkt, sondern nur bei ADV-gemäßer
   Sicherung. Zu bedenken sind dabei
   - erhöhte Datenkonzentrationen in maschinellen Systemen,
   - neuartige und vielfältige Zugriffsmöglichkeiten,
   - andere Möglichkeiten der Weitergabe und Übertragung,
   - völlig neue Möglichkeiten des Kopierens, der Einsichtnahme wie auch des Zugriffs
     zum Zwecke der Verwertung. - Es ist gegenwärtig zu bezweifeln, ob die bekannten
   Sicherungstechnologien den neuen Mißbrauchsmöglichkeiten hinreichend gewachsen sind
   (Mitteilung DIERSTEIN).

2) Während die Beteiligung der Benutzer nicht eigens postuliert zu werden braucht.

3) Im ursprünglichen Vorschlag noch nicht enthalten.

zur Subsumtion des Menschen unter die Technik tendieren. Sie bedürfen der positiven Mitgestaltung des Ob und Wie durch die Betroffenen als Mindestvoraussetzung, wie das Beispiel der sich verselbständigenden Atomtechnologie mit ihren extensiven Überwachungsfolgen lehrt.

Damit kann zweierlei erreicht werden:

- die antizipierte Konfliktbereinigung zur besseren Funktion des geplanten Systems

- die Veränderung der Planung durch Berücksichtigung der Bedürfnisse nicht nur der Benutzer und Interessenten.

4.4.1o   POSTULAT X: ÜBERSCHAUBARES SYSTEM

Erläuterung: Vollends den traditionellen Datenschutzbereich verlassend fordert Postulat X "überschaubare Systeme" (man-sized systems) [1] in Ausweitung des Definitionspostulats (V). Gerade die neueren Entwicklungen der Datentechnologie (Klein- und Kleinstanlagen mit hoher Speicher- und Verbundkapazität sowie Anschluß externer Mikroprozessoren; Verbund verschiedener Informationstechnologien) haben diese Möglichkeit eröffnet. Somit wird von der Technik her auch im Informationssektor eine Entwicklung erkennbar, die sich seit langem in der ökologischen Diskussion abzeichnet.

Es spricht für den Weitblick der Designer von INA, daß dieses Informationssystem durchaus als Versuch in diese Richtung gewertet werden kann.

---

1) WSt (Auswirkungen) 58 ff. - Vgl. hierzu die - unter etwas abweichenden Prämissen geführte - Diskussion in der American Computer Society über Humanizing Computerized Information Systems, z.B. bei STERLING (Humanizing).

5. DATENSCHUTZKONZEPT - REALISIERUNGSVORSCHLAG

Da der Endausbau des Systems zugrunde gelegt wird, ergeben sich die
Datenschutzmaßnahmen der Phasen vor dem Endausbau im wesentlichen als
Teilmenge der Maßnahmen der G e s a m t konzeption. Hierauf wird im
weiteren nicht mehr eingegangen.

Die H a u p t m e r k m a l e der im folgenden vorgeschlagenen Datenschutzkonzeption bestehen in der

(1)   konsequenten technischen D e p e r s o n a l i s i e r u n g
        aller dem Datenschutz unterliegenden und durch ADV zu verarbeiten-
        den Daten - damit erübrigt sich das problematische "sensitivity-
        grading"; [1)]

(2)   D i f f e r e n z i e r u n g zwischen Informations- und recht-
        licher Organisation zwecks Minimierung letzterer;

(3)   Definition einer p e r s o n e l l e n "S c h n i t t s t e l-
        l e", die zugleich die Datenschutzverantwortlichkeit nach innen
        und außen wahrnimmt;

(4)   Errichtung eines - mit (3) personell identischen - K o n -
        t r o l l- u n d F r e i g a b e g r e m i u m s, das die
        Offenheit des Systems für künftige Entwicklungen garantiert, ohne
        zugleich Datenschutzanforderungen zu verletzen;

(5)   Einbeziehung eines D a t e n s i c h e r u n g s p a k e t s
        zur Absicherung der Datenschutzvorkehrungen.

Zugrunde liegt der Gedanke der gleichzeitigen und gleichberechtigten
R e a l i s i e r u n g z w e i e r g e g e n s ä t z l i c h e r
A n f o r d e r u n g e n :
    - der möglichst vollständigen Abschottung des Systems nach außen,
      um die ärztliche Schweigepflicht strukturell zu verankern,

---

1) Vgl. hierzu wieder BING (Classification).

- der optimalen Bereitstellung von Informationen für übergeordnete
  gesundheitspolitische und allgemeine Planungszwecke sowie für
  die wissenschaftliche Forschung.

Eigens sei darauf hingewiesen, daß der Konkretisierungsgrad von INA derzeit noch nicht hoch genug ist, um sinnvolle Vorschläge für N o t -
f ä l l e machen zu können. Gleichwohl sind hierfür Vorkehrungen zu
treffen: Hier (und in ähnlichen, genau zu definierenden Notsituationen)
müssen normale Datenschutzanforderungen zurücktreten können, ohne daß
zugleich andere Patienten gefährdet werden. Möglicherweise genügen hierfür

- ein besonderes Protokollverfahren für die Benutzer und die getroffenen Maßnahmen

- die Statuierung einer besonderen persönlichen Verantwortung des/der
  den Notfall behandelnden Arztes/Ärzte

- die bedingte Repersonalisierung in übergeordneten Systemen, unter
  den gleichen Voraussetzungen, sowie mit anschließender Benachrichtigung des untergeordneten INA.

Die vorzuschlagenden M a ß n a h m e n   i m   e i n z e l n e n ergeben
sich aus

- einer allgemeinen Einschätzung von Bedeutung und Konsequenzen der
  ADV [1]

- den allgemeinen datenschutzrechtlichen Hypothesen [2]

- den besonderen datenschutzrechtlichen Anforderungen für ein INA. [3]

Sie greifen ein auf allen Ebenen des Informationssystems. Jedoch erst
ihre Gesamtheit ergibt das System des Datenschutzes für INA, und nur,

---

1) Vgl. oben 4.; 4.1.

2) Oben 4.2.

3) Oben 4.3/4.4.

wenn man die zusätzlich vorgeschlagenen Datensicherungsmaßnahmen als
notwendige Ergänzung begreift. Sie sind darum auf allen Stufen der
Erörterung mit einzubeziehen, auch wenn sie hier aus Gründen des Umfangs
und der Bedeutung in einem eigenen Abschnitt dargestellt werden. [1]

Zur Vermeidung naheliegender Mißverständnisse ist es vielleicht nicht
überflüssig zu bemerken, daß es sich um Formulierungen normativer organisatorischer Anforderungen handelt, deren hard- und softwaremäßige
Interpretation und Implementierung in den meisten Fällen erst noch zu
leisten ist.

5.1 VORSCHLÄGE AUF DER EBENE DER HARDWARE (EINSCHLIESSLICH BETRIEBS-SYSTEM)

Bis zum Nachweis der Datenschutzvorkehrungen auf Seiten des Empfängers
ist vorerst jede a u t o m a t i s i e r t e   W e i t e r g a b e [2]
von geschützten Daten an Interessenten und jeder undefinierte Zugriff
von außen verboten. [3]
Dies ergibt sich aus dem Postulat des "undichten Dritten". Darum sind
auch die entsprechenden technischen Vorkehrungen hierzu untersagt. Insbesondere ist die erforderliche Programmgenehmigung nicht zu erteilen. [4]
Das Verbot gilt, bis der Empfänger mit hoher Wahrscheinlichkeit seine
Berechtigung nachweist. [5]

Für die grundsätzlich zuzulassende - unter dem Gesichtspunkt der ärztlichen Schweigepflicht sogar zu favorisierende - D a t e n f e r n v e r -
a r b e i t u n g   der angeschlossenen Ärzte gehört als datenschutzmäßi-
ges Komplement die Leitungskodierung. [6]

---

1) Unten 6.

2) Bewußt wurde der umgangssprachliche Begriff der "Weitergabe" hier dem rechtstechni-
schen der Übermittlung vorgezogen, da letzterer durch das BDSG einen sehr speziellen
Inhalt bekommen hat; vgl. die Definition § 2 Abs. 2 Ziff. 2.

3) Dies wäre ein Verstoß gegen das Delegationsverbot und brächte die von FRIEDERICHS
(Computer) 228 f. geäußerten Bedenken zum Tragen.

4) Unten 5.3.2.

5) Für näheres vgl. unten 5.6.4.

6) Die hier genannten Anforderungen auf der Ebene der Hardware gehören an sich zu dem
Komplex der Datensicherung (unten 6.) und stellen lediglich eine Ergänzung der dorti-
gen Ausführungen dar.

5.2 VORSCHLÄGE AUF DER EBENE DER DATEN

Das Ziel der Vorschläge ist die Gleichbehandlung aller Daten bei hohem Sicherheitsniveau mit relativ geringem Aufwand unter Berücksichtigung der Weitergabepflichten.

5.2.1 Depersonalisierung durch Patientennummer

Im Mittelpunkt des Datenschutzkonzepts für INA steht der Vorschlag der Depersonalisierung von auf Personen beziehbaren Daten (des Patienten; selbstverständlich von Dritten; möglicherweise auch des Arztes) innerhalb des technischen Subsystems. Darunter wird verstanden eine T e i l - a n o n y m i s i e r u n g der Daten derart, daß zwar die Zuordnung der Daten zu einem einzigen individuellen Merkmalsträger bestehen bleibt,[1] der Merkmalsträger selbst jedoch (als "Person") erheblich schwerer identifizierbar wird.

Dies wird erreicht durch Substituierung der Bezeichnung der Person (Name und Adresse bzw. Personenkennzeichen) durch eine hier sogenannte Patientennummer. Ihre automatische Generierung durch das System bei datensicherungsmäßig berechtigter Anfrage aus der Praxis muß (nach Übergangszeit) gewährleistet sein, um eine gegenüber der manuell geführten Kartei konkurrenzfähige Zugriffszeit zu erreichen, da sonst das System vom Benutzer nicht angenommen wird.

Um den Verschlüsselungszweck zu erreichen, ist die Patientennummer (z.B. mit Hilfe eines Zufallszahlengenerators) so zu vergeben, daß aus ihr selbst ohne hohen technischen Aufwand weder der Patient noch der behandelnde Arzt (!) [2] erkennbar ist.

Ob die Patientennummer entsprechend a u c h a n D r i t t e vergeben werden muß (z.B. Angehörige im Rahmen der Familienanamnese), wird zu prüfen sein. Dies dürfte nur bei meldepflichtigen Krankheiten von Nutzen sein.

Die Organisation der V e r g a b e der Patientennummer geschieht durch

---

1) Sonst ist z.B. die gemeinschaftliche Labornutzung unmöglich.

2) Die Vereinbarkeit mit den angestrebten maschinenlesbaren Identifizierungsmitteln ist noch zu untersuchen.

DIC bzw. das Rechenzentrum. Sie bedarf der Billigung durch das Kontrollgremium von INA. [1)]

Es bedarf keiner weiteren Begründung, daß die b l o ß e A n o n y m i -
s i e r u n g (ohne Patientennummer) im Rahmen von INA undurchführbar
wäre. So könnten die Gemeinschaftseinrichtungen (Labors usw.) nicht
benützt werden.

Damit wird zugleich vorgeschlagen, daß a u c h i m L a b o r die
Patientennummer verwendet wird. [2)]

Die Verknüpfungsdatei sowie das Verknüpfungsprogramm zwischen Patientennummer und persönlichem Kennzeichen (z.B. PKZ) ist besonderen Vorkehrungen zu unterwerfen. "Besondere Vorkehrungen" bedeutet erhöhten Schutz
gegenüber den normalen Datensicherungsvorkehrungen des Systems. Insbesondere wird die A u s l a g e r u n g der Verknüpfungsmöglichkeiten
in die Verantwortlichkeit des Kontrollgremiums empfohlen.

5.2.2 Arztnummer

Vor allem im Hinblick auf einen späteren Einbau von INA in übergeordnete
Systeme wird von vornherein die Vergabe einer zusätzlichen Arztnummer
vorgeschlagen. Aber auch für INA allein wäre sie sinnvoll im Hinblick
auf Leistungs- und Verweisdateien. D i e A r z t n u m m e r i s t
z w e c k m ä ß i g m i t d e r P a t i e n t e n n u m m e r z u
v e r b i n d e n. Erst beide zusammen erbringen den (auch für Planungs-
und Forschungszwecke) erwünschten Effekt. Wegen des Persönlichkeitsrechts
des Arztes ist sie technisch gleich oder ähnlich zu codieren wie jene,
da sie nicht nur zur Identifikation, sondern zugleich zur Verschlüsselung
(Unkenntlichmachung) des behandelnden Arztes dient. [3)]

Hier treten bei der Weitergabe die gleichen Fragen auf wie bei der
Patientennummer: Weiteren Untersuchungen sei es vorbehalten zu klären,

---

1) Unten 5.4.7 (2).

2) Dabei kann offenbleiben, ob das rechtlich so sein muß. Grundsätzlich sind jedenfalls
   Laboranten in den "Kreis der Wissenden" einbezogen (vgl. BOCKELMANN, in PONSOLD (3.)
   12).

3) Damit wird der behandelnde Arzt nach außen unerkennbar.

ob wirklich in allen Fällen, in denen dies bisher üblich ist, auch künftig Name und Adresse des Arztes (bzw. sein PKZ) preisgegeben werden muß, oder ob eine abstrakte Arztnummer genügt. Dies ist besonders wichtig für die Eingabe von Patienten- und Arztdaten in Planungs- und Forschungs-Informationssysteme. Dort werden zwar Merkmalsträger individueller Art, keinesfalls jedoch die Kennzeichnung der Personen selbst benötigt.

Für die Reindividualisierung bei Langzeituntersuchungen wird unten ein Verfahren vorgeschlagen. [1]

5.2.3 Verschlüsselung

Ob darüber hinaus eine zusätzliche Verschlüsselung in Einzelfällen oder generell (z.B. hinsichtlich der bemerkenswerten Sozialanamnese) notwendig werden kann, bleibt zu erwägen. [2] So ist es möglich, daß ein Patient eine zusätzliche Verschlüsselung wünscht (wofür eine eigene und besonders geschützte Routine im System ohne große Aufwendungen vorzusehen wäre), weil er bestimmte Informationen auf jeden Fall von der Weitergabe ausschließen will. [3] E i n f a c h e r   w ä r e   h i e r   f r e i l i c h d i e   N i c h t a u f n a h m e   d e r   I n f o r m a t i o n   i n d a s   A D V - S y s t e m. Hierzu ist der Arzt auf Wunsch des Patienten immer berechtigt. [4]

Doch soll diese Frage nicht weiter verfolgt werden, da sie reduzierbar ist auf die Frage nach dem legitimen Informationsbedarf systemexterner, insbesondere übergeordneter Stellen.

5.2.4 Bedingte Aufhebung der Depersonalisierung

Die Depersonalisierung (bzw. Verschlüsselung) wird nur aufgehoben, wo dies zumindest zeitweise erforderlich ist; dies ist der Fall

---

1) Unten 5.6.5 (4).

2) Vgl. DANIELS/SCHAEFER (Zusammenfassung) 55 ff.; zur rechtlichen Problematik vgl. oben 3.1.2/3.

3) Sc. soweit er dies überhaupt rechtswirksam kann (vgl. oben 3.1.3).

4) Anders das Hessische Krankenhausgesetz § 14!

- in der Praxis des behandelnden Arztes (dort geschieht dies automatisch durch das technische System)

- bei Weitergabe an Dritte, die zum Empfang patientenbezogener Daten berechtigt sind [1], wo es also auf die konkrete Person und nicht die abstrakte individuelle Merkmalskombination ankommt

- im Rahmen der gesetzlichen und der berechtigten vertraglichen Weitergaben, sofern ebenfalls sicher ist, daß die Weitergabe auch gerade hinsichtlich der Person, und nicht nur der abstrakten individuellen Merkmalskombination geschehen muß

- in definierten Notfällen in übergeordneten Informationssystemen, bei Beachtung der eingangs geschilderten Vorkehrungen.

In dieser Hinsicht ist das Schnittstellenverzeichnis einer vertieften Untersuchung bedürftig; es ist keineswegs geklärt, ob in allen dort genannten Fällen sicher immer nur die Person gemeint ist. Diese Untersuchung kann aber nicht im Rahmen von INA geschehen.

Im übrigen verlangt die R e p e r s o n a l i s i e r u n g (=das Versehen der Daten mit den persönlichen Kennzeichen) bei der Weitergabe an Systemexterne im Rahmen von DOC bzw. DIC besondere organisatorische Maßnahmen, die im Rahmen der Kontrollorganisation erörtert werden.

5.2.5 Manuelle Informationsverarbeitung

Für die verbleibende "manuelle" Informationsverwaltung in den Praxen und Labors (z.B. manuelle Patientenkartei) genügen zunächst die herkömmlichen Standards; es ist nur dafür Vorsorge zu treffen, daß zwischen manueller Kartei und den Dateien des automatisierten Systems keine Verbindungen bestehen und auch nicht durch Unberechtigte hergestellt werden können. [2]

Es bedarf hierzu also besonderer "Datensicherungsmaßnahmen" für die Patientenkartei. Es kann nicht angehen, daß sie, wie bisher, für jedermann in der Praxis greifbar ist. [3] Denn durch die abstrakte Verbind-

---

1) Vgl. das Schnittstellenverzeichnis unten 5.6.5.

2) Werden solche Verbindungen hergestellt, sei es durch Berechtigte oder nicht, dann unterliegt auch die manuelle Kartei sofort den Bestimmungen des BDSG (vgl. den - juristischen - Dateibegriff § 2 Abs. 3 Ziff. 3 BDSG).

3) Das bedeutet, daß auch innerhalb des "Kreises der Wissenden" abgestufte Zugangsrechte geschaffen werden.

barkeit mit dem automatischen Teilsystem erhält die manuelle Kartei
eine andere Qualität: Sie wird wesentlich leichter auswertbar. Darum
muß hier eine gewisse Normierung Platz greifen, die unten im Rahmen
der Benutzer zu erörtern ist.

5.2.6 Spezielle Datenprobleme

(1) Eine Schwierigkeit besonderer Art liegt in dem Umstand, daß Datenkategorien allgemein leicht ineinander zu überführen sind, wenn die
entsprechenden Hilfsdaten, Verknüpfungsprogramme und/oder Zusatz-
kenntnisse im System vorhanden sind (z.B. Sach- in Personendaten;
aggregierte in individuelle; anonymisierte in repersonalisierte;
und umgekehrt).

Diese T r a n s f o r m i e r b a r k e i t d e r D a t e n -
k a t e g o r i e n ist bekannt, [1] spielt aber im Rahmen von INA
bei entsprechender Programmkontrolle und Abschottung (und nur dann)
keine entscheidende Rolle. Immerhin ist auf die Frage hinzuweisen;
sie bedarf im Rahmen größerer und übergeordneter Systeme einer
systematischen Lösung. Sie ist auch der Grund, warum bei einem
Informationssystem grundsätzlich alle Daten in den Schutzbereich
einbezogen werden müssen.

(2) Die p r a g m a t i s c h e D i m e n s i o n d e r D a -
t e n [2], ungenau auch Kontextabhängigkeit genannt, stellt ein
Datenschutzproblem ersten Ranges dar. Darunter versteht man die
Tatsache, daß syntaktisch und semantisch völlig identische Informationen je nach Herkunfts- und/oder Benutzungszusammenhang sehr verschiedenen Stellenwert einnehmen können, dadurch verschiedene (im
übertragenen Sinn) "Bedeutungen" [3] erhalten. Erst recht trifft
dies für semantisch verschiedene Informationen zu: Die pragmatische
Kontextabhängigkeit erhöht (gelegentlich auch: verringert) die
Unterschiede zusätzlich.

Die in der konventionellen Medizin geübte Praxis der Diagnoseweiter-
gabe ist ein Musterbeispiel für derartige kontextbezogene Informa-

---

1) Hierzu die Ausführungen oben 4.2.2.

2) Vgl. KLAUS (Kybernetik) Stichworte "Pragmatik" und "Semiotik".

3) "Bedeutung" im üblichen Sprachgebrauch (vgl. wieder KLAUS: Kybernetik, Stichwort
"Semiotik") gehört dagegen in den Bereich der Semantik.

tionsveränderung. Jedes Überweisungsschreiben eines Arztes wird
beispielsweise in seiner Wortwahl, in der Art der übermittelten
Angaben, in der Umschreibung der Sachverhalte den Adressaten berücksichtigen. Eine zu übermittelnde Krankheitsbeschreibung wird
vom Absender mit völlig anderen Worten beschrieben, je nachdem
ob der Empfänger eine Krankenkasse, ein Facharzt, ein allgemeiner
Arzt, eine Gesundheitsbehörde, ein Betrieb, ein Gericht oder anderes
ist.

Dieses Problem wird in der juristischen Datenschutzdiskussion seit
1970 diskutiert. Seine Hard- und Software-Konsequenzen sind gleichwohl bis heute unerforscht geblieben.

Im Rahmen von INA wird es relevant vor allem in Zusammenhang mit
den verschiedenen Arten von Diagnosen (z.B. Gefälligkeits-, Recht-
fertigungs-, Überweisungsdiagnosen). Da die Weitergabe der (für
einen Zweck) "richtigen" Diagnosen in einem anderen Zweckzusammen-
hang für den Patienten (und ggfs. für den Arzt) schwere Schäden
hervorrufen kann, wird vorgeschlagen, für derartige kontext- und
zweckabhängige Informationen im Rahmen der Dateiorganisation eine
Herkunftsdatei zu führen. Ihre Verknüpfbarkeit mit der Adressen-
datei (-kartei) muß gewährleistet sein.

Für eine weitere Datenkategorie reicht allerdings auch diese Vorkehrung nicht aus: die semantisch und pragmatisch korrekte, aber
s i g m a t i s c h [1] unzutreffende Diagnose (= der Arzt stellte
eine Diagnose, die er für richtig hält, die aber nicht mit der
Wirklichkeit übereinstimmt: "Fehldiagnose"). Sie ist eher eine
Frage der Datenerfassung und -pflege; sie kann mit den klassischen
Mitteln der Automation kaum gelöst werden.

(3)   Eine weitere Datenart bedarf besonderer Erörterung: die K e n n -
z e i c h e n (z.B. PKZ, Arzt- und Patientennummer).

Auf die Problematik des G r u p p e n k e n n z e i c h e n s
(z.B. für Gruppen- und Gemeinschaftspraxen) sei lediglich hingewiesen. [2]

---

1) KLAUS (ebd.).

2) Diese Problematik gehört zum sog. Gruppendatenschutz; zu diesem WSt u.a. (Gutachten)
55 und 92; sowie vgl. DJT (Grundsätze) 29 ff.

Die Frage scheint dadurch entschärft, daß der Rechtsausschuß des
Deutschen Bundestags das PKZ für verfassungswidrig hielt, so daß
das Bundesmeldegesetz in der damaligen Fassung, das die Einführung des PKZ vorsah, nicht das Parlament passieren konnte. [1]
Aber es steht zu erwarten, daß ein PKZ oder Äquivalent in dieser
oder jener Form kommen wird. Für diesen Fall gelten die weiteren
Erörterungen.

Zunächst wird nach reiflicher Überlegung dafür plädiert, daß ein
solches PKZ nach seiner Einführung im Rahmen von INA verwendet
werden soll. Dafür spricht nicht nur der Rationalisierungseffekt -
er wäre gegenüber dem Personenschutz nachrangig -, sondern vor
allem der gesetzlich normierte Daten(träger)austausch mit den gesetzlichen Krankenversicherungen und anderen Institutionen, die
mit Sicherheit, so darf prognostiziert werden, die Versicherungsnummer durch das PKZ ersetzen werden. Wir teilen nicht die Auffassung, daß neben dem PKZ sich auf Dauer eine Versicherungsnummer halten wird.

Dem Einwand, daß ein PKZ umständlich (zu lang) sei und zu unver-
tretbarem Zeitaufwand führe, wird im Rahmen von INA auf doppelte
Weise zu begegnen sein: erstens durch automatische Generierung
der (kürzeren) Patientennummer, zweitens durch den Hinweis auf die
noch wesentlich längere Anführung des Namens mit der Adresse bzw.
Versicherung.

Der durch die Einführung des PKZ und anderer Kennzeichen erzielte
Rationalisierungseffekt macht andererseits einen gewissen Aufwand
erforderlich, um Datenzusammenführungen im Sinne von Personenbil-
dern und Verknüpfungsmodellen zu verhindern. Daß im Rahmen von INA
für die Verknüpfungsdateien zwischen PKZ (und Äquivalenten) sowie
Arzt-/Patientennummer besondere Schutzmaßnahmen zu fordern sind,
wurde oben bereits ausgeführt. Daß aber auch seine Weitergabe aus
INA an Private verboten ist, ist Voraussetzung seiner Verwendung
innerhalb von INA.

---

1) Vgl. dazu DEUTSCHER BUNDESTAG (Sachverständigenanhörung) 221 f.; DAMMANN (Bürger)
25 ff.

(4) Unter verfassungsrechtlichem Aspekt ist fraglich, ob die R e l i -
    g i o n s z u g e h ö r i g k e i t in den Stammdatensatz aufzu-
    nehmen ist [1], auch wenn sozialanamnestische Gründe dafür (und
    entsprechende Vorurteile dagegen) sprechen.

5.2.7 Auswirkungen dieser Vorschläge

Dieses Verfahren der Depersonalisierung der INA-Daten schafft einen
fast vollständigen Schutz von auf Personen beziehbaren Daten innerhalb
von INA, und dies mit verhältnismäßig geringem Aufwand.

Zugleich wird ein weiterer Vorteil erreicht, der nicht hoch genug einge-
schätzt werden kann: die Gleichbehandlung aller Daten auf einem relativ
hohen Sicherheitslevel, ohne das riskante und problematische "sensitivity
grading" mit seinen Datenorganisationsproblemen, aber unter Einschluß
der auf den Arzt bezogenen Daten (nicht nur der Patient, sondern auch
der Arzt hat seine "Privatsphäre"!).

Somit bestehen grundsätzlich nur drei Datenkategorien innerhalb von INA:

- auf Personen beziehbare (und darum depersonalisierte) Daten
- sonstige Daten
- dazu die Kennzeichen und Verknüpfungsdaten.

Schließlich wird (bei geeigneter Gestaltung der Patientennummer) auch
die externe Verwendbarkeit von Patienten- und Arztnummer mit den zugehörigen Daten im Rahmen der sozial- und gesundheitspolitischen Planung
erreicht.

---

1) Dies wurde bei der Systemkonzeption in Erwägung gezogen.

5.3 VORSCHLÄGE AUF DER EBENE DER INFORMATIONSBAHNEN UND PROGRAMME

Aus den oben angeführten Datenschutzpostulaten lassen sich folgende Anforderungen an die zugelassenen Informationswege und Informationsoperationen von INA ableiten:

5.3.1 Minimierung des manuellen Informationsverkehrs

Wenn undefinierte Informationsbahnen und Informationsveränderungen nicht
zugelassen sind, dann muß - erste Konsequenz - der manuelle Informationsverkehr zwischen den einzelnen Subsystemen von INA (zwischen den Praxen;
zwischen Praxis und Labor; usw.) auf ein Minimum beschränkt werden.

Denn der manuelle Informationsverkehr ist kaum normierbar, ist "informell". Da der manuelle Informationsverkehr nach Einführung der ADV größere Bedeutung erhält, darf die bisherige (nachlässige) Praxis nicht uneingeschränkt bestehen bleiben. Hier liegt im raschen Ausbau der automationsunterstützten Kommunikation eine wesentliche Verbesserung des Datenschutzes.

Im übrigen genügt es angesichts der Rechtslage, wenn für das manuelle System definierte Verantwortlichkeiten für Datenweitergaben innerhalb von INA geschaffen werden, etwa im Rahmen des Organisationsstatuts von INA. [1]

5.3.2 Programmkontrolle

Hinsichtlich des automatisierten Teilsystems verlangt das Postulat der definierten Datenbahnen und -operationen zweckmäßigerweise eine konsequente Programmkontrolle: Welche Datentransporte und Datenveränderungen innerhalb des automatisierten Systems bei gegebener Hardware möglich sind, wird bestimmt durch die Menge der vorhandenen Programme. [2] Die Definition der Datenbahnen und Datenoperationen kann also reduziert werden auf die D e f i n i t i o n   d e r   P r o g r a m m e. [3]

Definierte Programme verlangen
   (1)   die ausschließliche Zulassung von standardisierten höheren Programmsprachen [4]. Es ist dafür Sorge zu tragen, daß Hersteller

---

1) Vgl. 5.7.2.

2) Die hier aufgestellten Forderungen der Programmkontrolle führen offensichtlich zur Einrichtung einer Methodenbank. Dem Anwender werden nur parameterisierte Methodenaufrufe (Programmaufrufe) zur Verfügung gestellt. Damit wird die Notwendigkeit der Freigabe und der Mitwirkung des Datensicherungsbeauftragten usw. zur Selbstverständlichkeit. Jede Programmänderung, insbesondere auch im Rahmen der Programmwartung, unterliegt in der gleichen Weise den Freigabeprozeduren. Die besonders gefährdeten Sicherungsprogramme, insbesondere auch die Zuordnungsprogramme für Patientennummer und Personenbezeichnung, sollten auch hardwaremäßig vom eigentlichen INA getrennt in einem besonderen Sicherungsrechner mit eigenem System verwahrt und nur dort eingesetzt werden (Vorschlag DIERSTEIN).

3) Vgl. hierzu PODLECH (Alternativentwurf) 16 ff; 18 ff; 66 ff; in konsequenter Weiterführung von WSt (Stellenwert) 461.

4) z.B. ALGOL, COBOL, FORTRAN; nicht aber ASSEMBLER. Programme in sog. maschinennahen Programmiersprachen sind außerordentlich schwer zu "lesen" und nur unter erheblichem Aufwand kontrollierbar.

ausgewählt werden, die einen von den relativ häufigen Betriebs-
systemänderungen unabhängigen Lauf der in den gewählten Programmiersprachen geschriebenen Programme gewährleisten. (Sogar höhere
Programmiersprachen werden gelegentlich intern verändert);

(2)   die überschaubare, d.h. standardisierte und modulare Programmierung
der Arbeitsabläufe; [1]

(3)   die Freigabe der Programme durch die verantwortlichen Stellen (etwa:
Genehmigung durch den Datensicherungsbeauftragten). [2] Dies wird
erleichtert dadurch, daß INA bisher relativ einfach strukturierte
Software zu benötigen scheint, jedenfalls was den administrativen
und Dokumentationsteil sowie die Informationsweitergaberoutinen
betrifft.

(4)   Das gleiche gilt für Programmänderungen und Programmpflege. Die
beliebte Praxis innerhalb vieler Rechenzentren, aufgrund kurz-
fristiger Benutzerwünsche ad hoc Programme zu erstellen oder zu
verändern, muß dem vorrangigen Erfordernis erhöhter Sicherheit
des Gesamtsystems weichen. Ärztliche Schweigepflicht geht individuellen Benutzerwünschen (auch einzelner Ärzte!) vor.

(5)   Ob das geplante System die automationsunterstützte Prüfung der
Freigabe von Programmen gewährleisten kann, ist nach den gegen-
wärtigen Realisierungshypothesen noch nicht klar zu erkennen.
Jedenfalls benötigen die Prüfungsprogramme erhöhten Schutz.

Dies ist, in den Grundzügen, die Realisierung des Grundsatzes der
Programmkontrolle im Hinblick auf INA. Für Patienten und Arzt gefähr-
liche Datenoperationen können nur durch unerlaubte Datenverarbeitung
entstehen. Unerlaubte Datenverarbeitung setzt aber voraus entweder den
unerlaubten Gebrauch genehmigter Programme - ein Datensicherungsproblem -,
oder aber den unerlaubten Gebrauch ungenehmigter Programme. Es muß also
klar unterschieden werden können zwischen erlaubten und unerlaubten
Programmen. Dieser Unterscheidung dienen die oben angegebenen Prozeduren.

Die Programmfreigabe und ihre formelle Bestätigung durch einen ausdrück-

---

1) Die Standardisierung der Programmierung wurde neuestens vorangetrieben durch
Untersuchungen großer Hersteller und durch einschlägige Vorschriften im Rahmen
von Automatisierungsvorhaben der öffentlichen Hand.

2) Siehe unten 5.5.4.

lichen Akt des Datensicherungsbeauftragten setzt freilich dessen Mitwirkung bei der Programmerstellung voraus. Eine nachträgliche Überprüfung ist in vertretbarer Zeit völlig unmöglich. Sie ist freilich
aus wirtschaftlichen Gründen bei kleineren Projekten nur im Rahmen
von Pilot-Studien, im übrigen kooperativ mit größeren übergeordneten
Systemen zu realisieren.

Wie sich bei Automationsvorhaben der öffentlichen Hand zeigt, setzt
sich dort die formelle Programmfreigabe mehr und mehr durch [1], wobei
aber die Programme zentral erstellt werden, d.h. nicht nur für ein
lokales System, sondern durch überregionale und schwerpunktmäßig
konzentrierte Programmiergemeinschaften.

In diesem Rahmen wird es auch zweckmäßig sein den Datensicherungsbeauftragten anzuhalten, besondere Datensicherungsmaßnahmen zu treffen, die
es verhindern, daß "abstrakte" Programme (mit relativ unbestimmtem
Anwendungsbereich) außer für zulässige Zwecke eingesetzt werden.

5.3.3 Funktionsentmischung von Daten

Dagegen scheint der durchaus sinnvolle Versuch einer Funktionsentmischung
zwischen medizinischen und nichtmedizinischen Daten im Rahmen von INA
bisher noch nicht hinreichend zu Ergebnissen geführt haben, allenfalls
im Rahmen von LOC und COC.

Es wird weiter zu prüfen sein, ob patientenbezogene Daten in das Auskunftssystem nicht aufgenommen werden sollen. Doch scheint dies kein
grundsätzlicheres Problem zu sein.

---

1) Derartige Freigabevermerke in staatlichen Rechenzentren sind bereits zum Teil
   üblich, zum Teil vorgesehen; vgl. NIEDERSÄCHSISCHER MINISTER DES INNERN (Verfahrensgrundsätze) Ziff. 4.3: Programmfreigabe durch den fachlich zuständigen
   Minister .

5.4 VORSCHLÄGE AUF DER EBENE DER INFORMATIONSORGANISATION

Der Begriff O r g a n i s a t i o n ist mehrdeutig; im Zusammenhang
von Informationssystemen bedeutet er, wie erwähnt, viererlei:[1]

  (1) Technische Organisation (= Rechner-, Daten- und Datenbankstruk-
       tur)

  (2) Ablauforganisation (= Struktur der Arbeits-, insbesondere der
       Informationsprozesse)

  (3) Aufbauorganisation (=institutionelle Strukturierung)

  (4) Juristische Organisation (= Rechtsform).

5.4.1 Differenzierung von allgemeiner und "Informationsorganisation"

Es ist zweckmäßig, hier zunächst auf das P h ä n o m e n   d e s
E n t s t e h e n s einer eigenen Informationsorganisation im Rahmen
von INA einzugehen. [2] Vor Einführung von INA besteht die Einzel- oder
die Gruppenpraxis (o.ä.) als Einheit medizinischer Versorgung im Bereich
des niedergelassenen Arztes. Durch Einführung der ADV differenziert
sich das System (es bilden sich zwei miteinander verbundene Subsysteme),
und verändert sich zugleich (die Relation der beiden Subsysteme verändert das Ausgangssystem):

Ausgangssystem ist eine bestimmte Menge von Ärzten, die ein INA errich-
ten und betreiben wollen. Durch INA tritt eine Differenzierung ein.
Auf die eine Seite tritt das Subsystem der INA betreibenden Ärzte, mit
ihrer bisherigen Praxisorganisation. - Auf die andere Seite tritt INA,
also zunächst das informationstechnische System (z.B. Rechenzentrum) mit
allem was dazu gehört (z.B. Bedienungspersonal, aber auch dessen Leitung, Datensicherungsbeauftragter) einschließlich seiner Verlängerung
in die bisherige Arztpraxis hinein (Arzt-Computer). - Zugleich formt
sich das Ausgangssystem um. Die Ärzte schließen sich rechtlich zum
Betrieb von INA zusammen, setzen eine Leitungsinstitution für INA
(i.w.S.) ein: es entsteht ein "Dach" zwischen herkömmlicher Praxis- und
neuer Informationsorganisation.

---

1) Siehe oben 2.1 (5) zur Terminologie.

2) Vgl. WSt (Organisation) 189 ff; (Stellenwert) 462 zur Genese in der allgemeinen
    Verwaltung.

Schließlich verändert sich auch die (Ablauf-) Organisation im bisherigen
System der angeschlossenen Ärzte: die Ärzte werden zu "Benutzern"; sie
stellen technisches Hilfspersonal bereit, ändern ihr Entscheidungsver-
halten und ihre Praxisorganisation im Hinblick auf DOC, LOC, COC und
nicht zu übersehen - NIC.

Damit tritt aber - in veränderter Perspektive - das medizinische Informationssystem "zwischen" Arzt und Patient, Arzt und Arzt wie schließlich
zwischen Arzt und Umwelt. Die Zweierbeziehung Arzt-Patient wird in ein
übergreifendes "S o z i a l s y s t e m   I N A" (i.w.S.) ein- und
untergeordnet, das funktional öffentlichen Charakter trägt, unabhängig
von der Rechtsform. Es entsteht also durch Automation in der bisherigen
Struktur des ärztlichen Dienstes eine medizinisch-administrative Informationsorganisation mit spezifischen Gesetzmäßigkeiten, die keineswegs mit
bisherigen Gesetzmäßigkeiten ärztlicher Versorgung übereinzustimmen
braucht.

Hier gilt die "Adaptivität" [1] der Datenverarbeitung im besonderen Maße:
Je nach Organisation des Systems, hier von INA, werden die angeschlossenen Ärzte einem technischen System untergeordnet oder umgekehrt. Fehlende Reflexion wird jedenfalls zu ersterem Ergebnis führen. Daß dies nicht
geschieht, ist eines der Ziele dieses Datenschutzvorschlages.

5.4.2 Elemente der Informationsorganisation

Innerhalb der Informationsorganisation in diesem nun umschriebenen
Sinne sind mehrere T e i l b e r e i c h e zu unterscheiden. [2]

(1) Auf der untersten Ebene steht die D a t e i o r g a n i s a t i o n,
    also die Organisation der Daten in technisch zur Verarbeitung im
    automatisierten System geeigneter Form.
    Darüber steht die D a t e n b a n k o r g a n i s a t i o n, häufig
    fälschlich mit der Dateiorganisation zusammengeworfen, mit ihrem
    Aufbau aus bestimmt strukturierten Datei- und Programmbeständen,

---

1) Vgl. KLAUS (Kybernetik) Art. Adaption; zur hohen Anpassungsfähigkeit der ADV: WSt
   (Verwaltungsautomation) 74 f.

2) Detaillierte Einzeluntersuchungen mit reichem Material bietet jetzt das
   FORSCHUNGSPROJEKT VERWALTUNGSAUTOMATION (Arbeitspapiere Ø1-10).

notwendig verbunden mit einer spezifischen Organisation des Rechners
und seines Betriebssystems.

Auf dieser ersten Regelungsstufe ergeben sich vor allem Vorschläge
für Dateistrukturen.

(2) Die nächste Ebene umfaßt die engere M e n s c h - M a s c h i n e -
" K o m m u n i k a t i o n ", also das menschliche Bedienungsperso-
nal, das zum Betrieb einer Anlage notwendig ist.
Hinzu kommt des weiteren der B e n u t z e r, also der Arzt und
sein medizinisches und technisches Hilfspersonal: Auf dieser zweiten
Regelungsstufe sind Fragen der Zugriffsberechtigung zu regeln.

Diese A u f b a u o r g a n i s a t i o n wird ergänzt durch
den Ablauf der Informationsprozesse in diesem System (A b l a u f -
o r g a n i s a t i o n der Information), nämlich die Bahnen und
Prozesse, in denen Informationen transportiert und verändert werden.

(3) Auf der nächst höheren Ebene folgt die (zur Aufbauorganisation zu
zählende) O r g a n i s a t i o n d e r R e l a t i o n z w i -
s c h e n a l l g e m e i n e r (P r a x i s -) u n d I n -
f o r m a t i o n s o r g a n i s a t i o n: Auf dieser dritten
Regelungsstufe ist vor allem die Verantwortlichkeit für die Subsysteme zu definieren.

(4) Weiter gehören in diesen Zusammenhang die informationsorganisatori-
schen Folgen der ärztlichen Gesamtverantwortung: Auf dieser vierten
Regelungsstufe der O r g a n i s a t i o n d e r U m w e l t -
r e l a t i o n   ist zur Verarbeitung medizinischer Daten "außer
Haus" Stellung zu nehmen, während die übrigen Außenbeziehungen (zu
Informationsinteressenten) und die äußere Rechtsform wegen ihrer
Bedeutung gesondert zu erörtern sind.

(5) Schließlich ist auf der fünften Stufe der Regelung die (1) bis (4)
übergreifende rechtliche O r g a n i s a t i o n d e r i n t e r -
n e n K o n t r o l l e zu erörtern.

5.4.3 Datei- und Datenbankorganisation

Auf der ersten Ebene ist die Unterscheidung zwischen Patientendaten und
Daten über Dritte [1] zu gewährleisten. Diese Notwendigkeit ergibt sich
aus der rechtlichen Verschiedenbehandlung beider.

Im Hinblick auf die Weiterentwicklung von INA im Rahmen übergeordneter
Systeme wird davon auszugehen sein, daß auch die Datenweitergabe, also
die Kopplung mit dritten Systemen, durch Datenträger- und Datenübermittlung erfolgt. Das bedeutet, daß bereits jetzt hierfür Vorkehrungen
zu treffen sind. Insbesondere ist die Dateistruktur danach auszurichten,
daß zu jedem Patientendatum nicht nur die Herkunft (über Herkunftsdatei oder Äquivalente), sondern auch der berechtigte Adressat automatisch zugeordnet werden kann (durch Adressatendatei zweckmäßigerweise).
Entsprechendes gilt für die Arztdaten und die Daten Dritter. Damit wird
die pragmatische Korrektheit (Kontexttransparenz) von an Externe zu
übermittelnden Daten wenigstens für das sendende System erreicht.

Es dürfte sich auch als sinnvoll erweisen, wenn die Unterscheidung nach
den verschiedenen Funktionsbereichen (DOC, LOC usw.) sich in der Dateistruktur widerspiegelt, um unberechtigte Zugriffe zu erschweren.

Umgekehrt ergeben sich hieraus Speicherungsverbote (= Verbot des Aufbaus
eigener, d.h. undefinierter bzw. nicht freigegebener Doppeldateien
außerhalb von DIC) im Rahmen von LOC/COC, soweit sie über die unbedingt
notwendigen Informationen einschließlich der Verweisdaten auf DIC hinaus-
gehen. Was aus DOC über DIC im Austauschwege beschafft werden kann, darf
in LOC/COC nicht residieren.

Die technische Implementierung dieser Anforderungen geschieht im Rahmen
der "Datensicherung" (unten 6.).

5.4.4 Zugriffs- und Bedienungsberechtigung

Auf der zweiten Ebene der Bediener und Benutzer von INA ist zunächst
"nur" ein organisatorisches Problem zu erörtern: Die interne Bedienungs-
und Zugriffsberechtigung im Rahmen von INA ist durch das Organisations-
statut (z.B. Satzung) [2] eindeutig zu regeln, vertragsmäßig bei Beitritt

1) Oben 3.1.4.
2) Unten 5.7.2.

abzusichern und datensicherungsmäßig zu verankern.

Es wird vorgeschlagen, daß für jede Einzelpraxis lediglich arbeitsplatz- und funktionsbezogene, d.h. partielle Berechtigungen zugelassen werden.

Entsprechende Vorkehrungen sind bei Gruppen- und Gemeinschaftspraxen vorzusehen.

5.4.5 Funktionale Unterscheidung von informationstechnischer, fachlich-medizinischer und rechtlich-"politischer" Verantwortlichkeit

Auf der dritten und vierten Ebene der Binnenstruktur des Systems wird seit langem die Trennung von fachlicher und technischer Verantwortlichkeit für ADV-Systeme gefordert, neuerdings auch die (rechtlich-)"politischen" [1] Verantwortlichkeit für das Gesamtsystem [2], um den Machtzuwachs aus der Automationsunterstützung durch interne Differenzierung zu kompensieren. Dieses Prinzip ist, wenn es im Verbund mit anderen Kontrollvorkehrungen steht, entgegen dem Anschein weniger aufwendig, aber effizienter als andere Kontrollmechanismen und soll darum in abgewandelter Form auch für INA realisiert werden.

Diese Funktionsentmischung liegt nahe:
T e c h n i s c h ist ein Teil der medizinischen Aufgaben dem Rechenzentrum übertragen; aus Rechtsgründen muß aber die f a c h l i c h e Verantwortung beim behandelnden Arzt verbleiben; schließlich sind öffentliche und Systeminteressen (nach innen: "Datenschutz"; nach außen: Vertretung von INA) rechtlich-"p o l i t i s c h" wahrzunehmen.

Es ist sinnvoll, diese drei Funktionen auch personell zu verkörpern:
Wird ein Rechenzentrum errichtet (z.B. DIC) - entsprechendes gelte für das technische Subsystem überhaupt -, so ist eine natürliche Person
als D a t e n s i c h e r u n g s b e a u f t r a g t e r zu bestimmen.
Er untersteht direkt der Leitung von INA (Vorstand) und haftet für die korrekte Handhabung der t e c h n i s c h e n Abläufe bei der Abwicklung

---

1) Hier im weiteren Sinne des Gesellschaftsbezugs.

2) Zuletzt PODLECH (Verantwortung) 207 ff. Bemerkenswert die Parallele zu der aus ganz anderen Erwägungen gegebenen entsprechenden Empfehlung der (KtK)-Kommission des BUNDESPOSTMINISTERIUMS 3 ff.

der fachlich-medizinischen Aufgaben. Möglicherweise kann diese Funktion
vom Leiter des Rechenzentrums wahrgenommen werden. [1]

Dagegen verbleibt die f a c h l i c h - m e d i z i n i s c h e Verantwortung beim behandelnden Arzt. Er wird sie zweckmäßigerweise - im
Rahmen des Zulässigen - an den Vorstand delegieren, der die Leitung des
Rechenzentrums innehat. Dergestalt kommt in der Unterordnung des Rechenzentrums die Priorität des ärztlichen Handelns zum Ausdruck. Der Umfang
der Delegation ist in der Satzung festzulegen.

Schließlich ist die rechtlich-"p o l i t i s c h e" Funktion der Wahrnehmung des Gesamtinteresses an, in und für INA personell zu institu-
tionalisieren.

Im E r g e b n i s bleibt also das Rechenzentrum, insbesondere DIC,
unter der ausschließlichen fachlichen Verantwortung der ärztlichen Mitglieder, und damit das Gesamtsystem INA. Rechtliche und ADV-technische
Bedingungen sind so miteinander zur Deckung gebracht.

Die Differenzierung zwischen ärztlicher, rechtlich-politischer und ADV-
Verantwortung ist auch im Rahmen von INA für den Datenschutz sinnvoll,
da INA als kollektive Zusammenfassung zahlreicher Einzelinteressen
beteiligter Ärzte und Patienten auch eine kollektiv-eigenständige Daten-
schutzwahrnehmung verlangt: Zwar scheint eine Interessenidentität zu bestehen zwischen dem Interesse des Patienten an der Wahrung seiner "Privatsphäre" durch den Arzt und dem ärztlichen Interesse am Bestand des
Vertrauensverhältnisses zwischen Arzt und Patient, beides idealiter
zusammenfallend in der ärztlichen Schweigepflicht, [2] und dem "technischen"
Interesse an ordnungsgemäßer Datenverarbeitung. Doch diese Identität ist
nur scheinbar. Bei näherem Zusehen zeigt sich, daß der Patient, wie
soziologische Erhebungen nahelegen, [3] faktisch durchaus geneigt ist,
seine "Privatsphäre" im Eigeninteresse preiszugeben, so daß deren Wahrung
im öffentlichen Interesse durchgesetzt werden muß. Ähnliches gilt für

---

1) Wegen Interessenkollission ist es dagegen unzulässig ihm die Funktion des
   betrieblichen Datenschutzbeauftragten anzuvertrauen, unten 5.6.3.

2) Vgl. zu diesem Phänomen, das in der juristischen Dogmatik zu einer Kontroverse
   führte, auch oben 3.1.2.

3) Hierzu die Untersuchungen der GMD (Auswirkungen) Kap. 4 und 5 (Umfragen und deren
   Ergebnisvergleich mit den Regelungen des Bundesdatenschutzgesetzes).

die datentechnische Seite, bei der die Lust am Funktionieren des Werkzeugs durchaus den Blick für übergeordnete Zusammenhänge trüben kann. Auch ist das individuelle Interesse des behandelnden Arztes kaum je identisch mit den Interessen von INA; erst recht nicht mit den Anforderungen, die die Umwelt an INA stellen kann.

Es liegt darum nahe, die Institutionalisierung der ärztlichen Schweigepflicht durch Datenschutzanforderungen an INA in r e l a t i v e r U n a b h ä n g i g k e i t zu organisieren; also den Datenschutz weder unmittelbar dem einzelnen Arzt noch direkt der Leitung von INA noch gar dem Selbstlauf der Datenverarbeiter zu überlassen, vielmehr sie einem eigenen Subsystem von INA in relativer Autonomie anzuvertrauen. Dabei ist eine Art Gleichgewicht zwischen der Arztseite (verkörpert in Praxen und Labors), der Informationsseite (verkörpert in DIC) und der Öffentlichkeit (verkörpert durch die juristische Beteiligung) zu realisieren, um mit diesem "System of checks and balances" eine gegenwärtigen Bedingungen angepaßte Form der "Gewaltenteilung" auch im medizinischen Bereich zu praktizieren. Dies führt zum Vorschlag eines d r e i - k ö p f i g e n   K o n t r o l l g r e m i u m s .

5.4.6 Folgen der ärztlichen Gesamtverantwortung für die Informationsorganisation

Die rechtliche Notwendigkeit einer ärztlichen Gesamtverantwortung für INA i.w.S. schließt folgende Möglichkeiten aus:

(1) D a t e n v e r a r b e i t u n g   a u ß e r   H a u s [1] ist für alle potentiell in irgendeinem Stadium der Verarbeitung der ärztlichen Schweigepflicht unterliegenden Daten verboten, [2] darüber hinaus (wegen der damit verbundenen Datensicherungsprobleme) für alle Daten des Systems unzweckmäßig.

(2) Erst recht gilt es für den Gebrauch von rechtlich und tatsächlich selbständigen S e r v i c e - R e c h e n z e n t r e n , sofern diese nicht alle Datenschutzanforderungen von INA erfüllen - was ihnen aber kaum möglich sein wird, da sie dann kaum wirtschaftlich arbeiten dürften.

---

1) D.h. außerhalb des ärztlichen Verantwortungsbereichs.

2) Insoweit zutreffend FRIEDERICHS (Computer) 229. - Insoweit geht § 203 StGB auch den Bestimmungen des BDSG über die sog. "Auftragsdatenverarbeitung" vor (hier §§ 31 Abs. 1 S. 1 Ziff. 3; Abs. 2; 37).

(3) Von Dritten a b h ä n g i g e R e c h e n z e n t r e n scheiden
ohnedies für INA a limine aus.

Diese Gesichtspunkte folgen auch aus dem Abschottungspostulat.

Mit dieser Konstruktion ist auch rechtlich eine dem Gesamtinteresse von
INA entsprechende Verfahrensweise des technischen Teilsystems gewährleistet.

Die dadurch dem technischen Teilsystem zuwachsende Machtfülle, der der
einzelne Arzt zunächst wenig entgegenzusetzen hat, wird wiederum kompensiert durch die Kontrollstelle.

5.4.7 Kontrollstelle

Die Datenschutzkontrollstelle nebst ihrer informationsorganisatorischen
Einbettung in das Gesamtsystem von INA ist das z w e i t e   K e r n -
s t ü c k   des Datenschutzkonzepts, neben der Depersonalisierung der
Daten.

Es wird vorgeschlagen, innerhalb von INA eine Kontrollinstitution einzu-
richten. Sie ist für alle Datenschutzfragen zuständig, darin ein- und
untergeordnet die Zuständigkeit für die Fragen der Datensicherung. [1]
Im Rahmen des ökonomisch Sinnvollen realisiert sie die oben angegebenen [2]
Voraussetzungen einer effektiven Kontrolle: Unabhängige Stellung, Sach-
kunde, Desinteresse an eigener Datenverarbeitung, zureichende Ausstattung,
"Macht".

(1) Sie sei z u s a m m e n g e s e t z t, gemäß den drei Verant-
     wortlichkeitsbereichen, aus
     - dem Datensicherungsbeauftragten ("Vertreter der technischen
       Rationalität")
     - einem Arzt ("Vertreter des fachlichen Sachverstandes")
     - einem Juristen ("Vertreter der Rechtsordnung").

---

1) Darin kommt der Vorrang des Schutzes des Betroffenen zum organisatorischen Ausdruck.
2) Ableitbar aus der Forderung nach der "doppelten Verantwortlichkeit", oben 4.4.7.

Dieses dreiköpfige Datenschutzgremium ist der Leitung von INA u n-
m i t t e l b a r   n a c h g e o r d n e t.[1] In seiner Aufteilung
führt es die aus übergeordneten Datenschutzgesichtspunkten bereits
funktional eingeführte Differenzierung zwischen fachlich-medizinischer, rechtlich-"politischer" und ADV-technischer Kompetenz personell und institutionell fort, verhindert zugleich deren Auseinanderfallen, gewährleistet schließlich die fachliche Überordnung ersterer.

(2)   Die A u f g a b e n des Kontrollgremiums im einzelnen sind viel-
      fältig, jedoch bewältigbar.

      Das Schwergewicht liegt in der Abschottungsfunktion. (Zur komplemen-
      tären Schnittstellenfunktion nach außen siehe unten.)

      Nach innen obliegt ihm, vor allem vertreten durch den Datensiche-
      rungsbeauftragten (also sein ADV-Mitglied), die Entwicklung[2] und
      Durchsetzung der Standards im manuellen und automatisierten Daten-
      verkehr innerhalb von INA, soweit sie nicht durch Rechts- und Ver-
      waltungsvorschriften sowie Programme bereits normiert sind, um das
      Postulat der "definierten Struktur" zu realisieren.

      Des weiteren obliegt dem Kollegium die Programmkontrolle.[3]
      Schließlich entscheidet es über strittige Einzelfälle, die nicht
      von den bisherigen Allgemeinkriterien gedeckt sind. Aus diesen
      Präzedenzien entwickelt es allgemeine Regeln, die mit den fachlich-
      medizinischen Erfordernissen kompatibel sein müssen.

      Durch diese Aufgabenverteilung wird die T r a n s p a r e n z
      d e s S y s t e m s erhöht, auf die Patient und Öffentlichkeit
      im Interesse der Rationalität der medizinischen Versorgung einen
      Anspruch hat, ohne daß die Funktionsfähigkeit von INA wesentlich
      belastet wird. Zugleich ist hier die Verbindungsstelle zum öffent-
      lichen Datenschutz-Kontrollorgan, etwa der Aufsichtsbehörde, worüber
      noch unten zur Außenfunktion[4] näher zu handeln ist.

---

1) In Anlehnung an die entsprechende Zuordnung des betrieblichen Datenschutzbeauftrag-
    ten im BDSG (§§ 28 f; 38), nur daß sie hier in der Tat sinnvoller ist.

2) Z.B. die Genehmigung der Vergabeorganisation von Patient- und Arztnummer, oben
    5.2.1./2.

3) Z.B. Auslagerung der Verknüpfungsdatei (ebenda).

4) Unter 5.6.3.

5.5 VORSCHLÄGE AUF DER EBENE DES BENUTZERS

B e n u t z e r sind informationsberechtigte Systemangehörige, vor allem angeschlossene Ärzte, deren zugriffsberechtigte Angestellte, ggfs. Patienten, dagegen nicht dritte Interessenten.

I n f o r m a t i o n s b e r e c h t i g t ist, wer zur manuellen oder automatisierten Datenverarbeitung ganz oder für bestimmte Operationen berechtigt ist. - A D V - B e r e c h t i g t e r ist, wer berechtigten Zugang zum Arztcomputer/terminal hat. - A n g e - s c h l o s s e n e r A r z t ist, wer ärztliches Mitglied von INA ist.

Der G r u n d g e d a n k e der folgenden Vorschläge ist: Die gegenüber herkömmlichen Systemen erweiterten Informationschancen von Benutzern eines automationsunterstützten Systems und das damit verbundene erhöhte Risiko wird auf dieser Ebene kompensiert durch Zugriffsbeschränkungen. [1] Abstrakt: Aus dem Grundsatz der definierten Struktur folgt die definierte Benutzermenge. Davon sind nur folgende Typen von Benutzern gesondert zu erörtern (während die organisatorische Frage der Zugriffsberechtigung bereits bei der Informationsorganisation behandelt wurde):

5.5.1 PRAXIS

Ärztliche E i n z e l -, G r u p p e n - u n d G e m e i n - s c h a f t s p r a x e n können bei entsprechender Datensicherung gleich behandelt werden. [2]

I n n e r h a l b d e r P r a x i s sind durch den leitenden Arzt Namen und Kompetenz der einzelnen Informationsberechtigten festzulegen und namentlich bekannt zu machen.

---

1) Damit wird wieder der herkömmlich gleiche Wissensstatus des "Kreises der Wissenden" (Arzt, Kollegen, Mitarbeiter) angegriffen.

2) Zum rechtlichen Problem des Informationsaustausches unter Ärzten vgl. oben 3.1.4.

Die Zahl der Informationsberechtigten ist zur Vermeidung der Haftung
möglichst klein zu halten. Das gleiche gilt für die Zahl der Terminals
und deren strenge Funktionsbezogenheit.

Wie ausgeführt, ist es rechtlich gleichwertig, ob medizinisches oder
technisches Hilfspersonal ADV-berechtigt ist. [1] Ebenso bleibt im übrigen der (sehr weitgehende) Spielraum für die verschiedenen Formen der
individuellen Büro- bzw. Praxisorganisation bestehen.

5.5.2   Labor und apparative Zentren

Patientenbezogene und   s a c h b e z o g e n e   A D V   sind möglichst
getrennt zu organisieren (auf allen oben angegebenen Ebenen der Organisation). Letztere unterliegt - möglicherweise - nicht dem Datenschutz,
wohl aber z.T. der ärztlichen Schweigepflicht (im rechtlichen Rahmen
von 3.1) [2] und der Datensicherung.

Für das Laborsystem ist ein   D a t e n s c h u t z v e r a n t w o r t-
l i c h e r   zu benennen; aus personellen Gründen wird er mit dem Labor-
leiter identisch sein.

Das Labor ist nicht berechtigt, Daten an andere Stellen weiterzugeben
als an den behandelnden Arzt. Generelle Ausnahmen [3] bedürfen der Zustimmung des Datenschutzgremiums und sind nach einer gewissen Probezeit
in die Satzungsanlage aufzunehmen [4]. Individuelle Ausnahmen sind unzulässig.

5.5.3   Rechenzentrum

Ein   D a t e n s i c h e r u n g s b e a u f t r a g t e r   ist vorzusehen, der keinesfalls mit dem internen "betrieblichen Datenschutzbeauftragten" des BDSG [5] für INA insgesamt identisch sein darf, und mögli-

---

1) Vgl. oben 3.1.2 und 3.1.4.
2) Vorausgesetzt es handelt sich um dem Arzt "als Arzt" bekanntgewordene Geheimnisse
   (vgl. oben 3.1.2).
3) Soweit diese überhaupt mit der ärztlichen Schweigepflicht vereinbar sind und vom
   behandelnden Arzt akzeptiert werden (vgl. oben 3.1.4).
4) Unten 5.7.2.
5) §§ 28 ff; 38 BDSG.

cherweise, wie erwähnt, mit dem Leiter des Rechenzentrums identisch ist. [1] Er ist für die Datensicherung nicht nur von DIC, sondern des Gesamtsystems verantwortlich. Insoweit ist ein evtl. Datenschutzverantwortlicher der Labors in Datensicherungsfragen ihm unterstellt. Alle technischen und organisatorischen Unterlagen des Gesamtsystems (zweckmäßigerweise einschließlich der relevanten Aspekte der Büroorganisation und -automation) sind ihm zugänglich zu machen. Das Pendant ist seine strenge Verschwiegenheitspflicht.

Für Datenschutz und Datensicherung gleichermaßen bedeutsam ist, daß das Rechenzentrum r ä u m l i c h g e t r e n n t von den einzelnen Praxen eingerichtet wird. Vor allem ist closed-shop-Betrieb des Rechenzentrums selbstverständlich.

Dagegen können i m g l e i c h e n G e b ä u d e Labor(s) und apparative Zentren (wegen des Datenvolumens) sowie die Leitung von INA untergebracht sein (sogar aus rechtlichen Gründen: DIC und Kontrollgremium unterstehen der Leitung unmittelbar; ferner aus haftungsrechtlichen Erwägungen). Freilich sind DIC einerseits und LOC/COC andererseits datensicherungsmäßig streng zu trennen.

Für DIC als S c h a l t s t e l l e zwischen den einzelnen DOC/LOC/COC hat der Datensicherungsbeauftragte vor allem die Sicherungsmaßnahmen für die interne Abschottung zu überwachen. Hinsichtlich der Schnittstellenfunktion von DIC siehe unten.

5.5.4 Das manuelle Teilsystem

Informationsweitergaben durch das medizinische und technische P e r s o n a l sind in allen Teilen von INA zu verbieten und mit empfindlichen Sanktionen abzusichern. Dies richtet sich vor allem gegen den blühenden Adressenhandel, der bei Automatisierung auch medizinische Systeme ergreifen wird, soweit dies nicht schon heute der Fall ist; im übrigen gegen "Computerkriminalität" [2] allgemein.

---

1) Mit Recht betonen SCHAFFLAND/WILTFANG (BDSG) § 28 Nr. 40 den starken Interessenkonflikt bei Bestellung des Leiters der EDV zum betrieblichen Datenschutzbeauftragten.

2) Siehe oben 5.1.5 (1); ergänzend SCHIMMEL (Informationsrecht) 135.

Informationsweitergaberechte der Ä r z t e (z.B. im Rahmen von
"Forschungs"-Aufträgen) sind in der Satzung zu regeln, soweit sie nicht
schon gegen § 203 StGB verstoßen. Die hier gemachten Datenschutzvorschlä-
ge sind sinngemäß zu übertragen (insbesondere Depersonalisierung). Weitergaben sind dem Kontrollgremium anzuzeigen und auf Anforderung offenzu-
legen; das Gremium ist insoweit zur Verschwiegenheit verpflichtet.

5.5.5 Patient

Wegen der Auskunftspflichten gegenüber dem Patienten durch INA vgl. die
Ausführungen zur ärztlichen Schweigepflicht und zum Bundesdatenschutzgesetz. [1]

Ob dem "mündigen Patienten" im Hinblick auf eine größere Transparenz
auch das A u s k u n f t s s y s t e m geöffnet werden kann, und
unter welchen Modalitäten, sollte reiflich erwogen werden. Der Aufbau
und die Arbeitsweise des Auskunftssystems entscheidet weitgehend über
diese Frage und sollte deshalb von vornherein daraufhin konzipiert
werden.

Zur computerunterstützten P a t i e n t e n b e r a t u n g liegen
vergleichbare - sehr positive - Erfahrungen von Rechtsanwälten aus den
USA für computerunterstützte Rechtsberatung vor (legal aid-Verfahren [2]).
Zu denken ist in diesem Rahmen auch an einen medizinischen Hilfsdienst
für T r i v i a l - u n d N o t f ä l l e.

Dagegen ist dem Patient selbstverständlich kein Zugang auf nicht ihn
oder seine Krankheit betreffende Daten zu erwähren.

5.5.6 Sonderfälle

Der a s s o z i i e r t e A r z t ist über den Assoziationsvertrag
datenschutzrechtlich möglichst den ordentlichen Mitgliedern von INA
gleichzustellen.

---

1) Oben 3.1.7; 3.2.2.5.

2) Vgl. WSt (EDV und Recht) 109 f.

K o l l e g e n, insbesondere Vertreter, beigezogene, "überwiesene"
und später angeschlossene Ärzte sind aufgrund des Behandlungs- bzw.
Konsultationsvertrags mit dem Patienten grundsätzlich berechtigt, die
Daten bisheriger Ärzte (auch ohne deren Willen, wenn der INA-Mitglieds-
vertrag dies ermöglicht) beizuziehen, wenn die Umstände nichts anderes
ergeben - außer der Patient schließt dies ausdrücklich ganz oder teilweise aus (z.B. weil der Patient die Konsultation eines Homöopathen
verschweigen will). Auf diese Möglichkeit ist der Patient ausdrücklich
hinzuweisen.

Natürlich gilt dies nur für behandelnde Kollegen. Im übrigen bleibt es
uneingeschränkt bei der ärztlichen Schweigepflicht, auch innerhalb von
Gemeinschaftspraxen.

Dagegen ist die Beiziehung der Daten über venerische, psychische sowie
bestimmte p s y c h o s o m a t i s c h e   E r k r a n k u n g e n
grundsätzlich ausgeschlossen, um Gefährdungen des Patienten zu vermei-
den, außer der Patient wünscht dies ausdrücklich. Auch auf diese Möglichkeit ist der Patient hinzuweisen.

Die Einbeziehung von W e r k ä r z t e n in regionale oder überregionale INA wird zunächst nicht empfohlen und von der weiteren Erörterung ausgeklammert, da deren ungeklärte tatsächliche Lage zwischen
ärztlicher Schweigepflicht zugunsten des Arbeitnehmers und vertraglicher Auskunftspflicht gegenüber dem Arbeitgeber [1] nicht INA belasten
sollte.

Das Problem der A r z n e i m i t t e l s t u d i e n angeschlossener
Ärzte liegt parallel zum allgemeinen Forschungsproblem.

---

1) Vgl. etwa: MOLITOR, in KUHNS (Heilberufe) I/933; BOCKELMANN, in PONSOLD (3.)
   11 m.w.Nachw.

5.6 VORSCHLÄGE AUF DER EBENE DER INTERESSENTEN

INA ist ein multifunktionales System; es hat - neben Arzt und Patient - zahlreichen Herren zu dienen: den "Interessenten". [1]

Unter I n t e r e s s e n t e n sind diejenigen Systeme (Personen, Institutionen) zu verstehen, die (berechtigt oder nicht) von INA und/oder seinen Elementen Informationen zu erhalten wünschen. Es handelt sich also um Systemexterne, im Gegensatz zu den "Benutzern". Im vorliegenden Text wird die Übergangsstelle vom System zum Interessenten häufig unspezifisch als "Schnittstelle" bezeichnet. [2]

Das Prinzip der Abschottung erfordert die vollständige Definition der Schnittstellen von INA. Es kann sich handeln um Datentransporte auf folgenden Wegen:

(1)   automatisiert durch INA
(2)   durch Datenträgerübermittlung durch INA
(3)   durch manuelle Weitergabe durch INA
(4)   durch manuelle Informationsweitergabe durch Benutzer von INA.

Erst die vollständige Definition aller vier möglichen Schnittstellenarten ergibt einen vollständigen Schutz der ärztlichen Schweigepflicht, die, wie das Prinzip vom undichten Dritten besagt, an genau dieser Stelle am gefährdetsten ist.

Die Frage der Interessenten an medizinischen Daten, insbesondere aus dem Bereich der ärztlichen Schweigepflicht, ist nicht nur die wichtigste der Datenschutzkonzeption von INA überhaupt, sie ist schlicht auf dem gegenwärtigen Stand der Definition der Umwelt von INA prinzipiell unlösbar (unten 5.7.1). Dies schließt eine Interimslösung nicht aus (5.7.2), die auch das Erfordernis des BDSG nach Einrichtung eines "betrieblichen Datenschutzbeauftragten" zu berücksichtigen hat (5.7.3). Nachdem die Anforderungen an Interessenten noch einmal zusammengefaßt formuliert sind (5.7.4), sind für - zahlreiche - Einzelprobleme wenigstens kursorische Lösungsansätze anzugeben (5.7.5).

---

1) Das macht den Funktionswandel ärztlicher Versorgung überdeutlich. - Im einzelnen handelt es sich um folgende "Dritte": (vgl. Abbildung unten 5.6.5).

2) Zum ADV-technischen Schnittstellenbegriff vgl. LÖBEL u.a. (Lexikon) Stichwort "Schnittstelle".

5.6.1 Prinzipielle Schwierigkeit

Bei INA als einem multifunktionalen System über Daten, deren unbefugte
Benutzung den Betroffenen besondere Gefahren bringen können, liegt ein
Widerstreit der Interessenrichtungen vor, der gerade bei medizinischen
Daten besonders scharf ist:

- Einerseits fordert Art. 2 GG einen besonders zuverlässigen
  Schutz von Patienten und der von ihnen aufgrund ihrer Notlage
  preisgegebenen Informationen,

- andererseits besteht gerade an diesen Daten ein besonders starkes
  öffentliches Interesse, namentlich im Rahmen der Gesundheitspolitik.

Es scheidet also von vornherein die Möglichkeit aus, die medizinischen
Daten, soweit sie Patienten betreffen, dadurch zu schützen, daß sie
dem Zugriff der Interessenten völlig entzogen werden. Im Gegenteil bestehen gerade hier eine Fülle von zu berücksichtigenden gesetzlichen und
vertraglichen Zugriffsrechten und Zugriffsmöglichkeiten. –
Vor allem ist von Anfang an in die Konzeptionsbildung einzubeziehen,
daß INA nach den bisherigen Überlegungen zu einem späteren Zeitpunkt
ein (wenn auch relativ autonomes) Subsystem eines übergeordneten Informationssystems im Dienste der medizinischen Versorgung und der Gesundheitspolitik werden soll.

Dieser Umstand schließt einen konsistenten Datenschutzvorschlag für
INA noch nicht aus; er setzt allerdings prinzipiell voraus, daß definiert
werden kann:

  (1) die Interessenten, insbesondere des übergeordneten Systems
  (2) ihr Informationsbedarf
  (3) die Informationsbahnen
  (4) die möglichen Informationsoperationen
  (5) die Sender/Empfänger-Kontexte, indenen Informationen verarbeitet
       und verwertet werden. [1]

Auf der nächsthöheren Systemebene wäre es sogar notwendig, die Datenschutzkonzeption von INA auf die – erst zu formulierende – Struktur des
Gesamtinformationssystems des G e s u n d h e i t s - u n d S o -
z i a l w e s e n s zu beziehen. [2] Systemtheoretisch ist es sogar

---

1) Der Begriff des Interessenten bedarf einer eingehenderen Diskussion auf dem Hintergrund der Kontextabhängigkeit der Daten: Ein vorhandenes "Interesse" bietet keine
   Gewähr dafür, daß der präsumtive Datenempfänger einmal erhaltene Daten in den
   "richtigen" Kontext (was ist das?) einordnet. Die Systemanalyse von System und Umsystem sollte diesen Aspekt berücksichtigen.

2) Hier sind vor allem die bereits weit fortgeschrittenen Planungen einer Sozialdatenbank zu nennen (dazu SCHMIDT: Sozialdatenbank; jetzt vor allem: Sozialinformationssystem), die in enger Querverbindung mit den hier angedeuteten übergeordneten
   Informationssystemen der medinischen Versorgung stehen, falls diese in der geplanten Form Realität werden sollten (was nicht mehr als so wahrscheinlich gilt).

zulässig zu behaupten, daß das Gesamtsystem erst seine Teile definiere. Freilich ist dies hier unmöglich: der Informationsbedarf des Gesamtsystems ist ebensowenig bekannt wie bei dem angenommenen übergeordneten System, ganz zu schweigen von "dritten" Informationsinteressenten, die auch das Gesamtsystem wird befriedigen müssen.

Es existieren zwar einschlägige Rechtsvorschriften, davon bereits einige des eigentlichen Datenschutzes. [1] Doch braucht nicht hervorgehoben zu werden, da sich darüber alle Sachkenner einig sind, daß angesichts der Neuheit der Problematik die bisherigen legislativen Lösungen nicht ausreichen können. [2] Andererseits ist es oft nicht möglich, im Rahmen der Untersuchung eines relativ kleinen Teilsystems wie INA eine globale Datenschutzkonzeption für den gesamten Bereich des öffentlichen Gesundheits- und Sozialwesens vorzulegen - was an sich notwendig wäre. Hierzu sind noch zahlreiche Untersuchungen erforderlich. Vor allem ist für die Interessenten selbst ihr eigener Informationsbedarf und ihre Informationsstruktur noch im wesentlichen terra incognita.

5.6.2 Interimslösung entsprechend "Datalag"

Es kann also nur eine Zwischenlösung vorgeschlagen werden. Sie versucht einen Grundgedanken des schwedischen "datalag" für INA fruchtbar zu machen. [3]

Dieses schwedische Datengesetz versucht nicht, alle Eventualitäten antizipierend diese einer obzwar nicht in jeder Hinsicht befriedigenden Regelung zuzuführen. Insofern steht es im Gegensatz zu der relativ perfektionistischen Lösung des BDSG, das im Prinzip ein Datenverkehrsrecht schafft, das für jede denkbare Informationsoperation eine wenn auch weit gefaßte Rechtsgrundlage bietet. Das schwedische Gesetz beschreitet einen grundsätzlich anderen Weg. Es unterläßt es vorerst, ein an

---

1) Vgl. etwa die oben 3.1.3 skizzierte Regelung des StGB und § 35 SGB AT.

2) Die Forderung nach einem allgemeinen Datenschutzgesetz wurde von allen Fachleuten einhellig erhoben (vgl. etwa: EBDSG: Begründung 14 ff.; DJT: Grundsätze 11). Entsprechendes gilt auch für spezielle Regelungen, z.B. im Bereich der medizinischen Datenverarbeitung (vgl. statt vieler wieder EBDSG; Begründung 20; 32). Ein Sozialdatengesetz ist z.Zt. in Vorbereitung; zu seinem notwendigen Inhalt vgl. HEUSSNER (Bundesdatenschutzgesetz).

3) Eine deutsche Übersetzung findet sich bei DAMMANN u.a. (Data Protection Legislation) 129 ff; zur Erläuterung O. MALLMANN (Schweden). Als Erfahrungsbericht vgl. VINGE (Experiences).

sich zu erstrebendes Datenverkehrsrecht zu statuieren, schafft dafür
aber eine mit Sachkompetenz wohl ausgestattete Institution mit weitreichenden Volmachten zur Beobachtung der Entwicklung und ihrer generellen Normierung; sogar individuelle Eingriffsrechte sind vorgesehen.

Diese "Dateninspektion" hat demnach vor allem drei Funktionen:

- Sammlung von Erfahrungen im Bereich des Datenschutzes
- Entwurf und Erlaß von (z.T. provisorischen) Datenschutznormen aufgrund dieser Erfahrungen
- Herstellung von Transparenz auf diesem relativ schwer durchschau-
  baren Gebiet; zugleich (in umgekehrter Richtung) als "Briefkasten"
  des betroffenen Bürgers.

Diese   I n s t i t u t i o n a l i s i e r u n g   v o n   "t r i a l
a n d   e r r o r " [1] bietet sich auch für INA an, wenngleich in wesentlich bescheidenerem, den Verhältnissen von INA angepaßtem Rahmen.
Sie verbindet sich ohne Bruch mit dem bereits oben [2] gemachten Vorschlag eines Datenschutzgremiums.

Dort wurde dem Datenschutzgremium zunächst die interne Transparenz-
und Kontrollfunktion zugewiesen. Hier erhält es zusätzlich die externe
Funktion der Schnittstellen-Kontrolle und -Normierung im Dienst öffentlicher Verantwortung.

Institutionell ist dieses Gremium in besonderem Maße für diese schwierige Aufgabe gerüstet. Durch Sachverstand und relative Unabhängigkeit
erhält es argumentatives Gewicht, das ihm erleichtert, "nach außen"
rechtspolitische Vorschläge im Sinne des Schutzes medizinischer Daten
nachdrücklich zu vertreten, zugleich die berechtigten Bedürfnisse gesundheitspolitischer Planung überzeugend "nach innen" verständlich zu
machen.

Damit ist die   A u ß e n f u n k t i o n   d e s   D a t e n s c h u t z-
g r e m i u m s   wie folgt zu konkretisieren. Es erhält zusätzlich folgende Funktionen:

---

1) Einschlägige Lösungen wählte neben dem schwedischen Gesetz der US Privacy Act 1974
   (Übersetzung bei DAMMANN u.a. (ebd.) 146 ff.) mit seiner Privacy Protection Study
   Commission (ohne Eingriffsrechte), und der Vorschlag einer Data Protection Authority
   des englischen HOME OFFICE (Computers and Privacy); (Safeguards); weiterführend
   SIEGHART (Privacy).

2) 5.4.7.

- Erfahrungen mit der Informationsumwelt (Informationsinteressenten)
  zu sammeln
- generelle Regelungen zu entwerfen und der Leitung von INA zur Ver-
  bindlichmachung auch nach innen vorzuschlagen
- Einzelfallprobleme (sog. Präzedenzfälle) auf ihrem generellen Hintergrund zu durchdenken und zu lösen
- nach außen Datenschutzmaßnahmen bei Interessenten vorzuschlagen und
  zu urgieren, bei Sanktion der Nichtaushändigung der gewünschten Daten
- nach innen gerade unter dem Datenschutzgesichtspunkt eine Transmit-
  terstelle für legitime externe Datenwünsche und ihre kontrollierte
  Befriedigung darzustellen.

Diese generelle Lösung ist wegen ihres geringen Fixierungsgrades h o c h
a d a p t i v. Sie kann darum versuchsweise bereits in einem frühen Stadium der Realisierung von INA geschaffen werden, so daß sie parallel zum
Entstehen übergeordneter Informationssysteme einen wesentlichen Beitrag
zur Sicherung der ärztlichen Schweigepflicht im Gesamtsystem leisten
kann.

Je nach Größe und Bedeutung des zu errichtenden INA wird das Datenschutzgremium n e b e n- o d e r h a u p t a m t l i c h tätig sein.

Die Z u s a m m e n s e t z u n g des Gremiums erhält in der Außenfunktion eine zusätzliche Begründung:

- Der Arzt repräsentiert die Fachinteressen der Ärzteschaft gegenüber
  den teilweise divergierenden Wünschen der Umwelt.

- Der EDV-Fachmann gewährleistet die technische Machbarkeit und "Fort-
  schrittlichkeit" der angebotenen Vorschläge.

- Der Jurist sichert die Vertretbarkeit der Ergebnisse insgesamt nach
  außen ab und interpretiert die Außenanforderungen (insbesondere die
  rechtlichen Vorgaben) nach innen.

5.6.3 Das Verhältnis des Kontrollgremiums zum betrieblichen Datenschutzbeauftragten

Dieser Interimsvorschlag bietet einen weiteren Vorteil. Er löst ein
Problem, das durch das BDSG noch weiter kompliziert und für "normale"
ADV-Systeme fast unlösbar gemacht worden ist: das In- und Gegeneinander
von technischen, organisatorischen und rechtlichen Erfordernissen, von
Innen- und Außenfunktion, von "betrieblichen Datenschutzbeauftragten"
(§ 28 BDSG) und (Datenschutz-)Aufsichtsbehörden (§ 3o BDSG):

(1) In technischer Hinsicht ist ein D a t e n s i c h e r u n g s b e -
    a u f t r a g t e r   üblich und notwendig.
    Seine Aufgabe ist die Gewährleistung ordnungsgemäßer Datenverarbei-
    tung im Interesse des Systemherrn.

(2) In organisatorischer Hinsicht war die Einrichtung eines D a t e n-
    s c h u t z g r e m i u m s gefordert. Seine Aufgabe ist die Wahr-
    nehmung der Datenschutzfunktion im Interesse der Systembetroffenen,
    also im relativen, jedoch prinzipiellen Gegensatz zu (1).

(3) In rechtlicher Hinsicht wurde nunmehr die Bestellung eines b e -
    t r i e b l i c h e n   D a t e n s c h u t z b e a u f t r a g -
    t e n   vom Gesetz vorgesehen, zugleich eine D a t e n s c h u t z -
    A u f s i c h t s b e h ö r d e eingerichtet. Die Stellung des Be-
    auftragten nach dem BDSG (§§ 28 ff.) ist, gelinde gesagt, widersprüch-
    lich ausgestaltet. Er nimmt folgende Funktionen war:

    (a) "Nach innen" hat er eine ausgegliederte (Datenschutz/Datensiche-
        rungs-)Leitungsfunktion des Systemherrn (also ähnlich (1)) wahr-
        zunehmen.

    (b) "Nach außen" ist er aber eine Außenstelle der staatlichen Daten-
        schutz-Aufsichtsbehörde, die zugleich vom Gesetz die Funktion
        der eigentlichen Datenschutzinstitution zugewiesen erhalten hat
        (also ähnlich (2)), ohne jedoch die hierzu erforderlichen recht-
        lichen Mittel zu bekommen, da sie nur auf Anrufung tätig werden
        darf.

    (c) Dagegen ist er nicht unmittelbarer Sachwalter der Betroffenen:
        Sie haben nicht das Recht, den betrieblichen "Datenschutzbeauf-
        tragten" anzurufen, sondern müssen sich an die Aufsichtsbehörde
        wenden (worin sich zeigt, daß sie die eigentliche Datenschutz-
        institution ist).

Doch ist dieses "Trilemma" wenigstens für INA leicht aufzulösen. Da der "betriebliche Datenschutzbeauftragte" eine natürliche Person sein muß [1], liegt es nahe, eine der drei Personen des Kontrollgremiums mit der Aufgabe des betrieblichen Datenschutzbeauftragten zu betrauen. Zunächst scheidet der Datensicherungsbeauftragte, da der technischen Funktion und ihrer Optimierung allzu verpflichtet, wegen möglicher Interessenkollision aus. Es bleiben der Arzt und der Jurist. Nach der oben vorgenommenen Interessenabwägung spricht ein gewisses Prae für letzteren: als Repräsentant der inneren Rechtmäßigkeit des Systems ist er relativ besser geeignet die Datenschutzvorkehrungen von INA nach außen als rechtmäßig zu präsentieren (Funktion 3a) und nach innen durchzusetzen (Funktion 3b). Bei dieser Konstellation wird er zweckmäßigerweise auch in den Vorstand von INA berufen.

Damit ist die an sich äußerst problematische BDSG-Rechtsfigur des "betrieblichen Datenschutzbeauftragten" sinnvoll in ein übergreifendes Gesamtkonzept einbezogen, das alle legitimen Interessen angemessen berücksichtigt.

5.6.4 Anforderungen an Interessenten

Grundsätzlich ist davon auszugehen, daß jede Datenweitergabe an Interessenten bis zum Nachweis der Berechtigung untersagt ist.

Allgemein hat der Interessent gegenüber INA den Nachweis zu führen, daß er nur berechtigte Operationen mit der berechtigten Datenmenge vornehmen wird und daß sein Informationssystem eine datenschutzkonforme Organisation aufweist, die in diesem Fall den weitergehenden Sonderschutz medizinischer Daten im Hinblick auf die ärztliche Schweigepflicht umfassen muß und vor allem unberechtigte Weitergaben nach Möglichkeit ausschließt. Im einzelnen muß der Informationspetent darlegen, sofern dies nicht bereits geschehen oder offenkundig ist:

(1) seine Legitimation hinsichtlich Anfrage und Anfrageinhalt;

(2) die von INA gewünschten Informationen und ihre Kontexte;

---

1) So die einhellige Meinung aller Kommentare; statt aller vgl. ORDEMANN/SCHOMERUS (Kommentar) § 28 1.2.

(3) allgemein seine eigenen Datenschutzvorkehrungen, und zwar in einem
Detailliertheitsgrad, der einen lückenlosen Schutz speziell der
der ärztlichen Schweigepflicht [1] unterliegenden Informationen
glaubhaft macht;

(4) im besonderen welche Operationen mit den erhaltenen Daten (ggf. in
Verbindung mit anderen Daten!) vorgenommen werden, und daß keine
anderen Operationen vorgenommen werden;

(5) an wen weitergegeben werden wird.

Sollte das Empfängersystem zu solchen Auskünften (noch) nicht in der Lage sein, ist eine elastische Handhabung angezeigt, sofern vorläufige
Maßnahmen durch das Empfängersystem getroffen werden und der Zeitraum
der endgültigen Sicherung angegeben werden kann.

Es muß klargestellt sein, daß die Verantwortung für die Weitergabe von Daten beim sendenden System (INA) bleibt [2]
(und damit in der ärztlichen Verantwor-
tung). Selbstverständlich trifft dies auch bei Datenträgeraustausch
zu.

Vor allem wird man Erfahrungen im Umgang mit depersonalisierten Daten,
ihrer Weitergabe und ihrer Repersonalisierung im Rahmen von DIC unter
Verantwortung des Datenschutzgremiums sammeln müssen. Es wird im Interesse einer flexiblen Lösung bewußt davon abgesehen, hierfür nähere
Vorschläge zu machen.

---

1) D.h. die Geheimhaltung wird über die - scil. befugte - Offenbarung hinaus sichergestellt.

2) Dies gebietet schon die ärztliche Schweigepflicht (vgl. oben 3.1.5 und 3.1.6).

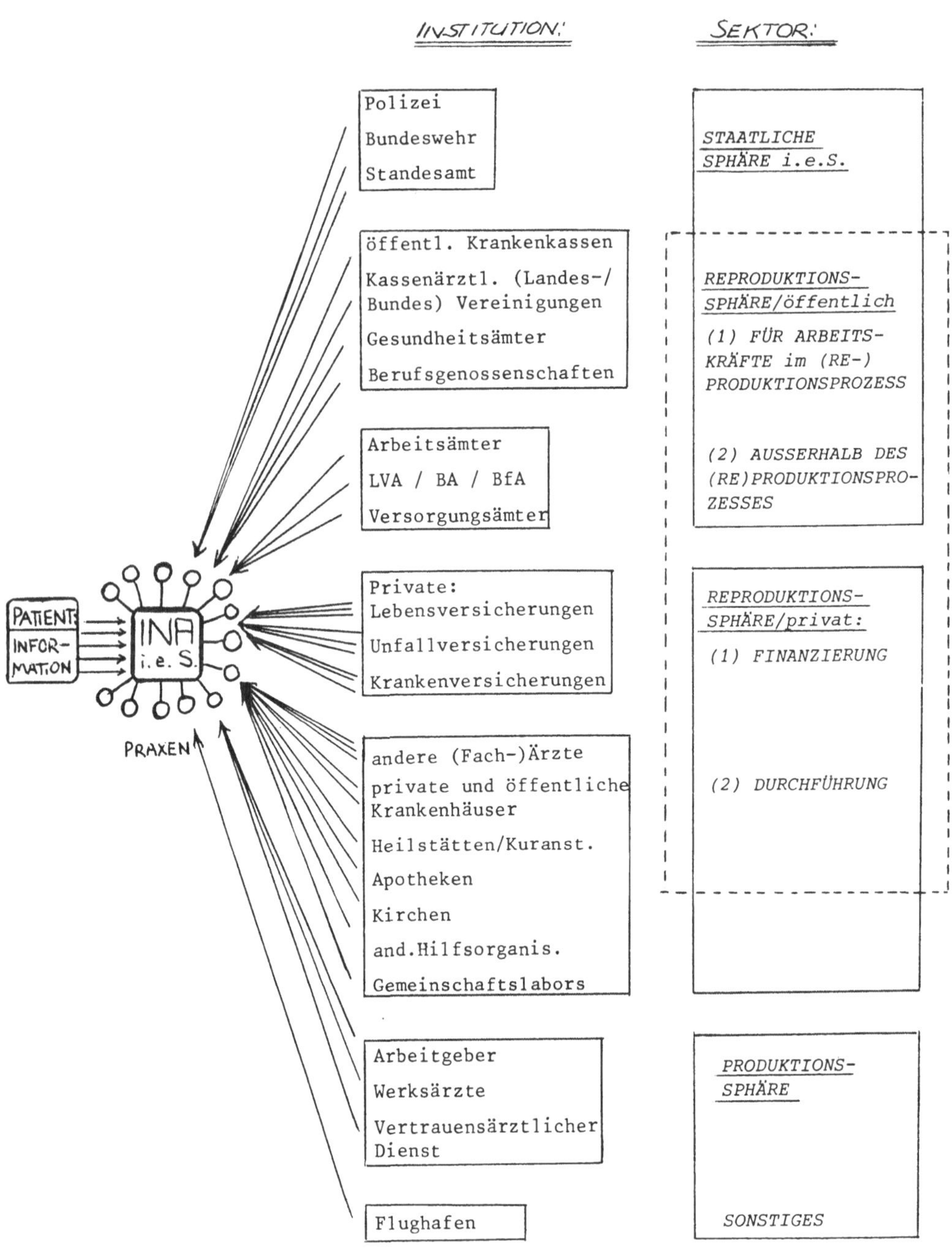

Abb.: Schnittstellenliste: "Interessenten"

---

1) Nach der Erhebung im Rahmen des INA-Berichts, Teil II.2: O.P.SCHAEFER: INA-
   Schnittstellen (unveröff. Ms. Sept. 1974).
   Die Erhebung betrifft die Datenin/outputs konventioneller (Vor-INA-)Praxen.
   Sie stellt zugleich die Mindestmenge der Interessenten an INA dar.

5.6.5   Einzelprobleme

Eine soweit ersichtlich vollständige Liste der Interessenten gibt das
Schnittstellenverzeichnis (Abbildung 4).

Im einzelnen handelt es sich (unstrukturiert) vor allem um folgende
Gruppen:

- Kassenärztliche Vereinigung
- Krankenhäuser und Krankenhausinformationssysteme
- gesetzliche und private Krankenkassen und andere Kostenträger sowie
  deren Landes- und Bundesverbände;
- insbesondere Berufsgenossenschaften
- Planungs- und Forschungsunternehmen
- Sozialärztlicher Dienst/Behörden (Meldepflichten)
- Berichtswesen (hinzugezogene Kollegen, Vertreter)
- Anfragen und Berichte für Gerichte und andere öffentliche Stellen,
  z.B. Ausländeramt; Sicherheitsbehörden, Verfassungsschutzämter
- Apotheken
- Weitergaben an Private
- Kopplungen mit übergeordneten Systemen
- werksärztlicher Dienst
- Arbeitgeber.

Für das Folgende ist jeweils v o r a u s g e s e t z t, daß die oben
im Rahmen eines übergeordneten Systems zu konkretisierenden Informa-
tionsbedarfs- und Kontrollmaßnahmenerhebungen durchgeführt bzw. einge-
leitet sind.

Ferner ist vorausgesetzt, und davon hängt alles übrige ab, daß der
g e s a m t e   I n f o r m a t i o n s a u ß e n v e r k e h r   v o n
I N A   ü b e r   D I C   (oder Äquivalente) als der einzigen Schnittstelle unter Verantwortung des Datenschutzgremiums abläuft.

(1) Für Informationsweitergaben an Interessenten durch individuelle
    Benutzer von INA (d.h. Ärzte - also nicht durch INA selbst) gilt
    grundsätzlich das V e r b o t   d e r   W e i t e r g a b e nicht
    anonymisierter (d.h. nicht depersonalisierter) Daten, mit folgenden
    Ausnahmen:

- gesetzlich festgelegte Weitergabepflichten
- Einwilligung des Patienten
- überwiegende berechtigte Interessen des Arztes.

Hier ist vor allem das schwierige und ungelöste Problem der I n -
f o r m a t i o n s w e i t e r g a b e   d u r c h   d e n   e i n -
z e l n e n   A r z t   zu nennen, der durch den Anschluß an INA
faktisch nicht ohne weiteres gehindert werden kann, etwa im Rahmen
von privaten Forschungsaufträgen Patientendaten weiterzugeben [1].
Hier Richtlinien zu entwickeln und über die Leitung von INA satzungs-
mäßig zu verankern sowie disziplinarisch abzusichern, ist eine wesentliche Aufgabe des Kontrollorgans.

Im übrigen ist bis auf weiteres jede a u t o m a t i s c h e
W e i t e r g a b e   von INA-Daten an Dritte nicht sinnvoll [2].

Generell wird an den Vorschlag erinnert [3], bisherige Informations-
bedarfsregeln, die sich auf formellem oder informellem Weg einge-
spielt haben, in Zukunft nicht mehr unbesehen hinzunehmen, sondern
auf das notwendige Informationsminimum hin zu überprüfen.

(2) In diesem Zusammenhang scheint größere Bedeutung zu gewinnen das
    immer mehr ins Gespräch kommende Verfahren der " s e l e k t i -
    v e n   G r u p p e n d i a g n o s e ". Er kann hier, da in seinen
    Implikationen zu umfangreich, nicht ausführlich erörtert werden, zu-
    mal er weit über INA hinausreicht. Hierbei handelt es sich im wesent-
    lichen um den Vorschlag, bei berechtigter Informationsweitergabe -
    dies ist vorausgesetzt - die für den Patienten besonders riskante
    Diagnose zusätzlich zu standardisieren, gleichsam einen (struktu-
    rierten) Thesaurus akzeptierter Diagnosen zu erstellen, der zugleich
    so abgefaßt ist, daß für den Patienten besonders unangenehme Infor-
    mationen, etwa aus dem venerischen oder psychischen Bereich, so
    umschrieben werden, daß sie eine Untermenge einer weniger "gefähr-
    lichen" abstrakteren Diagnosen dastellen. Wie weit dies im einzelnen

---

1) Sofern dies unter Wahrung der ärztlichen Schweigepflicht (vgl. oben 3.1.5 und
   3.1.6) überhaupt zulässig ist.

2) Für einen eventuell in Erwägung gezogenen automationsunterstützten Verbund des
   INA mit anderen Datensystemen ist zu erwägen, daß der notwendige Sicherungsaufwand
   derzeit prohibitiv ist und die Probleme der Kontextveränderung (und damit der
   Fehler- und Mißbrauchsmöglichkeiten) fast unlösbar werden.

3) Oben 5.4.

durchführbar ist, bedarf noch genauerer Diskussion. Sie spielt vor
allem für folgende Untergruppen eine Rolle: Kostenträger, Planungs-
und Forschungsprobleme, möglicherweise auch den meisten übrigen
Fällen, besonders im Rahmen übergeordneter Informationssysteme.

Schließlich einige Bemerkungen zu einigen der genannten Informationsinteressenten.

(3) Bei V e r t r e t u n g, Beiziehung eines dritten Arztes und ähnlichen Fällen ist zunächst davon auszugehen, daß die oben [1] angegebenen Regeln für INA-angehörige Ärzte [2] auch für dritte Ärzte
gelten.

(4) Zentrale Bedeutung dürfte in Zukunft das F o r s c h u n g s -
u n d P l a n u n g s p r o b l e m einnehmen. Zum bisher Aus-
geführten bedarf es im Rahmen von INA nur einiger weniger zusätz-
licher Hinweise.

Zunächst scheint der Informationsbedarf von medizinischer und so-
zialwissenschaftlicher Forschung [3] sowie gesundheitspolitischer
Planung nicht auf aggregierte Daten beschränkt zu sein. Z.B. ist
für Langzeit- u.ä. Untersuchungen der Rückgriff auch auf einzelne
Patienten über viele Jahre hin erforderlich. Gerade das hier vorgeschlagene Datenschutzkonzept von INA kann sowohl die erforderlichen Daten bereitstellen als auch den notwendigen Schutz der
"Privatsphäre" gewährleisten, sofern im Rahmen übergeordneter Informationssysteme bestimmte, hier nicht näher zu erörternde Vorkehrungen getroffen werden. Durch sein System der Depersonalisierung, das auch im Rahmen von Forschung und Planung anwendbar ist,
dort gerade sogar seine eigentliche Bedeutung entfaltet (etwa durch
entsprechende Vergabe von Planungs- oder Forschungskennzeichen),
ist es möglich, alle bisher bekannt gewordenen legitimen Datenwünsche mit den Erfordernissen des Datenschutzes zu vereinbaren.

---

1) 5.6.6.

2) Natürlich auch die Anforderungen der ärztlichen Schweigepflicht.

3) Vgl. wieder oben 3.1.5. Zuletzt vgl. BICK/MÜLLER (Datenbasis).

Hinzukommen muß freilich, als notwendige Bedingung, das zwischen-
geschaltete Kontrollgremium. Es wird im Rahmen der oben darge-
legten Grundsätze zu prüfen haben, ob das jeweilige Forschungsprojekt und das jeweilige Planungsziel gerade dieses umfassenden Da-
tenbestandes bedarf oder ob eine Minimierung möglich ist, ferner
welche Vorkehrungen zur Verhinderung von Weitergabe im übrigen
getroffen wurden. Selbstverständlich kann das Kontrollgremium im
Rahmen größerer Planungsvorhaben nur ein Mitspracherecht beanspruchen, also eine Transparenzfunktion wahrnehmen, und im Rahmen übergeordneter Gremien mitwirken. Es wird auch bei den - u.U. Jahre
späteren - "Repersonalisierungen" mitzuwirken haben, nicht nur um
die Ordnungsmäßigkeit des Verfahrens zu gewährleisten, sondern vor
allem weil es über die Verknüpfungsdatei verfügt.

In diesem Zusammenhang soll noch einmal auf das Problem einer even-
tuellen Teil-Anonymisierung (Depersonalisierung) der beteiligten
Ärzte hingewiesen werden. Die Patientennummer bietet ohne hinrei-
chende Unkenntlichmachung des zugehörigen behandelnden Arztes ohnedies nur unzureichenden Schutz. Weitere Datenschutzstrategien, deren
optimale Kombination zu prüfen und für die Standards zu entwickeln
wären, sind :

- Chiffrierung
- Verbot zu kleiner samples [1]
- Verbot der Analyse von Patienten nur eines einzigen oder weniger
  Ärzte
- Anzeige- und Aufzeichnungspflicht (das Auskunftssystem könnte
  insofern als Datenschutzdokumentation fruchtbar gemacht werden;
  möglicherweise reichen die bereits geplanten bzw. vorhandenen
  Programme hierfür aus).

(5) Hinsichtlich der   g e s e t z l i c h e n   M e l d e p f l i c h -
    t e n (Bundesseuchengesetz, Geschlechtskrankheitengesetz), aber
    auch hinsichtlich der Anfragen und B e r i c h t e   g e g e n -
    ü b e r   G e r i c h t e n   u n d   a n d e r e n   ö f f e n t -
    l i c h e n   S t e l l e n, insbesondere der Polizei, den Sicher-
    heitsbehörden und der Nachrichtendienste, ist vor allem auf drei
    Gesichtspunkte aufmerksam zu machen, die im Rahmen einer auto-
    mationsunterstützten medizinischen Datenverarbeitung einen beson-
    deren Wert erlangen:

---

1) Insbesonder solcher, bei denen man eines der von SCHLÖRER (Statistikgeheimnis) beschriebenen Verfahren der Reindividualisierung durchführen kann.

- Einmal das selbstverständliche Erfordernis einer sorgfältigen Prüfung der Rechtsgrundlage sowohl für die verlangte Information, als auch für den Umfang der verlangten Information [1].

- Das Erfordernis des mindestmöglichen Eingriffs: Jede Informationsweitergabe ist rechtswidrig, und damit Verletzung der ärztlichen Schweigepflicht, die über das für den Dritten unbedingt erforderliche Minimum hinausgeht [2], selbst wenn im übrigen die Weitergabevoraussetzungen vorliegen. Erforderlich ist jede Information, ohne die die jeweilige Einzelaufgabe (nicht die Gesamtaufgabe der Behörde oder des Gerichts!) nicht erfüllt werden kann, sowie dasjenige Minimum an Information, das die Überprüfung der Glaubwürdigkeit der Information ermöglicht [3] (letzteres dürfte bei INA sich im Normalfall erübrigen).

- Das Erfordernis zureichenden Datenschutzes bei Empfänger. Zureichend ist der Schutz z.B. nach einhelliger Meinung bisher n i c h t bei polizeilichen Informationssystemen [4].

Da eine automatisierte Meldepflicht unwirtschaftlich wäre, bleibt es insoweit bei der manuellen Weitergabe durch den behandelnden Arzt, nach Maßgabe eventueller Richtlinien durch das Datenschutzgremium [5].

(6) Zwei weitere Problemkreise können hier nur genannt, nicht entfernt einer Lösung zugeführt werden:

- der Datenbedarf der gesetzlichen und privaten V e r s i c h e r u n g e n [6]

---

1) Dies entspricht der Befugnis zur Offenbarung im Rahmen der Schweigepflicht (vgl. oben 3.1.1.3 und 3.1.3).

2) Wieder oben 3.1.3.

3) Hierzu ausführlich Chr. MALLMANN (Verwaltungs-Informationssysteme) 107 ff. (Subsumtions- und Hilfsinformation); nach WSt u.a. (Gutachten) 97 ff. (Minimal- und Unterstützungsinformation); PODLECH (Alternativentwurf) 11 f. (Primär- und Sekundärinformationen).

4) Z.B. DAMMANN (Bürger) 33 f.; erst recht nicht bei Nachrichtendiensten, PODLECH (Problematik).

5) Hinsichtlich des Datenschutzes im Rahmen des Berichtswesens wird auf das Teilprojekt DIPAS verwiesen ("Dokumentations- und Informationsverbesserung in der Praxis des niedergelassenen Arztes mittels EDV-Service, vgl. DANIELS/SCHAEFER (Zusammenfassung) 19 f.

6) Ansätze für eine Lösung dieses Problems sind bereits vorhanden, vgl. oben 3.1.1.3 und 3.1.3; auch SCHÖNKE/SCHRÖDER (Kommentar) RdNr. 24 und 27 zu § 203 StGB m.w.Nachw.

- der Datenbedarf staatlicher z e n t r a l e r S t e l l e n,
  wie der Bundesanstalt für Arbeit und vor allem des B u n d e s-
  m i n i s t e r i u m s f ü r A r b e i t u n d S o z i a l-
  o r d n u n g. Beide Probleme werden seit geraumer Zeit unter dem
  (irreführenden) Stichwort " S o z i a l d a t e n b a n k "
  diskutiert [1].

Die Verfasser vertreten den Standpunkt, daß es nicht Gegenstand einer
Datenschutzkonzeption für ein untergeordnetes System sein kann, für
diese auch sozialpolitisch äußerst wichtigen Fragen Vorentscheidungen
zu treffen. Sie bleiben bestrebt, diese Fragen im größeren Zusammenhang zu diskutieren und an ihrer Lösung mitzuwirken.

---

[1] Vgl. die Veröffentlichungen von SCHMIDT/WINKLER; ZSCHAU, je zur (Sozialdatenbank);
vor allem jetzt die zusammenfassende Publikation von SCHMIDT (Sozialinformationssystem). In Wirklichkeit handelt es sich um ein hochkomplexes, in verschiedenen
Ausbaustufen befindliches Datenbanksystem.

5.7 VORSCHLÄGE AUF DER EBENE DER RECHTLICHEN ORGANISATION

Die Rechtsstruktur des Datenschutzgremiums mit seiner Kontroll- und Vermittlungsfunktion nach innen und nach außen wurde bereits erörtert[1]. Es verbleiben vor allem folgende Fragenkreise:

(1) die Organisationsform von INA in rechtlicher Hinsicht;

(2) damit zusammenhängend: die innere rechtliche Struktur von INA in Form einer schriftlichen Norm im weiteren Sinne (Satzung);

(3) die Problematik und der Umfang von Zustimmungs- und Einwilligungserfordernissen der Patienten;

(4) die Beteiligung der Patienten an der Gestaltung von INA.

5.7.1 Rechtliche Organisationsform

Ausgeschlossen sein sollten zunächst alle Organisationsformen, die INA eine rechtliche und tatsächliche S e l b s t ä n d i g k e i t verwehren. Dies folgt aus der Interpretation von INA als einer (auch) Institutionalisierung der ärztlichen Schweigepflicht [2].

Sie verlangt eine weitgehende rechtliche und tatsächliche Autonomie.

Besondere Beachtung verdient das rechtliche Verhältnis zwischen Leitung des R e c h e n z e n t r u m s (z.B. DIC) und dem Vorstand von INA. Aus dem Grundsatz der Trennung von medizinischer und technischer Verantwortlichkeit folgt die entsprechende organisatorische Konsequenz.

---

1) Oben 5.4.7; 5.6.2/3.

2) Vgl. oben 3.1.4.

Der Vorstand von INA nimmt die zentrale Verwaltungsfunktion wahr. In dieser Eigenschaft hat er zwar grundsätzlich generell ADV-technisches Weisungsrecht, aber keinen direkten Zugang zu DIC. Diese nicht selbstverständliche Vorsichtsmaßnahme geht von der Überlegung aus, daß die relative Selbständigkeit des Vorstands nach Vereinsrecht nicht zu eigenmächtigen Eingriffen in die ärztliche Tätigkeit führen darf, auch und gerade nicht im automatisierten Bereich, dem "Nervenzentrum" des Datenschutzes. Damit wird zugleich einer negativen Möglichkeit der unten vorgeschlagenen Rechtsform (des eingetragenen Vereins) gegengesteuert; umgekehrt ist der Vorstand auch in fachlich-medizinischer Hinsicht nicht zu Weisungen befugt, soweit nicht der einzelne Arzt rechtmäßig Befugnisse an ihn delegiert hat: Weisungsberechtigt in fachlicher Hinsicht ist vielmehr der behandelnde Arzt. Individuelle Ausnahmen bedürfen der Zustimmung des Datenschutzgremiums, generell derjenigen der Mitgliederversammlung.

Im einzelnen kommen folgende Rechtsformen in Betracht:

(1) Die G e n o s s e n s c h a f t kann wegen ihres überwiegend kommerziellen Charakters ausgeschieden werden. Insbesondere steuerrechtliche Gesichtspunkte könnten allerdings weitere Überlegungen veranlassen.

(2) Auch die S t i f t u n g dürfte nicht als Rechtsform in Betracht kommen, aus dem gleichen Grund der fehlenden Autonomie (Eigenbestimmtheit) [1] und zusätzlich der Vergangenheitsorientierung dieser Organisationsform gegenüber den an ihr partizipierenden Personen: Entscheidend ist der im Stiftungsgeschäft niedergelegte Wille des Stifters gegenüber den Destinatären [2], nicht die Entwicklung der ärztlichen Disziplin unter den besonderen Bedingungen der ärztlichen Schweigepflicht und des schnellen Fortschreitens der Automation.

(3) Für die G e s e l l s c h a f t   d e s   b ü r g e r l i c h e n R e c h t s spricht zunächst die enge Abhängigkeit dieser Organisationsform von der Einzelpersönlichkeit ihrer Teilnehmer [3], gerade unter dem Gesichtspunkt des Datenschutzes: Die höchstpersönliche

---

1) Nach dem Stiftungsrecht wäre die vom Stifter festgelegte Verfassung maßgeblich, und nicht der Wille der angeschlossenen Ärzte.

2) § 85 BGB; vgl. auch PALANDT (Kommentar) Vorbem. I zu § 8o.

3) Vgl. § 7o9 Abs. I BGB ("Einstimmigkeitsgrundsatz").

ärztliche Schweigepflicht, in der sich der Arzt nicht vertreten
lassen kann, scheint geradezu diese Rechtsform zu privilegieren.

Hinzu kommt ihre große Elastizität [1], vor allem in steuerlicher
Hinsicht (die sie für viele interkommunale Rechenzentren besonders
attraktiv gemacht hat), während ihre geringe öffentliche Kontrol-
lierbarkeit dem Grundrechtsschutz der Betroffenen eher zuwiderläuft.

Ausschlaggebend gegen die Gesellschaft des bürgerlichen Rechts
spricht aber gerade die Abhängigkeit von Willen einzelner Personen.
Dieses Informationssystem der niedergelassenen Ärzte steht nicht
für sich allein, sondern kann in Zukunft ein relativ autonomes Teilsystem übergeordneter Informationssysteme der Medizin bilden, ganz
zu schweigen von der sonstigen Einflußsphäre des öffentlichen und
kommerziellen Bereichs, in die INA aufgrund seiner Bedeutung hin-
einragen wird. Es ist also ein erheblicher Interessendruck zu erwarten, dem eine derart lockere Organisationsform wie die der Gesellschaft des bürgerlichen Rechts nicht standzuhalten vermag. Die
beständige Gefahr des Ausscherens einzelner Miglieder (grundsätzlich besteht das Einstimmigkeitsprinzip!) würde sie praktisch ak-
tionsunfähig machen, eine Gefahr, die bei wachsender Mitgliederzahl
progressiv zunimmt.

(4) Demgegenüber erscheint nur eine selbständige Rechtsträgerschaft
sinnvoll, die als solche mit dem notwendigen Rückhalt bei ihren
Partizipanten im Rechtsverkehr rechnen kann. Sie muß zugleich vom
Willen ihrer Mitglieder abhängig sein, jedoch dem einzelnen Arzt
die notwendige rechtliche Bewegungsfreiheit belassen, die er zur
Wahrung seiner fachlichen Selbstbestimmung und zur Handhabung
seiner ärztlichen Schweigepflicht benötigt.

Es spricht also einiges für eine k ö r p e r s c h a f t l i c h e
Organisationsform des privaten Rechts, mit einer Satzung, nach der
Mehrheitsbeschlüsse die Minderheit binden, nach der ein Vorstand
Mitglieder vertritt, zugleich über diesen steht mit einem Gesamt-
namen, unter der sie im Rechtsverkehr auftreten kann, also sich
deutlich von den einzelnen Mitgliedern abheben kann usf.:

---

1) Etwa im Bereich der Geschäftsführung; vgl. PALANDT (Kommentar) Vorbem. 1 zu § 7o9.

Es sollte sich also um einen V e r e i n   handeln, da die handels-
rechtlichen Vereinigungsformen wegen ihrer überwiegend kommerziellen
Ausrichtung ausscheiden.
Für die Entscheidung, ob es sich um einen e i n g e t r a g e n e n
oder um einen nicht eingetragenen Verein handeln sollte, ist von
Bedeutung, daß INA nicht unmittelbar auf einen wirtschaftlichen
Geschäftsbetrieb gerichtet ist, vielmehr die Automationunterstützung
der ärztlichen Tätigkeit bezweckt, ohne daß im übrigen Gewinnerzielung ausgeschlossen wäre. Eine Eintragung als e.V. ist demnach grundsätzlich möglich. Sie ist auch sinnvoll, unter anderem deswegen,
weil sie INA das aktive Klagerecht verleiht. Auf die selbständige
Handlungsfähigkeit gegenüber dem einzelnen Mitglied wurde schon hingewiesen. Dies eröffnet Vorteile durch Gewinnung potenter Organisa-
tionen zur Mitgliedschaft bei gleichzeitiger Unabhängigkeit des
Vereinsvorstands von diesen.

Doch wiegen die aufgeführten Gesichtspunkte nicht allzu schwer. Die
Rechtsprechung hat die Rechtsstellung des eingetragenen und des nicht
eingetragenen Vereins stark einander angenähert, so daß in der Praxis
weitgehend gleiche Ergebnisse erzielt werden. - Steuerliche Gesichtspunkte wurden hier in die Abwägung nicht mit einbezogen.

E r g e b n i s : Unter dem Gesichtspunkt des Datenschutzes und der
ärztlichen Verschwiegenheit ist die Organisationsform des eingetragenen
Vereins zweckmäßig, minder zweckmäßig wäre ein dieser Gesellschaftsform
angenäherter nicht-eingetragener Verein mit gesellschaftlichen Elementen.
Steuerrechtliche Gesichtspunkte wurden außer Acht gelassen.

5.7.2 Satzung

In der V e r e i n s s a t z u n g   ist das System der Datenschutz- und
Datensicherungsmaßnahmen rechtlich abzusichern. Dies stellt zugleich
das notwendige Minimum an interner "Verrechtlichung" dar.

Es wird vorgeschlagen, die einzelnen Bestimmungen als A n l a g e
zur Vereinssatzung zu formulieren, wobei die freie Wahl der Darstellungs-
art (z.B. Diagramme) rechtlich unbedenklich ist. Nur müßte diese Anlage
zum Bestandteil der Vereinssatzung erklärt und diese Klausel in die
Vereinssatzung selbst aufgenommen werden.

Vor allem folgende Punkte wären aufzuführen: [1]

- Aufteilung der ADV-technischen Anlagen und ihrer Teile auf die
  einzelnen Subsysteme (insbesondere Praxen) von INA
- Regelung der Programmkontrolle
- Zugangs- und Bedienungsberechtigungen
- Festlegung der Informationsberechtigten
- Regelung der manuellen Informationsverarbeitung innerhalb von INA;
  insbesondere grundsätzliches Verbot der Einzelweitergabe geschützter
  Daten (soweit nicht schon im BDSG enthalten)
- Umfang der Delegation ärztlicher Verantwortung an den INA-Vorstand
- Zusammensetzung des Kontrollgremiums sowie jährliche Berichtspflicht
- Festlegung von Sanktionen bei Verletzung von Datenschutz- und Daten-
  sicherungsvorschriften. Hinsichtlich der Nichtmitglieder ist vorzusehen, daß die Mitglieder verpflichtet sind, die notwendigen Daten-
  schutz- und Datensicherungsmaßnahmen zum Bestandteil der von ihnen
  abzuschließenden Verträge mit Nichtmitgliedern zu machen, sofern
  dies möglich ist. Vor allem sind die Dienstpflichten des medizinischen
  und technischen Hilfspersonals hinsichtlich der Datenverarbeitung
  zu präzisieren.
- Grundsätze für die Assoziierung ärztlicher Nichtmitglieder; insbesondere Datenschutzauflagen für diese.

Ein weiterer Schwerpunkt der rechtlichen Überlegungen besteht in der
satzungsmäßigen Abgrenzung der K o m p e t e n z e n   d e s   K o n -
t r o l l g r e m i u m s . Zur Aufnahme in die Satzung(sanlage) werden
vor allem vorgeschlagen:

- Das Recht, unter Wahrung der ärztlichen Schweigepflicht Stichproben
  in regelmäßigen Abständen hinsichtlich der Datenschutzmaßnahmen vorzunehmen, und die entsprechende Pflicht dazu. Auf Anforderung sind
  jederzeit auch einzelne Datenschutzvorkehrungen dem Gremium oder
  einem seiner Mitglieder nachzuweisen.

- Entwicklung und Festsetzung einer Mindestnormierung der ärztlichen
  Praxis unter Datenschutzgesichtspunkten.

- Wegen der manuellen Informationsverarbeitung siehe oben. [2]

- Besondere Bedeutung kommt der Aufsicht über DIC zu, die auf Maßnahmen
  des Datenschutzes und der Datensicherung beschränkt ist.

- Errichtung von Standards gegenüber externen Informationswünschen.

---

1) Zur Begründung vgl. oben 4.3.5; 5.4.4.
2) 5.6.4.

Daß ein Mitglied des Datenschutzkollegiums in den Vorstand aufgenommen
werden sollte, um die notwendige Abstimmung der Datenverarbeitungs- mit
den Datenschutzmaßnahmen zu gewährleisten, wurde bereits ausgeführt,
ebenso daß hierfür am zweckmäßigsten das juristische Mitglied sei.

5.7.3 Einwilligungsrevers des Patienten

Die hier vorgeschlagene Datenschutzkonzeption hat zur Folge, daß der
meist für erforderlich gehaltene Einwilligungsrevers ersatzlos entfallen
kann, ohne daß für Benutzer, Interessenten und Betroffene Nachteile entstehen. Die unerfreuliche, weil die Notlage und das Vertrauen des Patienten ausnützende, Einwilligung ist zwar rechtlich zulässig (§ 3 S.1
Ziff. 2 BDSG), begegnet aber den oben angeführten Bedenken und hätte
obendrein nachteilige Auswirkungen:

- der Patient vermag nur nach Rechtsinformatikstudium die Tragweite
  seiner Zustimmung zu überblicken (bereits ein Informatiker oder
  EDV-Fachmann wäre überfordert ..)

- der Arzt ist unter Interessendruck möglicherweise zu freiem Umgang
  mit den anvertrauten Informationen versucht, wenn er der Einwilligung
  des Patienten routinegemäß sicher sein kann. [1]

---

[1] Sollte man ungeachtet der hier und oben 4.2.5 angeführten Bedenken gegen das Einwilligungskonzept gewisse r e c h t l i c h e A b s i c h e r u n g e n von
INA sowie seiner angeschlossenen Ärzte gegenüber den Patienten für erforderlich halten, wäre es eine Aufgabe des Datenschutzgremiums, insbesondere seines juristischen
Mitglieds, einen entsprechenden Revers zu entwickeln, den der Patient zu Eingang
seiner Behandlung unterschreiben kann. Der Revers wäre eine einseitige Maßnahme zum
Nachteil des Patienten, wenn nicht zugleich zwingend vorgesehen würde, daß der Patient
(1) den Revers nicht unterschreiben m u ß, ohne Nachteile befürchten zu müssen
    (die Organisation von INA ist in der Praxis darauf einzustellen; auch die Pla-
    nungen im Rahmen übergeordneter Systeme sollten diesen Gesichtspunkt nicht
    übersehen - der Patient bleibt Herr seiner Daten!);
(2) vom Hilfspersonal des Arztes, in besonderen Fällen auch von ihm selbst, über
    die positiven Möglichkeiten von INA bei Unterschriftsleistung aufgeklärt wird.
    Wahlmöglichkeiten können eingeräumt werden, sofern in der Tat das Wohl des
    Patienten im Vordergrund in INA steht;
(3) auf die Freiwilligkeit der Einwilligung ausdrücklich hingewiesen wird.

Gegenstand eines solchen Gesprächs kann etwa sein, ob und wieviel Informationen an
bestimmte andere Ärzte weitergegeben werden sollen. Dahinter stehen die oben angeführten rechtlichen und organisatorischen Vorschläge, insbesondere für das Verhältnis der Ärzte zueinander, ferner medizinsoziologische Erkenntnisse über voraussseh-
bare Benachteiligung der Patienten durch manche Ärzte bei Bekanntgabe einer psychi-
schen Behandlung. Hier handelt es sich weniger um eine Datenschutz- als um eine

Dagegen ist es durchaus sinnvoll, den Patienten durch ein Merkblatt
oder dergleichen über die Speicherung seiner Daten (§ 26 Abs. 1 BDSG)
und deren (ohnedies erfolgende) Verwendung zu unterrichten. [1]

5.7.4 Beirat

Ein letzter Vorschlag für INA folgt aus dem Postulat IX. Wie dieses war
er im ursprünglichen Entwurf einer Datenschutzkonzeption für ein INA
nicht enthalten. Er zielt auf die Installierung eines Obmanns oder Bei-
rats.

Diese - in der Satzung zu verankernde - Stelle hat die Aufgabe, die
Interessen der Patienten bei Einrichtung und Weiterentwicklung von
INA, vor allem aber bei der Einbettung von INA in ein übergeordnetes
System, wahrzunehmen. Insofern hat er eine das Datenschutzgremium und
den Vorstand beratende und verstärkende Funktion. Damit ist zugleich
seine Kompetenz umschrieben.

Seine Zusammensetzung kann sich an verschiedenen Modellen orientieren;
so etwa

- an einem öffentlich zu bestellenden Patientenobmann (hier würde eine
  einzige Person genügen),
- an einem dreiköpfigen Beirat, mit je einem Vertreter der Arbeitgeber, der Arbeitnehmer und des Staates.

Für letzteres spräche, daß der Patient damit in seinen wichtigsten sozialen Bezügen repräsentiert ist.

Fortsetzung der Fußnote auf der vorhergehenden Seite:
allgemein fürsorgliche Maßnahme zum Schutz des Wohls des Patienten. - Es ist auch
zu überlegen, ob, wie im Rahmen des bereits erwähnten legal-aid-Verfahrens in den
USA bereits praktisch erprobt, ein solcher Dialog, mit entsprechendem maschinell
ausgefertigtem Revers als Ergebnis, zwischen Patient und Maschine (Bildschirm)
geführt werden könnte. -
In seiner allgemeinen Form enthielte ein solcher Revers das Einverständnis des
Patienten, daß seine Daten, die in einem unter ärztlicher Verantwortung stehenden
INA verarbeitet werden, im Rahmen der gesetzlichen Vorschriften und des Behandlungs-
vertrages sowie an e n u m e r a t i v   a u f z u f ü h r e n d e Stellen für
enumerativ anzugebende Zwecke weitergegeben werden dürfen.

1) Vgl. oben 3.2.2.1.

Doch sind noch zahlreiche andere Modelle denkbar. Die Frage braucht hier
nicht erschöpfend behandelt werden. —

Was dagegen unerörtert bleiben muß - allzu undeutlich sind die Vorstellungen und allzu ungeklärt sind die Implikationen - wäre ein Organisa-
tionsvorschlag, der auch das vorläufig utopische Postulat X für INA
berücksichtigt. Denn darüber hat noch niemand nachgedacht. Gleichwohl
sei diese Möglichkeit erwähnt, um zum guten Beschluß auf eine Alternative
medizinischer Versorgung hinzuweisen, über deren Vor- und Nachteile es
sich wahrscheinlich nachzudenken lohnt, auch wenn eine Realisierung
vorläufig nicht möglich scheint.

6. DATENSICHERUNGSKONZEPT

(Leonhard Ermer)

Die Bearbeitung der Fragen der Datensicherung ist vor allem im Hinblick
auf H a f t u n g s f r a g e n und d a t e n s c h u t z o r i e n -
t i e r t vorzunehmen (6.1). Die rechtlichen Randbedingungen unter dem
Aspekt des Datenschutzes (ärztliche Schweigepflicht; Bundesdatenschutzgesetz) wurden gesondert unter Abschnitt 3 dieses Berichtes behandelt;
insoweit kann darauf verwiesen werden. Die für die D a t e n s i c h e -
r u n g zusätzlich relevanten gesetzlichen Bestimmungen [1] werden nach
Einführung einer zweckmäßigen Begriffsabgrenzung (6.2) unter 6.3 dargestellt. Den zu erwartenden Gefährdungen des Systems im einzelnen (6.4)
begegnen die vorzuschlagenden Datensicherungsmaßnahmen (6.5), die im
Hinblick auf den Maßnahmenkatalog der Anlage zu § 6 BDSG noch einmal
übersichtlich zusammengefaßt werden (6.6).

6.1 PROBLEMSTELLUNG

Es ist ein Vorschlag für Verfahren und Maßnahmen zur Datensicherung unter
Berücksichtigung der in der ärztlichen Berufsordnung festgelegten Grundsätze zur Verschwiegenheit zu erarbeiten, mit anschließender Überprüfung
und Bewertung der gegenwärtigen gesetzlichen Grundlagen einschließlich
des Bundesdatenschutzgesetzes auf ihre Praktikabilität und Funktionali-
tät in einem regionalen INA.

Die zu erarbeitende Datensicherungskonzeption steht nicht für sich allein,
sondern versteht sich als unselbständiger Teil der Datenschutz-Daten-
sicherungsgesamtkonzeption. [2] Sie weist zwei Eigentümlichkeiten auf.
Dadurch unterscheidet sie sich von üblichen Vorschlägen. Die Besonderheiten folgen aber aus den rechtlichen Vorgaben und beanspruchen darum
allgemeinere Geltung: [3]

---

1) Bei dem damaligen Auftrag war der Inhalt des Bundesdatenschutzgesetzes (BDSG) und
   dabei besonders der Datensicherungsmaßnahmen noch nicht abzusehen. Da inzwischen
   das BDSG erlassen ist, wurden die in § 6 und der zugehörigen Anlage des BDSG enthaltenen Vorschriften hier berücksichtigt.

2) Dies verlangen mit Recht HENTSCHEL u.a. (Datenschutzfibel) 106 ff.

3) Zur Datensicherungsliteratur vgl. die im Literaturverzeichnis aufgeführten Autoren.

- Die Datensicherung ist zugleich datenschutzorientiert.[1]
- Haftungsfragen spielen eine größere Rolle.

Dabei wird im folgenden ausgegangen von dem Sollkonzept eines zukünfti-
gen INA, wie es oben dargestellt ist. [2]

6.2   BEGRIFFSBESTIMMUNG

Aus der veränderten Problemstellung ergibt sich zunächst eine abweichende Definition der Datensicherung (6.2.1) gegen die zu erwartenden Gefahren (6.2.2) sowie eine erweiterte Methodik zur Bekämpfung dieser Gefahren (6.2.3).

6.2.1   Datensicherung i.e.S. und i.w.S.

Unter Datensicherung werde hier verstanden:

   (1)   alle Maßnahmen technischer wie organisatorischer Art zur Realisierung des beabsichtigten Datenschutzes, und

   (2)   alle Vorkehrungen zur Sicherung des EDV-Systems als Ganzes (d.h.
der Funktionssicherheit des Systems und der gespeicherten Daten
und Programme) vor

      a)   Zerstörung oder Verlust (z.B. Katastrophe oder Diebstahl),

      b)   Fehlern (Hardware-, Software- oder Bedienungsfehler) und

      c)   Mißbrauch (der Daten, der Programme, der Rechnerkapazität
der Anlage).

Diese von den üblichen Definitionen der Datensicherung abweichende Formulierung (die meisten Datensicherungsdefinitionen erfassen in der Regel
nur Punkt 2, während Punkt 1 als Aufgabe des Datenschutzes angesehen
wird) wurde aus pragmatischen Gesichtspunkten gewählt: Zum einen ergibt sich aus der Aufgabenstellung, daß die Datensicherung auch datenschutzorientiert untersucht werden soll; zum anderen sind fast alle
technisch-organisatorischen Maßnahmen zur Realisierung des beabsichtig-

---

1) Dies folgt aus § 6 BDSG, der eine bestimmte Teilmenge von Datensicherungsmaßnahmen
in den Dienst des Datenschutzes stellt.

2) Oben 2.2/3; 3.-5.

ten Datenschutzes der Menge der möglichen Datensicherungsmaßnahmen
entnommen, wenn sich auch Datensicherung und Datenschutz in ihrer Zielsetzung widersprechen können (z.B. erhöht die aus Datensicherungsgründen erforderliche Erstellung und Auslagerung von Dateikopien die Dieb-
stahlsmöglichkeit und damit die Gefahr datenschutzwidriger Verwendung
der Daten). [1]

Realisiert wird die Datensicherung durch Maßnahmen auf der Ebene der

- Hardware (maschinentechnische Vorkehrungen)
- Software (Betriebssystem und Anwendungsprogramme)
- Orgware (das sind personelle, i.e.S. organisatorische, sowie bauliche
  Maßnahmen).

6.2.2 Ziele der Datensicherung

Die Gefahrenarten, denen mit Hilfe der Datensicherung begegnet werden
soll, lassen sich abstrakt in folgende drei Gruppen einteilen: [2]

(1) Fehler

Fehler gefährden vor allem die Richtigkeit der Daten und die Funktionsfähigkeit der Anlage.

Unter diesem Begriff lassen sich alle Erscheinungsarten der Entstellung
oder Verfälschung der dem EDV-System übergebenen Informationen zusammenfassen, die in Folge von Hardware-, Software- oder Bedienungsfehlern bei

---

1) 2.1 (4). - Normalerweise stehen Datenschutz und Datensicherung in relativem Gegensatz, wie oben ausgeführt wurde: Erstere dient dem Betroffenen (Patienten), letztere dem Benutzer (dem "Unternehmer" von INA). Man kann beide vorzüglich gegeneinander ausspielen (in dem man etwa den Datenschutz medizinischer Daten dazu benützt,
um dem Patienten die notwendige Information nicht zu geben) oder aber sozial-optimal
gutenteils zur Deckung zu bringen (wie hier versucht wurde). Doch nicht immer gehen
die Interessen so weit parallel wie hier.

2) Nach (Lehrgangs-)Angaben von IBM verteilen sich einzelne Gefahrenarten prozentual
wie folgt:
- Verlust, Entstellung, Veränderung durch Fehler   ca. 50 %
- Zerstörung durch Feuer und Wasser   ca. 15 %
- Mißbrauch durch
  - betrügerische Bedienstete   ca. 15 %
  - Sabotage enttäuschter Mitarbeiter   ca. 15 %
- "Bastler" (Programmierer, die aus Neugier
  oder besonderem Ehrgeiz das Sicherungssystem
  "knacken")   ca. 5 %.

der Eingabe, Speicherung, Veränderung, Ausgabe und der Datenübertragung
(z.B. bei Datenfernverarbeitung) sowie bei der Löschung entstehen können.

(2) Verlust

Durch katastrophale Umwelteinflüsse (z.B. Feuer, Wasser, Explosion) kann
die Datenverarbeitungsanlage zerstört und die Daten und Programme ver-
nichtet werden. Ferner kann Verlust von Hard- und Software (Datenträger
und Programme) durch Diebstahl, vorsätzliche Zerstörung oder unsachge-
mäße Behandlung entstehen. Schließlich kann das System aus anderen Gründen ganz oder teilweise ausfallen.

(3) Mißbrauch

Unter diesen Begriff kann man die unberechtigte Verwendung von Daten
und Programmen sowie von Rechenzeit zusammenfassen. Vor allem die nicht
erlaubte Verwendung von personenbezogenen Daten, die das Persönlichkeitsrecht der Betroffenen gefährdet oder verletzen kann, ist hierzu zu zählen.
Unter dem Aspekt der ärztlichen Schweigepflicht erhält hier der Schutz
vor Mißbrauch noch eine neue Dimension. Da die dem Arzt anvertrauten
Patientendaten vom Gesetz (§ 203 StGB) als geheimhaltungspflichtig anzusehen sind, ist jede Einsichtnahme durch nicht autorisierte Personen als
Mißbrauch anzusehen, dem durch geeignete Datensicherungsmaßnahmen zu begegnen ist. Maßnahmen zur Verhinderung des Mißbrauchs bezwecken vor allem
also den Schutz des Betroffenen.

6.2.3 Methoden der Datensicherung

Grundsätzlich lassen sich zwei einander ergänzende Methoden der Datensicherung unterscheiden:

(1)   durch eine Bündelung von verschiedenen Maßnahmen die Wahrschein-
      lichkeit des Eintritts eines Gefahrenereignisses zu verringern [1],
      und

(2)   durch eine Aufzeichnung von System- und Benutzeraktivitäten (Log-
      ging und Protokollierung) Unterlagen für einen Wiederanlauf des
      Systems und Aufzeichnungen für die nachträgliche Revision zu er-
      langen.

---

[1] Würde z.B. durch die Maßnahme a die Wahrscheinlichkeit des Eintritts eines Gefahren-
ereignisses $E \frac{1}{n}$ sein, durch die Maßnahme b die Wahrscheinlichkeit von E dagegen
$E \frac{1}{m}$, etc., so ergibt sich bei einem Zusammenspiel dieser Maßnahmen eine geringere
Gesamtwahrscheinlichkeit W des Schadenereignisses E von $W_E = \frac{1}{n} \times \frac{1}{m} \times \ldots$

Da eine gegen 100% gehende Sicherheit der Datenverarbeitung wohl nie
oder nur mit einem unvertretbar hohem Aufwand möglich wird, ist es auch
Aufgabe der Datensicherung, Maßnahmen zur Verfügung zu stellen, den
einmal eingetretenen Schaden möglichst gering zu halten und auch Hilfestellung bei der nachträglichen Aufdeckung von Fehlern oder Mißbräuchen
zu leisten. Katastrophen, Fehler und kriminelle Handlungen lassen sich
wohl nie ausschließen. Man muß sich darauf vorbereiten.

6.3 RECHTLICHE RANDBEDINGUNGEN DER DATENSICHERUNG

6.3.1 Aspekt des Datenschutzes

Das Bundesdatenschutzgesetz vom 27.1.77 enthält in § 6 und in der zugehörigen Anlage Vorschriften über technische und organisatorische Maßnahmen zur Gewährleistung des Datenschutzes; entsprechendes ist für die
Ländergesetze vorgesehen.

Dabei ist zu beachten, daß nicht *alle* notwendigen Datensicherungsmaßnahmen
vorgeschrieben werden, sondern, wie der Schutzzweck des Gesetzes (§ 1)
und der Wortlaut des § 6 zeigen, nur diejenige Teilmenge der Datensicherungsmaßnahmen, die dem Datenschutzzweck des Gesetzes zu dienen geeignet
sind. [1]

Für die Auswahl von geeigneten Maßnahmen, um die dort genannten Anforderungen zu erfüllen, gilt gem. § 6 Abs. 1 BDSG das Verhältnismäßigkeits-
prinzip; d.h. die gesetzliche Verpflichtung, eine geeignete Maßnahme zu
treffen, greift nur dann ein, wenn der damit verbundene Aufwand in einem
angemessenen Verhältnis zu dem angestrebten Schutzzweck steht.

Bei den unten 6.5 folgenden Vorschlägen wird dieser gesetzlichen Bestimmung Rechnung getragen.

---

1) Vgl. § 6 BDSG "zur Gewährleistung der Durchführung dieses Gesetzes" (Abs. 2 S. 2).

6.3.2 Aspekt der Datensicherung i.e.S.: Haftungsproblem

Zu erörtern sind hier die Voraussetzungen einer rechtlichen Haftung des
Unternehmers einer EDV-Anlage gegenüber seinen externen Benutzern und
Betroffenen. Ausgelöst könnte die Haftung werden durch den Verlust, die
Entstellung bzw. Verfälschung oder den Mißbrauch von Daten, die im Ver-
antwortungsbereich des Unternehmers der EDV-Anlage erfolgen.

Datensicherung ist dann unter diesem Aspekt ein Instrument zur Verminderung des Haftungsrisikos.

Ohne auf nähere Einzelheiten einzugehen, genüge hier ein Überblick. Die
Haftung tritt ein, wenn ein haftungsbegründender rechtlicher Tatbestand
vorliegt. Es sind dies *Haftungsgründe* aus

 - Vertrag
 - Delikt ("Unerlaubte Handlung"); wobei - je nach Umständen - sowohl
    - der Träger von INA, als auch
    - der/die einzelne(n) Arzt/Ärzte
    als *Haftungsverpflichtete* und ebenso
    - die Benutzer (Ärzte insbesondere)
    - Betroffene (Patienten)
    als *Haftungsberechtigte* in Frage kommen können.

6.3.2.1 *Vertragliche Haftung des Trägers von INA*

Betrachtet man unter diesem Gesichtspunkt die Konzeption von INA, so
würde zunächst eine vertragliche Haftung des Trägers von DIC gegenüber
den Benutzern eines DOC, die bestimmte Aufgaben an DIC abgegeben haben,
und den Inhabern eines DOT, dessen Daten im DIC gespeichert werden, in
Frage kommen.

Auslösefaktoren dieser Haftung könnten sein

- die Funktionsunfähigkeit der Anlage (einschließlich Software); d.h.
  rechtlich ausgedrückt, die Unmöglichkeit zur Erfüllung der dem Benutzer
  geschuldeten Vertragsleistungen;

- der Verlust, die Verfälschung oder der Mißbrauch von Daten der Vertragspartner, die rechtlich als Schlechterfüllung gewertet werden können.

Vertraglich oder durch Satzung - je nach Rechtsform oder Trägerorganisation von DIC - kann die Haftung jedoch ausgeschlossen werden. Wird die Haftung nicht ausgeschlossen, so wird generell für die Erfüllung gehaftet, d.h. es müßte z.B. für die ausgefallene Anlage Rechenzeit zur Erledigung der übertragenen Aufgaben angemietet werden. Für die Folgeschäden, d.h. für die Schäden, die infolge einer nicht richtigen Ausführung der übernommenen Arbeit im Bereich des Benutzers auftreten, haftet die Trägerorganisation, wenn sie ein Verschulden trifft (positive Forderungsverletzung), d.h. Fahrlässigkeit oder Vorsatz vorliegt. Auch diese Haftung kann durch Vertrag oder durch Satzung ausgeschlossen oder beschränkt werden.

6.3.2.2 *Deliktshaftung des Trägers von INA*

Neben der Haftung aus Vertrag könnte das Trägerunternehmen des DIC gegenüber seinen Benutzern und Betroffenen auch aufgrund Deliktsrechts schadenersatzpflichtig werden. Gemäß § 831 BGB wird ein Verschulden des Geschäftsherrn vermutet, wenn ein seiner Weisung unterworfener Gehilfe (hier: DIC) in Erfüllung seiner Dienstpflichten einem Dritten einen Schaden zugefügt hat. Beispiel: Ein Operateur, der zur Bedienung der Peripherie angestellt ist, stiehlt einen Datenträger.

Dem Geschäftsherrn, d.h. hier also dem Trägerunternehmen, steht jedoch bei dieser Haftungsart die Möglichkeit der "Entlastung" offen. So tritt eine Schadensersatzpflicht nicht ein, wenn der Geschäftsherr, d.h. hier die Verantwortlichen des Trägerunternehmens (z.B. der Vorstand oder die beauftragten Abteilungsleiter), bei der Auswahl der bestellten Person und bei deren Beaufsichtigung die im Verkehr erforderliche Sorgfalt beobachtet haben oder wenn der Schaden auch bei Anwendung dieser Sorgfalt entstanden wäre.

6.3.2.3 *Haftung des einzelnen Arztes aus Delikt*

Neben der Haftung der Dachorganisation (als Trägerunternehmen des DIC) eines regionalen INA gegenüber den Benutzern bzw. Betroffenen könnte auch eine Schadensersatzpflicht der einzelnen Ärzte gegenüber den Patienten infolge unzureichender Datensicherungsmaßnahmen in Frage kommen.

Gemäß § 823 Abs. 2 BGB in Verbindung mit § 203 StGB (Schadenszufügung durch Verletzung der Schweigepflicht) tritt eine Haftung des Arztes gegenüber dem Patienten nur bei vorsätzlicher Verletzung der Schweigepflicht ein.

§ 203 StGB setzt nämlich die vorsätzliche unbefugte Offenbarung von Geheimnissen voraus, die dem Täter, d.h. hier dem Arzt, im Rahmen seines Berufes anvertraut oder bekannt geworden sind. Die Beschränkung der Strafbarkeit bei Verletzung der Schweigepflicht auf Vorsatz hat für die haftungsrechtliche Frage die Folge, daß auch hier nur bei einer vorsätzlichen Verletzung der Schweigepflicht eine Schadensersatzpflicht gemäß § 823 Abs. 2 BGB eintritt, da § 823 Abs.2 BGB keine Erweiterung der Tatbestandsvoraussetzungen der Schutzvorschriften (das ist § 203 StGB) vornimmt. Folglich kann fahrlässige Verletzung der Schweigepflicht einen Schadensersatzanspruch aus § 823 Abs. 2 BGB i.V.m. § 203 StGB nicht begründen.

Auch die Strafvorschrift des BDSG (§ 41) setzt ein vorsätzliches Handeln voraus. Hier tritt also ebenfalls nur eine Haftung bei vorsätzlicher Verletzung dieser Bestimmung ein.

Dagegen ist eine Haftung gemäß § 823 Abs. 2 BGB i.V.m. § 6 BDSG schon bei Fahrlässigkeit möglich. § 6 BDSG Abs. 1 schreibt vor, daß der Verarbeiter personenbezogener Daten die "erforderlichen und zumutbaren technischen und organisatorischen Maßnahmen gegen Mißbräuche bei der Datenverarbeitung" zu treffen hat. Diese Vorschrift stellt ein Schutzgesetz im Sinne des § 823 Abs. 2 BGB dar, da sie den Schutz des Einzelnen, hier des Betroffenen bezweckt.

Eine Haftung - d.h. also eine Verpflichtung auf Beseitigung bzw. Unterlassung gem. § 1004 oder auf Schadensersatz einschließlich "Schmerzensgeld" gem. § 847 BGB - wäre also z.B. dann gegeben, wenn ein Schaden (bzw. eine Beeinträchtigung) - auch immaterieller Schaden, z.B. Ansehensverlust einer Person - dadurch entstanden ist, daß deren Daten durch fahrlässige (§ 276 BGB) Außerachtlassung der erforderlichen und zumutbaren Datensicherungsmaßnahmen (i.w.S.) bekannt geworden sind.

Das Verschulden der datenverarbeitenden Stelle wird vermutet, wenn er die in der Anlage zu § 6 oder in einer Verordnung gemäß § 6 Abs. 2 vorgeschriebenen Sicherungsanforderungen nicht im zumutbaren Maße erfüllt hat.

Während die Haftung aus unterlassener Sicherheitsvorkehrung aus der
A n l a g e zu § 6 gem. § 823 Abs. 2 BGB i.V.m. § 6 BDSG nur bei "automatisierter" Datenverarbeitung möglich ist, greifen § 823 Abs. 2 i.V.m.
§ 6 und § 823 Abs. 1 BGB bei einer Verletzung des Persönlichkeitsrechts
auch bei der herkömmlichen "manuellen" Datenverarbeitung (z.B. mittels
Karteien) ein, falls sie "in Dateien" nach der Legaldefinition des § 2
Abs. 3 Ziff. 3 BDSG geschieht.

Voraussetzung ist, daß eine verschuldetermaßen (d.h. es genügt schon Fahrlässigkeit) ungenügende Sicherungsmaßnahme ursächlich für eine tatsächliche Verletzung des in § 1 BDSG definierten Datenschutzes bzw. des
Persönlichkeitsrechts eines Betroffenen geworden ist. (Beispiel: Putz-
frau entwendet die offen herumliegende formularähnliche Patientenkarte
eines ihr benachbarten Einzelhändlers und verbreitet deren Inhalt, was
zu Geschäftseinbußen führt.)

6.3.2.4 *Haftung des einzelnen Arztes aus Vertrag*

Weiter können sich jedoch Schadenersatzpflichten zwischen Arzt und Patient
auch aus dem Vertragsverhältnis zwischen beiden Parteien ergeben. Die
Verletzung von Sorgfaltspflichten, die der Arzt aus dem Behandlungsvertrag dem Patienten schuldet, kann nämlich bei vorliegendem Schaden zu
dessen Ersatz verpflichten. Nur ist der vertraglich begründete Schadensersatz bei immateriellen Schäden (wie z.B. der Verletzung des Persönlichkeitsrechts) beschränkt auf den Anspruch auf Naturalherstellung
(§ 249 Satz 1 BGB); d.h. eine Geldentschädigung als Schmerzensgeld ist
gemäß § 253 BGB nicht möglich. Der Anspruch auf Naturalherstellung bei
immateriellen Schäden hat aber nur geringe praktische Bedeutung, da
Naturalherstellung bei informationellen Schäden meist unmöglich ist. -

Z u s a m m e n f a s s e n d läßt sich also für INA feststellen, daß
eine Haftung des Trägerunternehmens, das das Rechenzentrum DIC betreibt,
gegenüber seinen Benutzern möglich ist, aber durch Vertrag bzw. durch
Satzung ausgeschlossen werden kann. Eine Haftung des Arztes gegenüber
seinen Patienten wegen ungenügender Datensicherungsmaßnahmen bei seinem
Arzt-Computer oder bei in seinem Auftrag betriebenen Arbeiten im DIC
ist bei v o r s ä t z l i c h e r Verletzung der Schweigepflicht gemäß
§ 203 StGB und bei vorsätzlicher Weitergabe von durch das BDSG geschützten personenbezogenen Daten (§ 41 BDSG) gegeben, ebenso bei f a h r -
l ä s s i g e r Außerachtlassung der gem. § 6 BDSG notwendigen und

zumutbaren Sicherungsvorkehrungen bzw. bei Nichtbeachtung der in der
Anlage zu § 6 oder durch eine gem. § 6 Abs. 2 BDSG erlassenen Verordnung
vorgeschriebenen Anforderungen. Eine Haftung wegen verschuldeter (vorsätzlicher oder fahrlässiger) Verletzung des Persönlichkeitsrechts (§ 823
Abs. 1 BGB) ist bei Vorliegen einer Beeinträchtigung bzw. eines Schadens
sowohl bei "manueller" wie auch bei "automatisierter" Datenverarbeitung
möglich.

6.4 GEFÄHRDUNG DES EDV-SYSTEMS VON INA IM EINZELNEN

Die oben abstrakt geschilderten Gefahren für EDV-Systeme (Fehler-Verlust-
Mißbrauch) sind nun für INA zu konkretisieren.

6.4.1 Gefährdung durch Fehler

Die Gefährdung von Daten durch Maschinenfehler bei Verarbeitung oder
Transport hat in letzter Zeit stark an Bedeutung verloren. Die schon
üblich gewordenen hardware-mäßigen Sicherungen über parity-bits oder
die im Betriebssystem eingebauten Prüfroutinen haben die Fehlerhäufigkeit auf eine verschwindend geringe Quote reduziert. Das schwächste Glied
in der Kette der einzelnen Elemente des Informationssystems ist immer
noch der Mensch.

Bedienungsfehler können, soweit sie bei der Kommunikation mit der Maschine auftreten, durch eine entsprechende Gestaltung des Dialogs erkannt
und Unstimmigkeiten aufgezeigt werden.

Neben Fehlern bei der Bedienung, die - soweit sie nicht zu einem irre-
versiblen Verlust von Daten führen - meist ohne nachteilige Folgen bleiben, sind es vor allem die Fehler bei der Erfassung der Daten, die am
häufigsten auftreten. Da man die Fehler bei der Erfassung nicht generell
verhindern kann, kommt es vor allem auf das Erkennen und Korrigieren
dieser Fehler an. Dazu sind auch Hardware-(Unterscheidung von numeri-
schen und alphanumerischen) und Softwaremaßnahmen (Plausibilitätsprüfungen) [1] geeignete Mittel.

---

1) Plausibilitätsprüfungen sind gerade bei medizinischen Daten besonders wichtig; um
   Fehlern bei der Erfassung der Daten zu begegnen, sollte ihnen besonderes Augenmerk
   gewidmet werden.

Einen wichtigen Gefahrenpunkt bildet auch die Funktionsfähigkeit der
Anlage. Der Ausfall infolge von Hard- oder Softwarefehlern kann bei
einer totalen Abhängigkeit vom System zu einer Unmöglichkeit der Weiter-
arbeit führen. Oft läßt sich aber durch entsprechende Unterlagen, die
periodisch für den Fall der Funktionsunfähigkeit vorbereitet werden
(z.B. Dateiauszüge, Listen etc.) und so eine weitere "manuelle" Bearbeitung der dringendsten Vorgänge ermöglichen, der Ausfall der Anlage überbrücken.

6.4.2 Gefährdung durch Katastrophen

Die Gefährdung durch Katastrophen ist zwar real, wenn auch von geringerer
Wahrscheinlichkeit. Aus Kostengründen wird man sich mit seinen präventiven Maßnahmen in der Regel auf einen detaillierten Katastrophenplan
beschränken. Im übrigen wird man bestrebt sein, Katastrophenschäden
möglichst gering zu halten. Besonderer Wert ist dabei auf die Sicherung
von nachträglich nicht mehr rekonstruierbaren Datenbeständen zu legen.

6.4.3 Gefährdung durch Mißbrauch

Die größte Gefahr stellt zweifelsohne die Gefährdung durch Mißbrauch der
gespeicherten Daten dar. Die Empfindlichkeit personenbezogener medizinischer Daten braucht nicht näher dargelegt zu werden. Daß die kriminelle
Energie, sich dieser Daten mißbräuchlich zu bemächtigten, nicht gering
ist, zeigt das Beispiel des Einbruchs in die Praxis des Psychiaters
Daniel Elsberg. Die steigende Gefahr, durch gezielte Veröffentlichung
bestimmter medizinischer Daten das öffentliche Ansehen einer Person
ruinieren zu können, sollte zu dem Bemühen führen, die EDV nicht nur zur
Rationalisierung und zur Entlastung von Routinearbeiten einzusetzen,
sondern auch ihre Möglichkeiten zu einem verbesserten Datenschutz zu
nutzen, d.h. hier: eine verbesserte Sicherung medizinischer Daten einzu-
führen.

Schöpft man nämlich alle ohnedies sinnvollen Sicherungsmaßnahmen aus,
so läßt sich bei der automatisierten Datenverarbeitung ein sehr viel
höherer Sicherheitsgrad erreichen, als dies bei der herkömmlichen manuellen Datenverarbeitung der Fall war.

Zwischen einer nur durch einen Stahlschrank mit Schlüssel geschützten
Patientenkartei und einer verschlüsselten Speicherung der Patienteninformation im mehreren Dateien, deren Daten für sich keine Rückschlüsse
auf die Person zulassen und die über entsprechende Zugriffssicherungen
verfügen, besteht ein erheblicher qualitativer Unterschied. Man soll die
Chance eines besseren Schutzes der dem Arzt anvertrauten Patienteninformationen durch EDV nicht ungenützt verstreichen lassen [1].

6.5 MASSNAHMEN ZUR DATENSICHERUNG IM EINZELNEN

Im folgenden sollen für geeignet gehaltene Datensicherungsmaßnahmen (im
oben definierten Sinne) für die einzelnen Systemelemente DOC, DOT und
DIC vorgeschlagen werden.

6.5.1 Doctor's Office Computer

6.5.1.1 Sicherung vor Fehlern

Für DOC sind im Systemvorschlag zwei Arten der Erfassung vorgesehen:
-    direkt im Dialog über Bildschirm
-    Eingabe z.B. über Markierungsleser.

Danach bemessen sich die Sicherungsmaßnahmen.

(1) Für die Eingabe über B i l d s c h i r m ist zu fordern, daß die
eingegebenen Zeichen sofort über den Bildschirm lesbar sind und ggfs.
auch bestätigt werden (Echoeffekt). Durch den Vergleich von Originalbelegen mit dem eingegebenen Text auf dem Bildschirm ist eine visuelle
Kontrolle der Übereinstimmung möglich. Mit einer entsprechenden Gestaltung des Eingabe-Dialogs, d.h. des Frage-Antwort-Spiels zwischen dem die
Daten anfordernden Programm und dem Gerätebediener, der auf die Fragen
zu reagieren hat, läßt sich verhindern, daß wichtige Daten vergessen werden. Zur Prüfung der Richtigkeit der eingegebenen Daten sollten umfangreiche Format- und Plausibilitätskontrollen in das Programm aufgenommen
werden (Beispiel: Die Postleitzahl kann nur aus Ziffern bestehen, Geburtsjahr und Altersangabe müssen konsistent sein).

---

1) Postulat VIII des zusätzlichen Schutzes (oben 4.4.8).

Auch eine gewisse F o r m a t i e r u n g   d e r   E i n g a b e d a -
t e n kann zu einer Verringerung der Fehlerquote führen. Je präziser
nämlich die Festlegung eines Formats möglich ist, um so leichter ist die
Feststellung eines Fehlers. So sollten Ordnungsbegriffe (z.B. die Patientennummer) nach Möglichkeit keine unterschiedlichen Längen haben. Denn
dadurch ist es möglich, z.B. das Weglassen oder Hinzufügen einer Ziffer
sofort zu erkennen. Auch ist die Verwendung von Prüfziffern (z.B. nach
Modulo-11) zu empfehlen, da dadurch über 98 % der Eingabefehler erkannt
werden können. Bei der Festlegung der Eingabedaten sollte auch berücksichtigt werden, daß erfahrungsgemäß Texte oder Zeichenfolgen, die aus
sich heraus verständlich sind, weniger fehleranfällig sind als bestimmte
Codes, die nur über ein Schlüsselverzeichnis "decodiert" werden können.
Verständliche Texte haben zudem den Vorteil, daß Fehler u.U. durch den
Kontext korrigierbar sind.

Insoweit verbindet sich vorteilhaft eine Datensicherungsmaßnahme mit erhöhter Benutzerfreundlichkeit.

Die Sicherung vor Fehlern bei der B e a r b e i t u n g   und der
S p e i c h e r u n g ist bei allen modernen Datenverarbeitungsanlagen
im wesentlichen hardwaremäßig realisiert. Je nach Größe der Anlage und
nach Auslegung des Betriebssystems ist die Fehlerbehandlung mehr oder
weniger komfortabel. In der Regel werden parity-bits zeichen- oder block-
weise verwendet, die zumindest eine Fehlererkennung ermöglichen. Je nach
Redundanz des Codes sind Ein- und Mehr-Bit-Fehler eines Zeichens sogar
korrigierbar.

Die Betriebssysteme auch schon kleinerer Rechner sind in der Regel in der
Lage Operationen, die sie als nicht einwandfrei erkannt haben, zu wiederholen, wie z.B. Lesen oder Schreiben auf ein Magnetband.

Diese Maßnahmen zur Fehlersicherheit bei der Verarbeitung sind je nach
Hersteller und Größe des Gerätes verschieden intensiv. Sache der A u s -
s c h r e i b u n g bei der Beschaffung der entsprechenden Hardware-
Ausstattung ist es, auf diese Maßnahmen zur Datensicherung näher einzu-
gehen. Die Checkliste bei der Prüfung der Angebote sollte auch die vom
Hersteller vorgesehenen Vorkehrungen

-   zum Schutz des "Supervisorstatus"
-   des Speicherschutzes

- von Fixpunkten (checkpoint-restart-Routine) und
- Einrichtungen zur Sicherung vor Überschreiben bei Magnetband oder
  Plattengeräten (z.B. Schreibring oder Schalter)

enthalten.

Zu den Sicherungsmaßnahmen bei der Verarbeitung gehören auch rein organisatorische Maßnahmen, wie z.B. Regelungen zur genauen Beschriftung der einzelnen Datenträger, eine entsprechend gute Dokumentation der Datenträger, d.h. eine genaue B u c h f ü h r u n g über ihren Inhalt.

Bei D a t e n f e r n v e r a r b e i t u n g kann je nach Störanfälligkeit der Leitungen die Fehlerquote beim Transport von Daten verschieden groß sein. Es ist Sache der Datenübertragungseinrichtungen, diese Fehler zu erkennen oder sogar zu korrigieren. Hier seien nur ein paar Möglichkeiten aufgezählt, die eine fehlerarme Übertragung der Daten gewährleisten können. Bei der Auswahl der zu beschaffenden Datenübertragungsgeräte ist auf die Vorkehrungen zur Datensicherung näher einzugehen.

Folgende Maßnahmen sind möglich:

- zeichenweise Übertragung mit parity-Prüfung
- zweimaliges Senden
- Sendewiederholung bei einem festgestellten Fehler
- Parity-bit mit Kreuzsicherung (Länge- und Querparity)
- Summenkontrolle (Zeichen werden vom Sender und Empfänger addiert und deren Summe miteinander verglichen).

Eine Gefährdung der Daten ist auch bei einer offline-Übertragung (durch Post oder Kurier) von Daten gegeben (häufig fälschlich "Datenträgeraustausch" genannt). Vor allen Dingen ist hier der Datenträger selbst Objekt des Verlustes oder der Beschädigung. Einfachste Sicherungsmaßnahme ist, die Daten vor dem Transport auf einen anderen Datenträger zu kopieren.

Die gespeicherten Daten müssen weniger vor Fehlern als vor Verlust gesichert werden. Diebstahl, Zerstörung oder Beschädigung von Datenträgern oder auch unbeabsichtigte Löschung können bei nicht mehr rekonstruierbaren Daten zu einer erheblichen Beeinträchtigung der Funktion des Gesamtsystems führen. Hauptvorkehrung zur Sicherung vor dieser Gefahr ist, daß diese Daten im System mindestens zweimal vorkommen. So werden Bänder nach der "Generationsmethode" neu beschrieben, Direktzugriffspeicher von Zeit zu Zeit auf ein Magnetband dupliziert und die inzwischen vorgenommenen

Änderungen in Änderungsprotokollen, sei es maschinell in Dateien (Log-
Bänder) oder in schriftlichen Unterlagen, festgehalten. Ziel beider Maßnahmen ist es, die verlorenen Daten wieder rekonstruieren zu können.

(2) Die Sicherungsprobleme bei der Erfassung über M a r k i e r u n g s-
l e s e r   liegen mehr bei der formal (z.B. Ziffernschreibweise) wie inhaltlich richtigen Ausfüllung der Belege als beim maschinellen Einlesen.
So ist die Fehlerhäufigkeit besonders groß, wenn nicht genügend vorbe-
reitete oder fachlich nicht hinreichend qualifizierte Personen die Belege
ausfüllen. Konkret heißt das in bezug auf INA: wenn Patienten die Mar-
kierungsbelege selbst ausfüllen sollen. Abgesehen von den psychologischen
Hemmnissen reicht der medizinische Sachverstand des Patienten oft nicht
aus, um die entsprechenden Felder richtig anzukreuzen oder auszufüllen.
Ratsam ist es auf jeden Fall, daß diese Belege unter Hilfestellung und
Kontrolle des Praxispersonals ausgefüllt werden. Eine formale Kontrolle
auf Richtigkeit und Vollständigkeit des ausgefüllten Belegs bei der Eingabe ist natürlich von Nutzen. Vor allem ist hier von Bedeutung, daß bei
dieser Erfassungsart schon die Gestaltung des Belegs einen großen Einfluß
auf die Fehlerquote hat.

6.5.1.2   *Sicherung vor Systemausfall*

Die Sicherung der Funktionsfähigkeit des Systems durch eine Notstromver-
sorgung oder gar eine Stand-by-Anlage kann von vornherein für DOC als zu
aufwendig ausgeschlossen werden. Legt man zugrunde, daß erfahrungsgemäß
bei kleineren EDV-Systemen die Ausfallhäufigkeit und die Wartungs-/Repa-
ratur-Zeiten bei entsprechend gutem (vom Hersteller abhängigen) Wartungs-
dienst sehr gering sind, so ist der Ausfall eines DOC nur mehr als ein
lästiger Zwischenfall anzusehen. Gleichwohl sollten durch periodisch aus-
gedruckte Dateiauszüge in Form von Katalogen oder Listen Unterlagen für
diese Notfälle bereitgehalten werden. Dann können nämlich durch "manuelle"
Datenverarbeitung die dringendsten Arbeiten weiter erledigt werden, und
der Arzt kann auch auf die zur Behandlung seiner Patienten notwendigen
Daten zugreifen.

Hier muß jedoch angemerkt werden, daß aus Datenschutzgründen diese Verzeichnisse streng verschlossen aufbewahrt werden sollten. Weiter ist zu
fordern, daß die Verzeichnisse mit medizinischen Daten keine Rückschlüsse
auf die Personen zulassen, das heißt, daß eventuelle Patientenverzeich-
nisse, die die Stammdaten enthalten, keine medizinischen Daten aufweisen

und die medizinischen Datenkataloge und Listen keine Stammdaten enthalten.

Die Verknüpfung ist dem Arzt über die Patientennummer möglich.

Zu überlegen wäre auch, inwiefern der Zentralrechner (DIC) in dieser Ausfallzeit des DOC gewisse Funktionen übernehmen könnte. Das Bildschirmgerät des Arztes müßte dazu einfach umschaltbar sein von dem DOC auf die Datenübertragungseinrichtung zum DIC. Im DIC müßte für solche Fälle Speicherplatz freigehalten werden, in den in einer Initialisierungsphase aus einem Hintergrundspeicher des ausgefallenen DOC die wichtigsten Arbeitsdateien geladen werden könnten. Nach Beendigung dieser Übernahme der Funktionen des DOC durch DIC müßten diese Arbeitsdateien selbständig vom System her wieder gelöscht werden. Voraussetzung für die Übernahme von DOC-Funktionen durch DIC ist jedoch, daß eine leistungsfähige Netzstruktur, Peripherie-Kompatibilität der Systeme und Portabilität der Programme besteht.

6.5.1.3   *Sicherung vor Katastrophen*

Abgesehen werden soll hier von Vorschlägen baulicher und einrichtungstechnischer Art, da sie für eine Arztpraxis zu aufwendig sind. Zu realisieren sind hier nur Sicherungen, die die Folgen einer Katastrophe möglichst gering halten. Eine Auslagerung der kopierten Datenbestände in andere Gebäudeteile bietet sich an. Von Vorteil ist unter dem Gesichtspunkt der Sicherung vor Katastrophen, daß das geplante INA sehr dezentral ausgelegt ist, da dann das Risiko der Vernichtung des gesamten Daten- und Programmbestandes breiter gestreut ist. (Vgl. im Gegensatz dazu unter 6.5.3.2 bei DIC!).

Voraussetzung ist natürlich, daß die dezentral vorhandenen Daten auch ohne Rückgriff auf die anderen Datenbestände verwendbar sind (autonome Subsysteme).

6.5.1.4 *Sicherung vor Mißbrauch*

Da bei INA sehr empfindliche Daten gespeichert werden, ist der Schutz
vor Mißbrauch besonders bedeutsam. Folgende Hauptgefahren sind dabei
zu berücksichtigen:

- unberechtigter Zugriff auf Daten (z.B. durch unbefugte Personen
  über das Arzt-Terminal)

- unberechtigter Umgang mit Programmen (z.B. durch Operateure im
  Rechenzentrum des DIC)

- Diebstahl von Datenträgern, um sich der darauf gespeicherten Daten
  zu bemächtigen (z.B. um medizinische Informationen über bestimmte
  Patienten zu erlangen).

Bei der Sicherung vor Mißbrauch istjedoch nicht nur auf den vorsätzlich
handelnden Täter abzustellen, sondern es ist auch eine fahrlässige oder
zufällige Preisgabe von Dateien und Programmen durch geeignete Vorkehrungen zu verhindern.

Praktisch weniger bedeutsam für das geplante INA, jedoch nicht zu ver-
nachlässigen sind die Gefährdungen, die durch
- Mithören des Rechenzentrums-Betriebes
- Anzapfen von Übertragungsleitungen
entstehen können.

Während die Sicherungsmöglichkeiten gegen Abhören durch abgesicherte
Räume und Magnetfelder als zu aufwendig auszuscheiden sind, gibt es zur
Sicherung gegen das Anzapfen von Leitungen schon serienmäßige Geräte.
Die zu übertragenden Signale werden von Verschlüsslern oder Zerhackern
(data scrambler) so verändert, daß deren Erkennung für Außenstehende
nur mit größtem technischen Aufwand möglich ist. Auch eine von der DVA
selbst vorgenommene Verschlüsselung der zu übertragenden Daten, z.B.
über Code-Umsetztabellen, ist möglich.

Das bedeutsamste Problem des Schutzes vor Mißbrauch bei einem DOC wird
wohl der Schutz vor unberechtigtem Zugriff sein. Darunter ist einmal
der unbefugte Zugriff von nicht berechtigten Personen über die dem berechtigten Benutzer zur Verfügung stehenden Geräte (z.B. Bildschirm)
zu verstehen, als auch die nicht berechtigte Verarbeitung von Daten
eines Arztes durch andere nicht berechtigte Elemente des Verbundsystems
INA (z.B. durch andere Benutzer bzw. durch Angestellte eines anderen

Benutzers). Für DOC sind folgende Schutzvorkehrungen als Mindestanforderungen zu verlangen:

- ein Ausweisabtaster am Terminal oder/und
- ein Schlüssel, mit dem man das Terminal abschließen, bzw. zur Benutzung freigeben kann.

Organisatorisch ist darauf zu achten, daß der Ausweis und der Schlüssel von Berechtigten sorgfältig verwahrt werden, so daß Unberechtigte sich ihrer nicht bemächtigen können.

Eine weitere Prüfung der Benutzerberechtigung ist über entsprechende Softwaremaßnahmen möglich [1], nämlich durch

- Anmelderoutinen (Passwort oder Dialog)
- direkte Persönlichkeitsidentifizierung.

Beim A n m e l d e v e r f a h r e n sind bestimmte Kennzeichen des Benutzers einzugeben, die vom Eröffnungsprogramm geprüft werden. Solche Kennzeichen sind z.B. bestimmte Passwörter, die nur dem Berechtigten bekannt sind und die von ihm und der Anlage geheim zu halten sind. Die Passwörter werden sinnvollerweise in nicht festgelegten Zeutabständen gewechselt. Der Benutzer hat vor allem darauf zu achten, daß er bei der Eingabe des Passworts nicht von anderen Personen beobachtet wird, da sonst diese Sicherungsmaßnahme schon durchbrochen ist.

Eine größere Sicherheit bietet ein E r ö f f n u n g s d i a l o g. Das System wählt dabei nach einem dem Benutzer nicht erkennbaren Algorithmus aus einer vorher eingegebenen Menge von Fragen eine oder mehrere aus und präsentiert sie auf dem Bildschirm. Der Benutzer hat dazu dann die Antworten einzugeben, die das System mit den vorher eingegebenen, festgelegten und eingespeicherten Daten vergleicht. Bei Übereinstimmung wird entweder eine Neufrage präsentiert oder werden die Fragen so ausgewählt, daß die Antwort nur dem berechtigten Benutzer, diesem jedoch auf Anhieb, bekannt sind (z.B. Fragen nach Daten aus der Kindheit oder über Verwandte etc.). Zusätzlich sollte ein solches Frage-Antwort-Spiel durch eine eingebaute Alarmierung abgespeichert werden. Durch Protokollierung und Überwachung jedes Eröffnungsdialogs können Versuche zur Durchbrechung der Sicherung leicht festgestellt und evtl. auch sofort

---

1) Als eingehende Untersuchungen vgl. nunmehr REISCHMANN (Benutzeridentifizierung) und HABERÄCKER/LEHNER (Zugriffssicherung).

gemeldet werden. Dazu sollten auch die Öffnungszeiten des Terminals, gegebenenfalls auch Zugriffe und Verarbeitungen protokolliert werden, so
daß dem verantwortlichen Benutzer Unterlagen zur Kontrolle zur Verfügung
stehen. Für DOC ist als organisatorische Sicherung zu wünschen, daß der
berechtigte Benutzer z.B. beim Verlassen des Raumes, also bei jeder Verhinderung der Überwachung der Benutzung des Terminals, dieses "ver-
schließt", also hard- oder softwaremäßig ausschaltet.

Natürlich bedeuten die Vorkehrungen zur Benutzeridentifizierung einen
gewissen Aufwand, und sie werden wohl vom Berechtigten als lästig empfun-
den; aber dadurch wird es möglich, der Verantwortung leichter gerecht
zu werden, die sich aus der Obhutspflicht für die anvertrauten persönlichen Daten ergibt.

Die andere Methode der Benutzeridentifikation über d i r e k t e P e r -
s ö n l i c h k e i t s i d e n t i f i z i e r u n g kann hier als
hard- und softwaremäßig vorläufig [1] zu aufwendig ausgeschlossen werden:
So ist die Erkennung des Fingerabdruckes oder der Fingerlängen (durch
Sensor) oder der Sprache oder Unterschrift des Benutzers für das hier
vorgesehene System kostenmäßig (noch) nicht zu vertreten.

Zu unterscheiden von der Benutzeridentifikation ist die B e r e c h t i -
g u n g s p r ü f u n g für den Zugriff zu bestimmten Dateien und Programmen. Vorausgesetzt ist dabei, daß mehr als eine Klasse von Daten unterschieden wird, für die eine unterschiedliche Zugriffsberechtigung
besteht. Beim DOC ließe sich etwa zwischen besonders geschützten Daten
(z.B. medizinische Daten) und den übrigen Daten (z.B. Praxisverwaltungs-
daten, Auskunftssysteme etc.) unterscheiden und dementsprechend ein Unterschied in der Zugriffsberechtigung zwischen Arzt und Hilfspersonal
machen. Ob eine solche Trennung sinnvoll ist, läßt sich erst nach einer
näheren Untersuchung der Aufgabenverteilung in der Praxis zwischen Arzt
und Hilfspersonal entscheiden. Anbieten würde sich z.B., einen Unterschied in der Berechtigung beim Zugriff zwischen dem Terminal beim Empfang
und einem im Konsultationszimmer zu machen. Das Terminal beim Empfang
könnte z.B. im Zugriff beschränkt werden auf die Stammdaten, um diese
zu ergänzen oder Neuaufnahmen vorzunehmen, und ggf. auf Therapiedaten,
um Folgerezepte zu veranlassen. Softwaremäßig ist die unterschiedliche
Berechtigung der einzelnen Terminals realisierbar über Passwörter oder

---

1) In absehbarer Zeit werden aufgrund der fortschreitenden Entwicklung billiger und
   leistungsfähiger Mikroprozessoren hier Änderungen wohl eintreten.

Berechtigungsschlüssel zu den einzelnen Dateien oder auch Feldern, oder
durch einen dauernden Ausschluß dieses Gerätes von bestimmten Dateien
durch das Programm.

Bei der Implementierung des Systems sollte deshalb die Berechtigung der
einzelnen Benutzern in einer Z u g r i f f s m a t r i x definierbar
sein.

In ihr werden bestimmte Berechtigungsstufen (Dateien, Felder, Programme,
Lesen/Schreiben) festgelegt und an ein Identifikationsmerkmal (z.B.
Passwort) gebunden. Bei jedem Zugriff auf Dateien und Programme wird
also über diese Matrix die Berechtigung geprüft und ggf. protokolliert.[1]

Beispiel einer Zugriffsmatrix:

Benutzer	Passwort	Datei	Feldschlüssel	Programme	Lesen/Schreiben
A	XY	STAMM	5Ø	1,2,1Ø	S
A	XZ	STAMM	1ØØ	3,4	S
B	YA	STAMM	1ØØ	1	L

Der Benutzer A kann also mit dem Passwort XY die Datei STAMM mit den
Programmen 1,2 und 10 verarbeiten, und zwar lesen wie auch verändern
(schreiben), jedoch nur Felder, deren Sicherungsnummer kleiner oder
gleich 50 ist, also keine Felder mit Sicherungsnummer größer 50.

Reicht die Programmebene für die Feindefinition nicht aus, so ist auch
eine Aufgliederung der einzelnen Aktionen möglich.

Eine weitere Möglichkeit zur Prüfung einer zulässigen Verarbeitung besteht darin, bestimmte Aktionen an bestimmte Z e i t e n (Tage oder
Stunden) zu binden; dann können zu allen anderen Zeiten (z.B. wenn
der Arzt nicht anwesend ist) die entsprechenden Operationen nicht oder
nur in einer höheren Hierarchiestufe ausgeführt werden.

---

1) Diese Art der Berechtigungsprüfung hat sich bei den größeren EDV-Systemen durchgesetzt. So bietet z.B. IBM mit dem Lizenzprogramm RACF (Resource Access Control
   Facility; nur unter MVS (Multiple Virtual Storage = OS/VS 2 Release 3.7) verwendbar)
   eine solche Zugriffskontrolle an. Vgl. auch die umfangreichen Ausführungen dazu
   bei AMESBERGER u.a. (Datenschutz), und BMFT (Forschungsbericht).

Die Gefahr eines unberechtigten Zugriffs von anderen Systemelementen auf die gespeicherten Daten im DOC ist nicht gegeben, da eine direkte Abfrage der Daten von anderen Systemelementen nicht vorgesehen ist.

Eine Gefährdung entsteht erst dadurch, daß alle oder nur bestimmte Daten vom DOC auf den Zentralrechner DIC a u s g e l a g e r t werden. Bei der Programmierung ist deshalb sicherzustellen, daß die Daten, die vom DOC an DIC weitergegeben werden - entsprechend den vorher aufgestellten Datenschutzforderungen -, keinen Rückschluß auf bestimmte Patienten zulassen. Zur Identifikation genügt es, daß eine Patientennummer dem Datenblock zugeordnet ist, die dann über die Stammdaten, die in DOC gespeichert werden, wieder eine Zuordnung zur Person erlaubt. Die Forderung, daß nur teilanonymisierte oder komprimierte, also depersonalisierte Daten an andere Systemelemente weitergegeben werden dürfen, ist im Datenschutzteil ausführlich erörtert. Des weiteren ließen sich die zur Weitergabe bestimmten Daten durch eine entsprechende Etikettierung (user-label) von den Stammdaten softwaremäßig unterscheiden. Im übrigen sollte die Speicherung von Daten eines DOC-Benutzers in DIC generell von dessen Einwilligung abhängig gemacht werden. Außerdem sollte ein lückenloser Nachweis der Inhalte, des Umfanges und der Speicherorte der Fremddaten vorgesehen werden, da nur dadurch eine Kontrolle des Verantwortlichen ermöglicht wird und somit seine Verantwortlichkeit erhalten bleibt (Protokollierung auf Log-Band).

Als mindester Schutz vor D i e b s t a h l v o n D a t e n t r ä g e r n ist zu fordern, daß sie unter Verschluß gehalten werden. Zusätzlich sollte ins Auge gefaßt werden, die auf Datenträgern gespeicherten Informationen zu verschlüsseln; denn der Diebstahl des Datenträgers ist nutzlos, wenn die darauf gespeicherten Informationen nicht oder nur unter großem technischem Aufwand wieder lesbar gemacht werden können.

Einfache und deshalb für DOC in Frage kommende Methoden der Verschlüsselung sind:

(1) Code-Umsetztabellen, mit denen die gespeicherten Daten in nicht von vornherein lesbare Codes umgesetzt werden.

(2) Es gibt verschiedene Algorithmen, um eingegebene Zeichen zu chiffrieren.

Die sicherste Methode der Verschlüsselung über Pseudozufallszahlengene-

"Index-sequentielle" (ISAM-) Dateien geordnet nach:

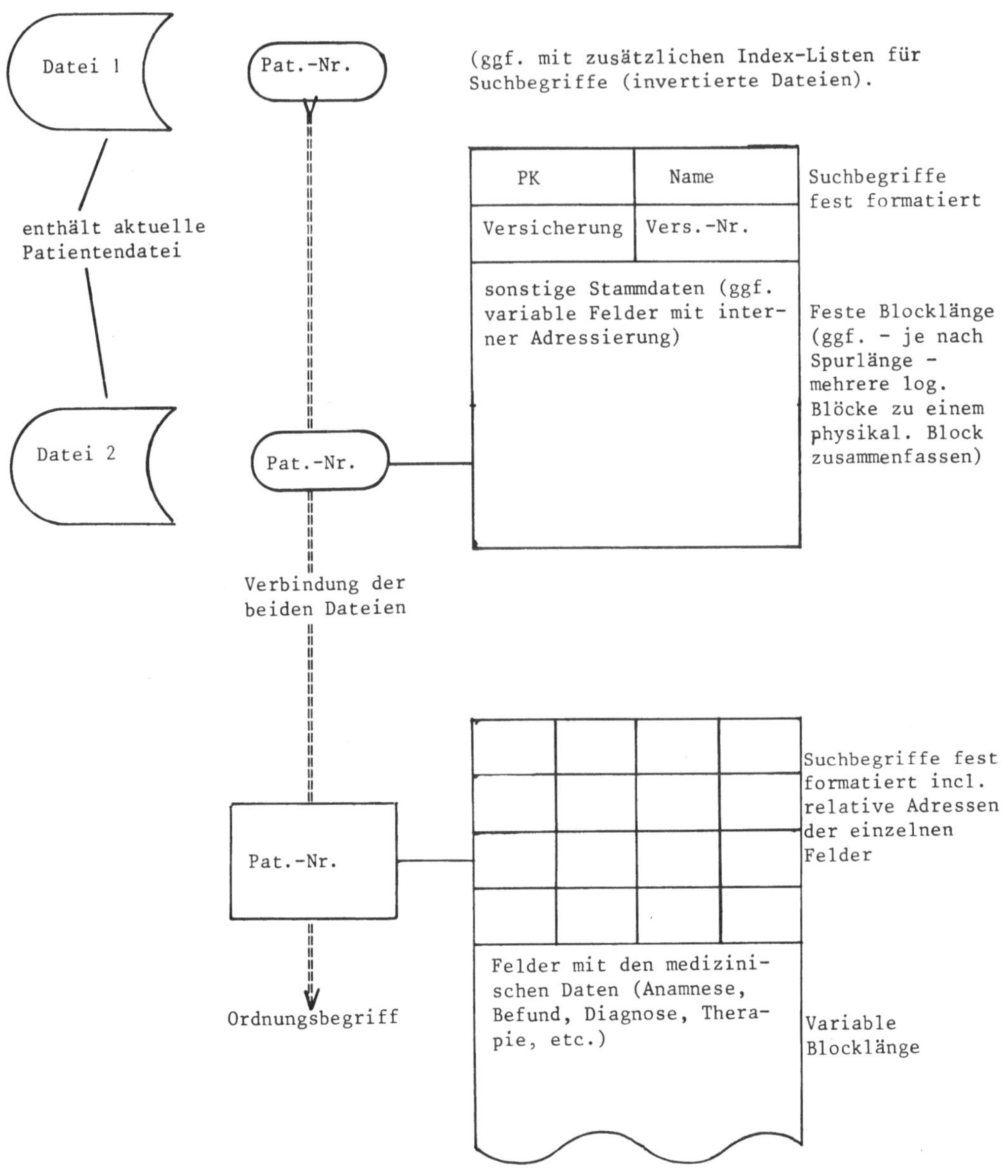

Abb.: Vorschlag 1 zur Dateiorganisation

ratoren ist jedoch zu aufwendig [1], da eine doppelte Speicherung (zum einen des Zufallcodes, zum anderen der Zeichen) notwendig wird. Diese Methode wird in der Regel auch nur bei Übertragungseinrichtungen eingesetzt. - Eine weitere brauchbare Möglichkeit der Sicherung der Daten vor den Folgen eines Diebstahls besteht darin, die empfindlichen Daten so auf verschiedene Datenträger aufzuteilen, daß die auf einem Datenträger gespeicherten Angaben allein nichts aussagen.

So wäre z.B. eine Verteilung der medizinischen Daten (seien es Anamnese-, Befund- oder Diagnose-Daten) und der Stammdaten des Patienten auf zwei verschiedene Datenträger eine wirkungsvolle Maßnahme; Voraussetzung ist natürlich, daß zwei Laufwerke für den Direktzugriffsspeicher vorhanden sind, da die Vorteile des Direktzugriffs auf jeden Fall erhalten bleiben sollen. Bei Vorliegen nur eines Laufwerkes für Direktzugriffsspeicher würde auch schon eine Aufteilung in zwei Dateien einen gewissen Schutz bieten.

Die Abbildungen 5 und 6 stellen dazu zwei mögliche Alternativen der Dateiorganisation dar.

In den Schutz vor Mißbrauch ist auch der T r a n s p o r t der Datenträger zwischen den einzelnen Systemelementen einzubeziehen. Einmal sollten die Datenträger nur in verschlossenem Behälter transportiert werden, zum anderen ist ein genauer Hinweis (z.B. ein Transportbegleitpapier) angebracht. Bei einem häufigen Kurierdienst sollten auch medizinische Daten und Stammdaten getrennt (auf zwei Datenträgern gespeichert) zum Transport gegeben werden. Auch eine Verschlüsselung der Daten vor der Speicherung auf den Datenträger zusammen mit einer von diesem Transport getrennten Überbringung des Schlüssels ist eine mögliche Sicherungsmaßnahme.

Bei Computerausdrucken ist die Verwendung von Spezialpapier zu überlegen, auf das ohne Farbtuch gedruckt wird und bei dem die Informationen nur nach der Beseitigung des aufgeklebten Kohlepapiers lesbar sind (derzeit hauptsächlich bei Vergütungsnachweisen verwendet).

---

1) Zudem nur für Übertragungseinrichtungen sinnvoll, die die wiederholte Sendung von Trickbotschaften nicht zulassen. Für statische Bestände (wie in INA) sind mehrfache Transpositionen und Permutationen besser geeignet; dazu KRATZER (Datensicherung).

Index-sequentielle Dateien (invertierte Dateien sind in der Pflege zu aufwendig)
geordnet nach:

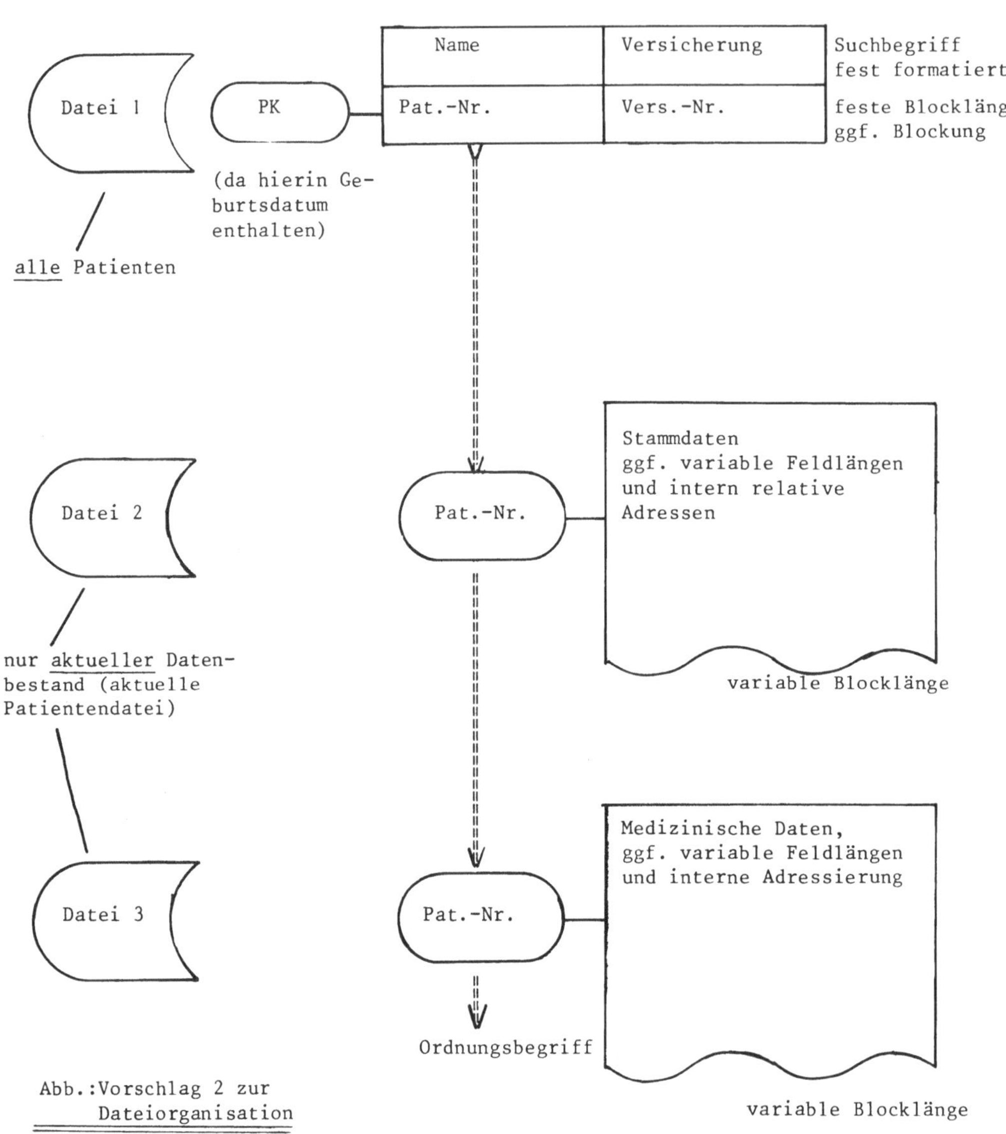

Abb.:Vorschlag 2 zur
       Dateiorganisation

Neben diesen technischen Sicherungsmaßnahmen dürfen die p e r s o n e l - l e n und i.e.S. o r g a n i s a t o r i s c h e n Vorkehrungen nicht vernachlässigt werden. Der Aufwand bei der Auswahl geeigneten Personals und deren Überwachung sollte angesichts der Gefährdung, die durch den Einsatz der EDV im medizinischen Bereich erheblich zunimmt, eher verstärkt werden. In diesem Zusammenhang soll auch darauf hingewiesen werden, daß die volle Verantwortung für den Schutz der anvertrauten Patientendaten trotz Einsatz der EDV ungeschmälert beim einzelnen Arzt verbleibt.

6.5.2 Doctor's Office Terminal

6.5.2.1 *Sicherung vor Fehlern*

6.5.2.2 *Sicherung vor Systemausfall*

Die Funktionsunfähigkeit kann einmal durch den Ausfall des Terminals und zum anderen durch den Ausfall der Datenübertragungseinrichtung beim DIC (TP-Processor) verursacht werden. Sind zwei Bildschirmgeräte für ein Terminal vorgesehen, so ist darauf zu achten, daß beide Bildschirme dieselbe Funktion übernehmen können. Ein evtl. vorgesehener unterschiedlicher Berechtigungsstatus kann dann nur softwaremäßig realisiert werden. Der Ausfall des Teleprocessors dagegen ist bei einer größeren Anzahl von DOT's schwerwiegender. Hier ist deshalb zu überlegen, ob diese Datenempfangsstation nicht in einer zweifachen Ausfertigung mit einer einfachen Handumschaltung vorgesehen werden sollte. Im übrigen kann der Ausfall auch hier - wie oben beim DOC beschrieben - mit vorher erstellten Dateiabzügen und der dadurch möglichen manuellen Datenverarbeitung zur Erledigung der dringenden Vorgänge überbrückt werden.

6.5.2.3 *Sicherung vor Mißbrauch*

Die Fragen der Benutzeridentifikation und der Berechtigungsprüfung sind identisch mit den bei DOC beschriebenen. Die Problematik bekommt nur dadurch eine andere Dimension, daß prinzipiell der Zugriff auf "Fremddateien" ermöglicht werden könnte. Damit verbindbar ist das Problem, daß die Daten "außer Haus" gespeichert werden, was eine erhöhte Mißbrauchsmöglichkeit bedeutet.

Als Minimalforderung der Datensicherung ist deshalb zu verlangen, daß
die einzelnen Fremddateien streng voneinander abgegrenzt werden. Einmal
kann es dadurch geschehen, daß getrennte Datenträger verwendet werden,
zum anderen dadurch, daß die Zugriffe der einzelnen Terminals softwaremäßig auf bestimmte Dateien beschränkt werden (Zugriffsmatrix); auch
lassen sich Dateien noch gesondert durch Systempasswörter vor Fremdzu-
griff sichern. Ein höherer Schutz der Daten kann durch eine verschlüsselte Speicherung der Daten erreicht werden. Es wird deshalb empfohlen,
daß alle Daten, die einem DOT eingegeben werden, um sie im DIC zu speichern, schon im DOT in einem dort festgelegten Code (z.B. über Umsetz-
tabelle oder Algorithmen) umgewandelt werden und dann erst über die
Datentransportleitung zum DIC gelangen, um dort in die betreffenden
Benutzerdateien eingetragen zu werden.

Durch diese Verschlüsselung wird ein mehrfacher Schutz erreicht. Einmal
sind bei einem zufällig durch einen Hard- oder Softwarefehler erlaubten
Zugriff eines anderen Benutzers die Daten für diesen unverständlich,
zum anderen ist eine Verarbeitung dieser Daten durch DIC - ob durch
erlaubte oder unerlaubte Programme - ohne Einwilligung des DOT-Benutzers
nicht möglich. Weiter wird dadurch ein Schutz vor Diebstahl des Datenträgers und vor unberechtigter Kopierung erreicht, für die in dem größeren DIC-Rechenzentrum leichter Gelegenheit gegeben ist. Zur Verarbeitung
seiner Dateien muß dem DOT-Benutzer über sein Terminal der Aufruf der
Dienstprogramme möglich sein, um die gleichen Bearbeitungen vornehmen
zu können, die im DOC autonom durchgeführt werden.
(Bei diesem Aufruf werden auch Decodierungstabelle oder -algorithmus
dem Programm zur Verfügung gestellt.)
Nicht möglich ist dagegen - was auch erwünscht ist - die selbständige
Verarbeitung von Fremddateien durch das DIC. Hier müssen erst durch
einen Aufruf des DOT-Benutzers die Daten aus seinen Dateien, die er
weitergeben will, entschlüsselt werden. Sie werden in vom DIC angelegten
"Sammeldateien" abgelegt und stehen dann der zentralen Verarbeitung
durch DIC zur Verfügung. In diesen Sammeldateien sollten die Patienteninformationen nur durch die Patientennummer und evtl. die vorangestell-
te Arznummer [1] identifizierbar sein.

Im übrigen gilt auch hier das bei DOC Ausgeführte, nämlich, daß ohne
Wissen des DOT-Benutzers keine Daten im DIC oder sonstwo gespeichert
werden dürfen. Weiter ist durch organisatorische Maßnahmen zu gewährleisten, daß die Datenträger der Benutzer den Operateuren nur gegen

---

1) Zu diesen Kennzeichen vgl. oben 5.2.1/2.

Nachweis (z.B. Anforderung des DOT-Benutzers über Konsole) und gegen
Protokollierung der Ausgabezeiten ausgehändigt werden.

Die Beziehung zwischen DOT und DIC unter dem Aspekt der Speicherung
verschlüsselter Daten wird in Abbildung 7 ersichtlich:

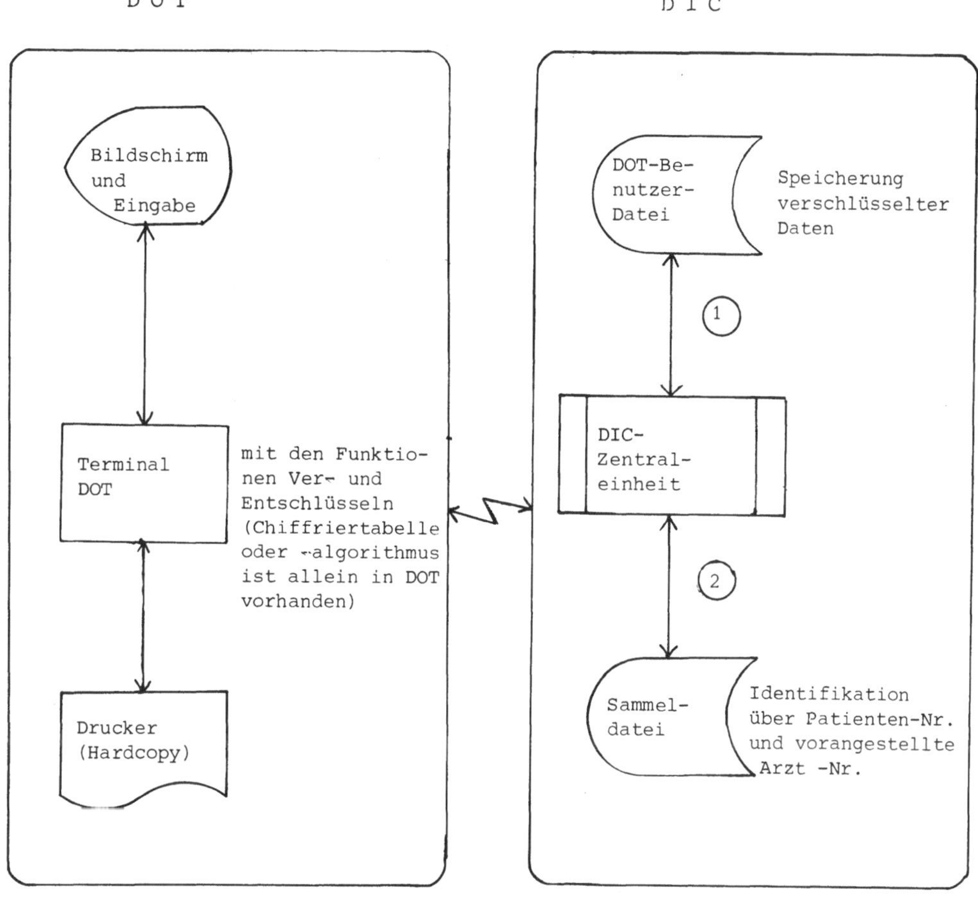

① Zugriff des DOT-Benutzers
zu den eigenen Dateien
und
Aufruf von Verarbeitungs-
programmen

② Initialisieren der Umsetzung
incl. Entschlüsselung be-
stimmter Daten in Sammel-
dateien

Abb.: Beziehung zwischen DOT und DIC

6.5.3 Doctor's Interchange Computer

6.5.3.1 Sicherung vor Fehlern

Da DIC als mittelgroßer Rechner konzipiert ist, ist die hardware- und
softwaremäßige Vorkehrung zur Fehlersicherung bei der Verarbeitung und
Speicherung der Daten Sache des Herstellers. Wie bei DOC erwähnt, gibt
es verschiedene Grade des Komforts. Sache der Ausschreibung ist es deshalb, die einzelnen Vorkehrungen zur Fehlersicherheit zu prüfen und
im Vergleich der Angebote zu bewerten.

6.5.3.2 Sicherung vor Systemausfall

Da DIC als Schalt- und Dienstleistungsrechner für die DOC/DOT-Benutzer
konzipiert ist, gewinnt die Ausfallssicherung eine besondere Bedeutung.
Der Ausfall von DIC nämlich bedeutet für alle DOT-Benutzer, daß sie
auf ihre Dateien nicht mehr zugreifen können. Weniger schwerwiegend ist
dagegen der Ausfall von DIC für die DOC-Benutzer, da diese autonom betrieben werden können. Die zentralen Funktionen, die DIC für die einzelnen DOC's übernimmt, stellen normalerweise keine so dringenden Arbeiten
dar, daß nicht bis zur Herstellung der Funktionsfähigkeit von DIC
gewartet werden könnte. Demgegenüber stellt die Patientendatenverwal-
tung, die DIC zentral für die DOT-Benutzer übernimmt, eine wahre Echt-
zeitverarbeitung dar. Daraus ist also zu folgern, daß der Aufwand für
die Ausfallssicherung des DIC abhängig ist von der Menge der einzelnen
DOT-Benutzer.

Mögliche Maßnahmen der Ausfallsicherung sind:
- die Anschaffung einer zweiten Anlage, die bei Ausfall Funktionen
  der ersten übernehmen kann (Stand-by-Anlage)
- ein Biprocessor-System, das auch bei Ausfall eines Processors als
  Monoprocessor gefahren werden kann und
- die Möglichkeit der Übernahme von einzelnen Funktionen des DIC durch
  andere Computer des Verbundsystems, z.B. durch LOC oder COC.

Im übrigen können durch eine entsprechende Gestaltung der Wartungsver-
träge die Ausfallzeiten klein gehalten werden.

6.5.3.3 Sicherung vor Katastrophen

Hier kommen vor allem Maßnahmen baulicher Art (verstärkte Wände, Feuer-
schutz etc.) in Frage. Einzelne Maßnahmen hier aufzuzählen würde den
vorgegebenen Rahmen sprengen. Es sei deshalb auf die einschlägige
Literatur verwiesen. Eine weitere Maßnahme zu Verminderung der nach-
teiligen Folgen einer katastrophalen Einwirkung dürfte die Auslagerung
des Daten- und Programmpotentials darstellen. Da aber die ausgelagerten
Daten entsprechend den Benutzerprofilen des Systems INA schnell veralten,
müßte eine Duplizierung der Dateien zu diesem Zwecke in kürzeren Zeit-
abständen erfolgen.

Stellt man schon aus den oben genannten Datensicherungsgründen den
einzelnen DOT-Benutzern Auszüge ihrer Dateien zur Überbrückung eines
Ausfalls ihres Terminals zur Verfügung, so kann dies als geeigneter Ersatz einer Auslagerung der Datenbestände dieser Dateien angesehen werden.

Dies hätte auch den Vorteil der d e z e n t r a l e n Speicherung.

6.5.3.4 Sicherung vor Mißbrauch

Neben den schon beim DOC erörterten Vorkehrungen gegen Mißbräuche ist
beim DIC ein besonderer Wert zu legen auf
 - Überwachung des Rechenzentrum-Betriebes und
 - Überwachung der Programmerstellung.

Aus der Fülle der möglichen Maßnahmen zur Betriebsüberwachung, die hier
nicht alle aufgezählt werden können, sind z.B. die genaue Buchführung
über die Datenträger und die Protokollierung der vom Rechenzentrum aus-
gesteuerten Verarbeitung zu nennen (Systemprotokolle, Log-Bänder). Sie
sollten einhergehen mit der entsprechenden Beaufsichtigung des Personals.

Da die Programme zweckmäßigerweise zentral im DIC erstellt, getestet
und gepflegt werden, sind hier auch entsprechende Vorkehrungen vor miß-
bräuchlicher Programmierung zu treffen. So sollte niemals ein Programmierer allein so selbständig ein Programm bearbeiten dürfen, daß er
nicht vorgesehene Schritte als unerlaubte Routinen einbauen könnte.

Nach bisheriger Erfahrung bietet sich vor allem eine streng modulare
Programmierung und eine zentrale Koordination und Kontrolle durch
einen Chefprogrammierer an.

Zu dem Komplex Programmierung ist noch zu bemerken, daß beim Test von
Programmen nicht mit aktuellen geschützten Daten gearbeitet werden darf.
Weiter sollten den Programmierern Vorgaben gemacht werden; z.B. daß
Arbeitsdateien sofort nach ihrer Benutzung vom Programm her gelöscht
oder daß Kernspeicherauszüge ("Dumps") bei den Produktionsläufen nicht
erlaubt, also zu verhindern sind.

6.6 ZUSAMMENFASSUNG

Die vorgeschlagenen Maßnahmen sollen hier noch einmal kurz zusammengefaßt werden. Die Datensicherungsvorkehrungen zur Gewährleistung des
Datenschutzes sind entsprechend der Anlage zu § 6 BDSG gegliedert, soweit diese einschlägig sind.

6.6.1 Doctor's Office Computer

(A) Datensicherung i.e.S.

- Erstellung von Dateiauszügen, um Ausfälle zu überbrücken;

- ggfs. Aufbau eines Rechnerverbundnetzes, das bei Ausfall des
  DOC den TP-Betrieb über das DIC ermöglicht;

- Kopieren und Auslagern wichtiger Datenbestände.

(B) Datenschutzvorkehrungen gemäß § 6 BDSG

(1) Zugangskontrolle:
- Ausweisleser, Schlüssel
- Einbruchssicherungen.

(2) Abgangskontrolle:
- Buchführung über Bestand
  und Verwendung der Datenträger
- gesicherte Aufbewahrung
- Stichprobenkontrolle beim Personal.

(3) <u>Speicherkontrolle</u>, <u>Benutzerkontrolle</u>, <u>Zugriffskontrolle</u>:
  - Identifikation der Benutzer, durch:
    - Passwort
    - zeitabhängige Verarbeitung
    - Ausweisleser;

  - Berechtigungsprüfung durch:
    - Zugriffsmatrix mit Definition der Berechtigung, für:
      - Dateien
      - Felder
      - Programme
      - Aktionen
      - Lesen/Schreiben
    - Hierarchiekonzept bei Berechtigungsstufen
    - Trennung von Stamm- und medizinischen Daten, Verteilung
      auf verschiedene Dateien; ggfs. auf verschiedene Daten-
      träger
    - Verschlüsselung der Merkmale; ggfs. Chiffrierung.
    - Kontrolle (Revision), durch:
      - Systemprotokolle
      - Aufzeichnung der Fehlversuche
      - Protokollierung der Dateizuordnungen, Programmaufrufe
    - Isolierung der Systemfunktionen
      (Supervisorstatus) und der entsprechenden SVC's (Super-
      visor Calls) bzw. Dienstprogramme.

(4) <u>Übermittlungskontrolle</u>:
  - kein automatischer Abruf
  - Aufzeichnung von Zeit, Adressat und Umfang einer Übermittlung
  - keine Weitergabe von Daten, die Außenstehenden personelle
    Rückschlüsse erlauben.

(5) <u>Eingabekontrolle</u>:
  - ggfs. Protokollierung der Aktionen
  - ggfs. Abspeicherung von Zeit, Autor und Art der Eingabe oder
    Änderung im Datensatz
  - Aufbewahrung der Urbelege mit Handzeichen der Eingabeperson
    und Datum
  - Arbeitsanweisungen regeln Ablauf und Verantwortlichkeit der
    Eingabe.

(6) <u>Auftragskontrolle</u> (im Verhältnis zum DIC, soweit dieses Dienst-
leistungsfunktionen wahrnimmt):

- entsprechende Vertragsgestaltung
- strikte Weisungsunterworfenheit; Richtlinien für Verarbeitungs-
ablauf
- Stichprobenkontrolle durch Auftraggeber und Datenschutzbeauftragten von DIC.

(7) <u>Transportkontrolle</u>:

- verschlossene Behälter
- Transportbegleitpapiere
- ggfs. getrennter Transport von Stamm- und medizinischen Daten.

(8) <u>Organisationskontrolle</u>:

- Abgrenzung der einzelnen Funktionen und Abstufung unterschiedlicher Berechtigungen
- vorherige Festlegung von Arbeitsabläufen und Verantwortlichkeiten sowie Kontrolle der Einhaltung
- Sicherheitsbeauftragter
- Datenschutzbeauftragter, soweit mehr als fünf Personen beschäftigt.

6.6.2 Doctor's Office Terminal

(A) Datensicherung i.e.S.

- Einstellung von Dateiauszügen (Kataloge, Listen), die einen Systemausfall überbrücken helfen.

(B) Datenschutzvorkehrungen

(1) <u>Zugangskontrolle</u>:

- Ausweisleser, Schlüssel am Terminal
- ggfs. bei bestimmter Konstellationen Trennung von System oder
fingierter Systemabbruch.

(2) <u>Abgangskontrolle</u>:

- gesicherte Aufbewahrung der Hardcopy-Ausgaben
- überprüfbare Vernichtung nach Gebrauch.

(3) <u>Speicherkontrolle</u>, <u>Benutzerkontrolle</u>, <u>Zugriffskontrolle</u>, <u>Über-</u>
<u>mittlungskontrolle</u> (betrifft hauptsächlich DIC):
- Identifikation des DOT:
  - hardware-mäßig über Terminal-ID
  - benutzerabhängig über Passwort und Ausweisleser;
- Berechtigungsprüfung des DOT-Benutzers:
  - Zugriffsmatrix mit Definition der Berechtigung für
    - Dateien
    - Felder
    - Programme
    - Aktionen
    - Lesen/Schreiben
    - Adressaten;
- Isolation der DOT-Dateien im DIC:
  - Chiffrierung der Daten vor Übergabe an die Datenübertragungs-
    geräte und Speicherung nur von chiffrierten DOT-Daten im DIC
  - keine selbständige Verarbeitung der DOT-Dateien durch DIC,
    sondern nur unter Steuerung durch DOT-Benutzer
  - zentral zu verarbeitende Daten werden auf Veranlassung des
    DOT-Benutzers aus seinen Dateien in Sammeldateien zur weite-
    ren Verarbeitung durch das DIC überführt und dabei wieder
    dechiffriert
  - ggfs. Auswahl eines Betriebssystems für das DIC, das eine
    abgeschottete Verarbeitung der einzelnen DOT-Aktivitäten
    zuläßt (z.B. Konzept der virtuellen Maschinen)
  - Verwendung von Systempasswärtern zum Schutz der DOT-Dateien;
  - Kontrolle (Revision):
    - Systemprotokolle im DIC
    - Protokollierungen der Dateizuordnungen und Programmaufrufe
    - Protokollierung der Terminaleinschaltzeiten.

(4) <u>Eingabekontrolle:</u>
- ggfs. Protokollierung der Eingaben
- ggfs. Abspeicherung von Zeit, Autor und Art der Eingabe oder
  Änderung im Datensatz oder auf einem Log-Band
- Aufbewahrung der Urbelege mit Handzeichen der Eingabeperson
  und Datum
- Arbeitsanweisungen regeln Ablauf und Verantwortlichkeit der
  Eingabe und Änderungen.

(5) <u>Auftragskontrolle</u>:
- entsprechende Vertragsgestaltung mit DIC; ggfs. Haftungsvor-
  schriften für Mißbräuche im DIC
- strikte Weisungsunterworfenheit des DIC; Festlegung von Arbeitsabläufen, Bedienungsanweisungen, Archivverwaltung
- Stichprobenkontrolle durch DOT-Benutzer und Datenschutzbeauftragten des DIC.

(6) <u>Organisationskontrolle</u>:
- Abgrenzung einzelner Funktionen und unterschiedlicher Berechtigungen der einzelnen Benutzer des DOT
- vorherige Festlegung von Arbeitsabläufen und Verantwortlichkeiten beim DOT und Kontrolle der Einhaltung.

6.6.3 Doctor's Interchange Computer

<u>(A) Datensicherung i.e.S.</u>

- ggfs. Stand-by-Anlage
- doppelter Teleprozessor, soweit mehrere DOT's bedient werden
- Kopieren und Auslagern der wichtigen Datenbestände
- Katastrophenplan.

<u>(B) Datenschutzvorkehrungen</u>

(1) <u>Zugangskontrolle</u>:
- closed-shop-Betrieb
- Sicherheitszonen mit Zugangsbeschränkungen
- Einbruchssicherungen und Alarmanlagen
- Trennung von Produktion und Test
- Trennung von Programmierung und Operating.

(2) <u>Abgangskontrolle</u>:
- Abschottung des Archivs
- Bestands- und Ausgabebuchführung
- Ausgabe nur auf Anforderung der Benutzer (z.B. Anforderungen
  von DOT)
- Personalkontrolle
- ggfs. entsprechende Auswahl der Speichermedien (z.B. Massen-
  speicher).

(3) <u>Speicher-, Zugriffs-, Benutzerkontrolle</u>:
- Identifikation der TP-Benutzer, über
  - Terminal-ID (Identifier)
  - Passwort
- Überprüfung der Identifikation der Batch-Benutzer über Konsistenzprüfung von Job-Name, Abrechnungsnummer und Benutzername
- Berechtigungsprüfung der TP- und Batch-Benutzer über Zugriffsmatrix, mit den Elementen
  - Dateinamen
  - Feldnamen
  - Programme
  - Aktionen
  - Prozeduren
  - Dienstprogramme
  - Lesen/Schreiben;
- Abstufung bei Berechtigungen ("Privilegienhierarchie")
- Isolation der Produktionsprogramme in gesicherten Dateien; Produktionsläufe nur mit darin enthaltenen Programmen
- Programmierüberwachung:
  - strukturierte und modulare Programmierung
  - Vier-Augen-Prinzip
  - genaue Dokumentation, vor allem auch der Änderungen
  - spezielles Freigabeverfahren nach Abschlußtest für produktionsreife Programme;
- Aufzeichnungen für Kontrolle (Revision):
  - Systemprotokolle und Abrechnungsinformationen
  - Aufzeichnung der Dateizuordnungen und Programmaufrufe
  - Aufzeichnung der Fehlversuche bei geschützten Funktionen;
- ggfs. Auswahl einer geeigneten Standardsoftware, die die geforderten Sicherungsmaßnahmen (Passwort bis auf Feldebene, Logging etc.) enthält
- Isolierung der Systemfunktionen (Supervisorstatus) und der entsprechenden SVC's und Dienstprogramme
- Verhinderung von Dumps bei Produktionsabläufen.

(4) <u>Übermittlungskontrolle</u>:
- hardwaremäßige Identifikation der DOT's
- Übertragung von chiffrierten Daten (softwaremäßig oder mit Zerhackern)
- Protokollierung der Aktivitäten und Einschaltzeiten.

(5) <u>Eingabekontrolle</u> (vgl. bei DOT):
   - Trennung von Arbeitsvorbereitung und Operating
   - Arbeitsanweisungen regeln Ablauf und Datenflüsse.

(6) <u>Transportkontrolle</u>:
   - verschlossene Behälter
   - Transportbegleitpapiere
   - ggfs. gesonderte Transporte von Stamm- und medizinischen Daten
   - Chiffrierung der Daten auf maschinenlesbaren Datenträgern
   - bei Druckeroutputs:
     Verwendung von Spezialpapier, das ohne Farbtuch bedruckt wird
     und erst nach Entfernen des Deckblatts die Information erkennen
     läßt.

(7) <u>Organisationskontrolle</u>:
   - Isolation der Funktionsbereiche
   - Vorschriften für Programmierung, Test und Dokumentation
   - Datenschutzbeauftragter
   - laufende Revision.

7. Verallgemeinerung für riskante Systeme

Als Musterbeispiele von Risikosystemen gelten allgemein politische,
polizeiliche, militärische, soziale und medizinische Informationssysteme
sowie Nachrichtendienste. [1)]

<u>Riskante Informationssysteme</u> sind dadurch charakterisiert, daß eines
oder mehrere ihrer Elemente besondere Gefahren für abgebildete Betroffene bergen (oder daß das ganze System so mangelhaft gesichert ist, daß
es unter Datenschutzgesichtspunkten eine Gefährdung darstellt - als
defizienter Grenzfall, wenngleich heute noch meist gegeben, aus der
weiteren Betrachtung ausgeschieden).

Derart gefährdete Elemente können z.B. sein:
- Daten (vgl. die Aufzählung "sensitiver" Datenkategorien in § 27 III
  BDSG); insbesondere wahre Informationen in gefährdenden Kontexten;
- Programme (z.B. zur Überwachung einer Intensivstation; zur Synthese
  von Giften; zur Generierung diffamierender "wahrheitsähnlicher"
  Nachrichten über politische oder militärische Gegner);
- Umweltrelationen (besonders bei "multifunktionalen" Systemen, die
  sehr verschiedenartigen Interessen dienen oder zu besonders mächti-
  gen oder unkontrollierten Teilsystemen der Gesellschaft in Beziehung
  stehen).

Die oben genannten Beispiele gehören u.U. zu mehreren Gruppen zugleich.
Medizinische Informationssysteme etwa weisen sowohl gefährdete Daten
(ggfs. auch Programme) und vor allem heterogene Benutzer- und Interessen-
struktur auf, da sie nicht nur i.e.S. medizinischen Zwecken dienen,
sondern zu Abrechnungs- und Versicherungszwecken verwandt werden, gesundheitspolitische Orientierungsdaten zu liefern haben, aber auch
potentielles Objekt für sicherheits- und nachrichtendienstliche Nach-
forschungen darstellen.

<u>Es hat den Anschein, als ob die oben für ein scheinbar sehr spezielles
medizinisches System entwickelten Postulate und Anforderungen gerade im</u>

---

1) Für das Bundeszentralregister vgl. LÖCHNER (Bundeszentralregister) 1 ff.

<u>Zusammenhang mit riskanten Systemen besondere Bedeutung gewinnen könnten</u>.
Alle dort genannten Maßnahmen verfolgen die <u>Zwecke</u>,

- mögliche Gefahrenquellen zu minimieren

- das System für Betroffene (und Benutzer) transparent (und damit
  kontrollierbar) zu machen

- das riskante System vor seiner Umwelt einerseits zu isolieren

- andererseits über verantwortete Koppelungen mit dem Umsystem zu verbinden.

Damit wird zugleich im Interesse der mehr oder minder wehr- und arglosen
Betroffenen eine gewisse soziale Machtposition des so abgeschirmten
Systems begründet, die vor illegitimen oder quasilegitimen Datenwünschen
einen relativen Schutz gewährt.

Der Grundgedanke dieses Datenschutzkonzeptes für INA unterscheidet sich
dadurch vom allgemeinen Datenverkehrs- und -kontrollrecht des BDSG, daß
es nicht bloß (relativ) sichere Datenwege installiert, sondern einerseits

- distinkte Systeme mit definierten Informationszwecken isoliert,
- die Isolation durch klare Umweltgrenzen verdeutlicht,
- die Umweltgrenzen mit allen Mitteln der Organisation (vor allem
  technischen; aber auch personellen, juristischen ...) absichert;

andererseits

- innerhalb der Systeme die Datenverarbeitung relativ unbelastet von
  Restriktionen zuläßt (was ohne die undurchlässigen Systemgrenzen
  mit zu hohen Risiken belastet wäre) - u.U. also "liberalere" Datenverarbeitung zulassen kann als das BDSG -,
- dadurch einen hohen Effizienz- und einen hohen Sicherheitsgrad ermöglicht
- und somit alle positiven Möglichkeiten der Informationstechnologie
  auszunutzen gestattet.

<u>Deutlich sind auch die G r e n z e n der hier entwickelten Modell-
vorstellung</u>: Je nach Zweck und Besonderheit der genannten Risikosysteme
wird auch das Datenschutzmodell zu variieren sein. Vor allem bei Makro-
systemen (Landesinformationssysteme; "Sozialdatenbank" (i.w.S.); das
frühere Informationsbankensystem) sind Modifikationen notwendig. Vor

allem werden weitergehende und <u>zusätzliche Postulate</u> erforderlich; wie
schon in der Literatur (ohne Verallgemeinerung) [1] entwickelt wurde:

- modularer nonhierarchischer Aufbau
- funktionsbezogene (Dis)Kompatibilität von (besonders riskanten)
  Subsystemen
- Funktionsentkopplung (z.B. nach Ressorts)
- spezialisierte Subsystembildung (z.B. bei Planungs- oder Auskunftssystemen).

Weitere Strukturprinzipien werden aufgefunden werden. Wichtig ist nur,
daß der Grundgedanke der definierten Struktur bis zum sozial verant-
wortbaren, weil mit gegebenen gesellschaftlichen Ressourcen steuerbaren
Resultat weitergedacht wird.

Ein Folgeproblem bleibt ungelöst: Jedes derart "immunisierte" System
stellt eine zusätzliche Machtprämie dar für diejenigen gesellschaftlichen
Kräfte, die sich seiner bedienen können. Wie diese zusätzliche soziale
Verantwortlichkeit zu organisieren sei, ist nicht mehr eine Frage juristischer Information allein. Sie ist freilich auch keine Frage, die
man unbeantwortet lassen darf: eines der (zahlreichen) ungelösten
Probleme einer Informationspolitik [2].

---

1) Z.B. DAMMANN (Zugang); EBERLE (Modulare Datenverarbeitung); (Organisation);
   B. LUTTERBECK (Parlament); PODLECH (Problematik); WSt (Risikosysteme).

2) Zu den Desideraten einer Informationspolitik vgl. die Veröffentlichungen von
   HOFFMANN (Menschenwürde); LENK (Vorüberlegungen); (Kommunikationspolitik); WSt
   (Informationspolitik).

8. ANHANG:

AUSGEWÄHLTE GESETZESTEXTE

8.1 GG (GRUNDGESETZ FÜR DIE BUNDESREPUBLIK DEUTSCHLAND)

Art. 1 (Schutz der Menschenwürde)

*(1) Die Würde des Menschen ist unantastbar.
Sie zu achten und zu schützen ist Verpflichtung aller staatlichen
Gewalt. (...)*

Art. 2 (Allgemeines Persönlichkeitsrecht)

*(1) Jeder hat das Recht auf die freie Entfaltung seiner Persönlichkeit,
soweit er nicht die Rechte anderer verletzt und nicht gegen die
verfassungsmäßige Ordnung oder das Sittengesetz verstößt. (...)*

Art. 5 (Recht der freien Meinungsäußerung)

*(1) Jeder hat das Recht, seine Meinung in Wort, Schrift und Bild frei
zu äußern und zu verbreiten und sich aus allgemein zugänglichen
Quellen ungehindert zu unterrichten.
Die Pressefreiheit und die Freiheit der Berichterstattung durch
Rundfunk und Film werden gewährleistet.
Eine Zensur findet nicht statt. (...)*

*(3) Kunst und Wissenschaft, Forschung und Lehre sind frei.
Die Freiheit der Lehre entbindet nicht von der Treue zur Verfassung.*

8.2 BDSG (BUNDESDATENSCHUTZGESETZ)

§ 1 Aufgabe und Gegenstand des Datenschutzes

*(1) Aufgabe des Datenschutzes ist es, durch den Schutz personenbezoge-
ner Daten vor Mißbrauch bei ihrer Speicherung, Übermittlung, Veränderung und Löschung (Datenverarbeitung) der Beeinträchtigung
schutzwürdiger Belange der Betroffenen entgegenzuwirken.*

(2) Dieses Gesetz schützt personenbezogene Daten, die

    1. von Behörden oder sonstigen öffentlichen Stellen (§ 7),
    *2. von natürlichen oder juristischen Personen, Gesellschaften oder
anderen Personenvereinigungen des privaten Rechts für eigene
Zwecke (§ 22),*
    *3. von natürlichen oder juristischen Personen, Gesellschaften
oder anderen Personenvereinigungen des privaten Rechts geschäfts-
mäßig für fremde Zwecke (§ 31)*

*in Dateien gespeichert, verändert, gelöscht oder aus Dateien über-
mittelt werden. Für personenbezogene Daten, die nicht zur Übermittlung an Dritte bestimmt sind und in nicht automatisierten
Verfahren verarbeitet werden, gilt von den Vorschriften dieses
Gesetzes nur § 6. (...)*

§ 2   Begriffsbestimmungen

(1)   Im Sinne dieses Gesetzes sind <u>personenbezogene Daten</u> Einzelangaben über persönliche oder sachliche Verhältnisse einer bestimmten oder bestimmbaren natürlichen Person (<u>Betroffener</u>).

(2)   Im Sinne dieses Gesetzes ist

    1. <u>Speichern</u> (Speicherung) das <u>Erfassen</u>, Aufnehmen oder Aufbewahren von Daten auf einem Datenträger zum Zwecke ihrer weiteren Verwendung,

    2. <u>Übermitteln</u> (Übermittlung) das Bekanntgeben gespeicherter oder durch Datenverarbeitung unmittelbar gewonnener Daten an Dritte in der Weise, daß die Daten durch die speichernde Stelle weitergegeben oder zur Einsichtnahme, namentlich zum Abruf bereitgehalten werden,

    3. <u>Verändern</u> (Veränderung) das inhaltliche Umgestalten gespeicherter Daten,

    4. <u>Löschen</u> (Löschung) das Unkenntlichmachen gespeicherter Daten,

<u>ungeachtet der dabei angewendeten Verfahren</u>.

(3) Im Sinne dieses Gesetzes ist

    1. <u>speichernde Stelle</u> jede der in § 1 Abs. 2 Satz 1 genannten Personen oder Stellen, die Daten für sich selbst speichert oder durch andere speichern läßt,

    2. <u>Dritter</u> jede Person oder Stelle außerhalb der speichernden Stelle, ausgenommen der Betroffene oder diejenigen Personen und Stellen, die in den Fällen der Nummer 1 im Geltungsbereich dieses Gesetzes im Auftrag tätig werden,

    3. eine <u>Datei</u> eine gleichartig aufgebaute Sammlung von Daten, die nach bestimmten Merkmalen erfaßt und geordnet, nach anderen bestimmten Merkmalen umgeordnet und ausgewertet werden kann, ungeachtet der dabei angewendeten Verfahren; nicht hierzu gehören Akten und Aktensammlungen, es sei denn, daß sie durch automatisierte Verfahren ungeordnet und ausgewertet werden können.

§ 3   Zulässigkeit der Datenverarbeitung

Die Verarbeitung personenbezogener Daten, die von diesem Gesetz geschützt werden, ist in jeder ihrer in § 1 Abs. 1 genannten Phasen nur zulässig, wenn

1.   dieses Gesetz oder eine andere Rechtsvorschrift sie erlaubt oder
2.   der Betroffene eingewilligt hat.

Die Einwilligung bedarf der Schriftform, soweit nicht wegen besonderer Umstände eine andere Form angemessen ist; wird die Einwilligung zusammen mit anderen Erklärungen schriftlich erteilt, ist der Betroffene hierauf schriftlich besonders hinzuweisen.

§ 4   *Rechte des Betroffenen*

Jeder hat nach Maßgabe dieses Gesetzes ein Recht auf

1. *Auskunft über die zu seiner Person gespeicherten Daten,*

2. *Berichtigung der zu seiner Person gespeicherten Daten, wenn sie unrichtig sind,*

3. *Sperrung der zu seiner Person gespeicherten Daten, wenn sich weder deren Richtigkeit noch deren Unrichtigkeit feststellen läßt oder nach Wegfall der ursprünglich erfüllten Voraussetzungen für die Speicherung,*

4. *Löschung der zu seiner Person gespeicherten Daten, wenn ihre Speicherung unzulässig war oder - wahlweise neben dem Recht auf Sperrung - nach Wegfall der ursprünglich erfüllten Voraussetzungen für die Speicherung.*

§ 5   *Datengeheimnis*

(1) Den im Rahmen des § 1 Abs. 2 oder im Auftrag der dort genannten Personen oder Stellen bei der Datenverarbeitung beschäftigten Personen ist untersagt, geschützte personenbezogene Daten unbefugt zu einem anderen als dem zur jeweiligen rechtmäßigen Aufgabenerfüllung gehörenden Zweck zu verarbeiten, bekanntzugeben, zugänglich zu machen oder sonst zu nutzen.

(2) Diese Personen sind bei der Aufnahme ihrer Tätigkeit nach Maßgabe von Absatz 1 zu verpflichten. Ihre Pflichten bestehen auch nach Beendigung ihrer Tätigkeit fort.

§ 6   *Technische und organisatorische Maßnahmen*

(1) Wer im Rahmen des § 1 Abs. 2 oder im Auftrag der dort genannten Personen oder Stellen personenbezogene Daten verarbeitet, hat die technischen und organisatorischen Maßnahmen zu treffen, die erforderlich sind, um die Ausführung der Vorschriften dieses Gesetzes, insbesondere die in der Anlage zu diesem Gesetz genannten Anforderungen zu gewährleisten. Erforderlich sind Maßnahmen nur, wenn ihr Aufwand in einem angemessenen Verhältnis zu dem angestrebten Schutzzweck steht.

(2) Die Bundesregierung wird ermächtigt, durch Rechtsverordnung mit Zustimmung des Bundesrates die in der Anlage genannten Anforderungen nach dem jeweiligen Stand der Technik und Organisation fortzuschreiben. Stand der Technik und Organisation im Sinne dieses Gesetzes ist der Entwicklungsstand fortschrittlicher Verfahren, Einrichtungen oder Betriebsweisen, der die praktische Eignung einer Maßnahme zur Gewährleistung der Durchführung dieses Gesetzes gesichert erscheinen läßt. Bei der Bestimmung des Standes der Technik und Organisation sind insbesondere vergleichbare Verfahren, Einrichtungen oder Betriebsweisen heranzuziehen, die mit Erfolg im Betrieb erprobt worden sind.

§ 22   Anwendungsbereich

(1) Die Vorschriften dieses Abschnittes gelten für natürliche und
    juristische Personen, Gesellschaften und andere Personenvereini-
    gungen des privaten Rechts, soweit sie geschützte personenbezogene
    Daten als Hilfsmittel für die Erfüllung ihrer Geschäftszwecke
    oder Ziele verarbeiten. (...)

§ 23   Datenspeicherung

Das Speichern personenbezogener Daten ist zulässig im Rahmen der
Zweckbestimmung eines Vertragsverhältnisses oder vertragsähnlichen
Vertrauensverhältnisses mit dem Betroffenen oder soweit es zur Wahrung
berechtigter Interessen der speichernden Stelle erforderlich ist und
kein Grund zur Annahme besteht, daß dadurch schutzwürdige Belange des
Betroffenen beeinträchtigt werden. Abweichend von Satz 1 ist das
Speichern in nicht automatisierten Verfahren zulässig, soweit die
Daten unmittelbar aus allgemein zugänglichen Quellen entnommen sind.

§ 24   Datenübermittlung

(1) Die Übermittlung personenbezogener Daten ist zulässig im Rahmen
    der Zweckbestimmung eines Vertragsverhältnisses oder vertrags-
    ähnlichen Vertrauensverhältnisses mit dem Betroffenen oder soweit
    es zur Wahrung berechtigter Interessen der übermittelnden Stelle
    oder eines Dritten oder der Allgemeinheit erforderlich ist und
    dadurch schutzwürdige Belange des Betroffenen nicht beeinträchtigt
    werden. Personenbezogene Daten, die einem Berufs- oder besonderen
    Amtsgeheimnis (§ 45 Satz 2 Nr. 1, Satz 3) unterliegen und die von
    der zur Verschwiegenheit verpflichteten Person in Ausübung ihrer
    Berufs- oder Amtspflicht übermittelt worden sind, dürfen vom
    Empfänger nicht mehr weitergegeben werden.

(2) Abweichend von Absatz 1 ist die Übermittlung von listenmäßig oder
    sonst zusammengefaßten Daten über Angehörige einer Personengruppe
    zulässig, wenn sie sich auf

    1. Namen,
    2. Titel, akademische Grade,
    3. Geburtsdatum,
    4. Beruf, Branchen- oder Geschäftsbezeichnung,
    5. Anschrift,
    6. Rufnummer

beschränkt und kein Grund zu der Annahme besteht, daß dadurch schutzwürdige Belange des Betroffenen beeinträchtigt werden. Zur Angabe der
Zugehörigkeit des Betroffenen zu einer Personengruppe dürfen andere
als die im vorstehenden Satz genannten Daten nicht übermittelt werden.

§ 25   Datenveränderung

Das Verändern personenbezogener Daten ist zulässig im Rahmen der
Zweckbestimmung eines Vertragsverhältnisses oder vertragsähnlichen
Vertrauensverhältnisses mit dem Betroffenen oder soweit es zur
Wahrung berechtigter Interessen der speichernden Stelle erforderlich
ist und kein Grund zur Annahme besteht, daß dadurch schutzwürdige
Belange des Betroffenen beeinträchtigt werden.

§ 26   Auskunft an den Betroffenen

(1)   Werden erstmals zur Person des Betroffenen Daten gespeichert,
      ist er darüber zu benachrichtigen, es sei denn, daß er auf andere
      Weise Kenntnis von der Speicherung erlangt hat.

(2)   Der Betroffene kann Auskunft über die zu seiner Person gespeicher-
      ten Daten verlangen. Werden die Daten automatisch verarbeitet,
      kann der Betroffene Auskunft auch über die Personen und Stellen
      verlangen, an die seine Daten regelmäßig übermittelt werden.
      Er soll die Art der personenbezogenen Daten, über die Auskunft
      erteilt werden soll, näher bezeichnen. Die Auskunft wird schrift-
      lich erteilt, soweit nicht wegen besonderer Umstände eine andere
      Form der Auskunftserteilung angemssen ist.

(3)   Für die Auskunft kann ein Entgelt verlangt werden, das über die
      durch die Auskunftserteilung entstandenen direkt zurechenbaren
      Kosten nicht hinausgehen darf. Ein Entgelt kann in den Fällen
      nicht verlangt werden, in denen durch besondere Umstände die
      Annahme gerechtfertigt wird, daß personenbezogene Daten unrichtig
      oder unzulässig gespeichert werden, oder in denen die Auskunft
      ergeben hat, daß die personenbezogenen Daten zu berichtigen oder
      unter der Voraussetzung des § 27 Abs. 3 Satz 2 erster Halbsatz
      zu löschen sind.

(4)   Die Absätze 1 und 2 gelten nicht, soweit

      1. das Bekanntwerden personenbezogener Daten die Geschäftszwecke
         oder Ziele der speichernden Stelle erheblich gefährden würde
         und berechtigte Interessen des Betroffenen nicht entgegen-
         stehen,

      2. die zuständige öffentliche Stelle gegenüber der speichernden
         Stelle festgestellt hat, daß das Bekanntwerden der personenbe-
         zogenen Daten die öffentliche Sicherheit oder Ordnung gefährden
         oder sonst dem Wohle des Bundes oder eines Landes Nachteile
         bereiten würde,

      3. die personenbezogenen Daten nach einer Rechtsvorschrift oder
         ihrem Wesen nach, namentlich wegen der überwiegenden berechtig-
         ten Interessen einer dritten Person, geheimgehalten werden
         müssen,

      4. die personenbezogenen Daten unmittelbar aus allgemein zugäng-
         lichen Quellen entnommen sind,

      5. die personenbezogenen Daten deshalb nach § 27 Abs. 2 Satz 2
         gesperrt sind, weil sie auf Grund gesetzlicher, satzungsmäßiger
         oder vertraglicher Aufbewahrungsvorschriften nicht nach § 27
         Abs. 3 Satz 1 gelöscht werden dürfen.

§ 27 Berichtigung, Sperrung und Löschung von Daten

(1) Personenbezogene Daten sind zu <u>berichtigen</u>, wenn sie unrichtig sind.

(2) Personenbezogene Daten sind zu <u>sperren</u>, wenn ihre Richtigkeit vom Betroffenen bestritten wird und sich weder die Richtigkeit noch die Unrichtigkeit feststellen läßt. Sie sind ferner zu sperren, wenn ihre Kenntnis für die Erfüllung des Zweckes der Speicherung nicht mehr erforderlich ist. Die Vorschriften über das Verfahren und die Rechtsfolgen der Sperrung in § 14 Abs. 2 Satz 3 gelten entsprechend.

(3) Personenbezogene Daten können <u>gelöscht</u> werden, wenn ihre Kenntnis für die Erfüllung des Zweckes der Speicherung nicht mehr erforderlich ist und kein Grund zur Annahme besteht, daß durch die Löschung schutzwürdige Belange des Betroffenen beeinträchtigt werden. Sie sind zu löschen, wenn ihre Speicherung unzulässig war oder wenn es in den Fällen des Absatzes 2 Satz 2 der Betroffene verlangt. Daten über gesundheitliche Verhältnisse, strafbare Handlungen, Ordnungswidrigkeiten sowie religiöse oder politische Anschauungen sind zu löschen, wenn ihre Richtigkeit von der speichernden Stelle nicht bewiesen werden kann.

§ 28 Bestellung eines <u>Beauftragten für den Datenschutz</u>

(1) Die in § 22 Abs. 1 und 2 genannten Personen, Gesellschaften und anderen Personenvereinigungen, die personenbezogene Daten automatisch verarbeiten und hierbei in der Regel mindestens fünf Arbeitnehmer ständig beschäftigen, haben spätestens binnen eines Monats nach Aufnahme ihrer Tätigkeit einen Beauftragten für den Datenschutz schriftlich zu bestellen. Das gleiche gilt, wenn personenbezogene Daten auf andere Weise verarbeitet werden und soweit hierbei in der Regel mindestens zwanzig Arbeitnehmer ständig beschäftigt sind.

(2) Zum Beauftragten für den Datenschutz darf nur bestellt werden, wer die zur Erfüllung seiner Aufgaben erforderliche Fachkunde und Zuverlässigkeit besitzt.

(3) Der Beauftragte für den Datenschutz ist dem Inhaber, dem Vorstand, dem Geschäftsführer oder dem sonstigen gesetzlich oder verfassungsmäßig berufenen Leiter unmittelbar zu unterstellen. Er ist bei Anwendung seiner Fachkunde auf dem Gebiet des Datenschutzes weisungsfrei. Er darf wegen der Erfüllung seiner Aufgaben nicht benachteiligt werden.

(4) Der Beauftragte für den Datenschutz ist von den nach Absatz 1 zu seiner Bestellung verpflichteten Personenen, Gesellschaften oder anderen Personenvereinigungen bei der Erfüllung seiner Aufgaben zu unterstützen.

§ 29 *Aufgaben des Beauftragten für den Datenschutz*

Der Beauftragte für den Datenschutz hat die Ausführung dieses Gesetzes sowie anderer Vorschriften über den Datenschutz sicherzustellen. Zu diesem Zweck kann er sich in Zweifelsfällen an die Aufsichtsbehörde (§ 30) wenden. Er hat insbesondere

1. *eine Übersicht über die Art der gespeicherten personenbezogenen Daten und über die Geschäftszwecke und Ziele, zu deren Erfüllung die Kenntnis dieser Daten erforderlich ist, über deren regelmäßige Empfänger sowie über die Art der eingesetzten automatisierten Datenverarbeitungsanlagen zu führen,*

2. *die ordnungsgemäße Anwendung der Datenverarbeitungsprogramme, mit deren Hilfe personenbezogene Daten verarbeitet werden sollen, zu überwachen,*

3. *die bei der Verarbeitung personenbezogener Daten tätigen Personen durch geeignete Maßnahmen mit den Vorschriften dieses Gesetzes sowie anderen Vorschriften über den Datenschutz, bezogen auf die besonderen Verhältnisse in diesem Geschäftsbereich und die sich daraus ergebenden besonderen Erfordernisse für den Datenschutz, vertraut zu machen,*

4. *bei der Auswahl der in der Verarbeitung personenbezogener Daten tätigen Personen beratend mitzuwirken.*

§ 30 *Aufsichtsbehörde*

(1) Die nach Landesrecht zuständige Aufsichtsbehörde überprüft im Einzelfall die Ausführung dieses Gesetzes sowie anderer Vorschriften über den Datenschutz im Anwendungsbereich dieses Abschnittes, wenn ein Betroffener begründet darlegt, daß er bei der Verarbeitung seiner personenbezogenen Daten durch eine der in § 22 Abs. 1 und 2 genannten Personen, Gesellschaften oder anderen Personenvereinigungen in seinen Rechten verletzt worden ist. Sie hat den Beauftragten für den Datenschutz zu unterstützen, wenn er sich an sie wendet (§ 29 Abs. 1 Satz 2). (...)

(5) Die Landesregierungen oder die von ihnen ermächtigten Stellen bestimmen die für die Überwachung der Durchführung des Datenschutzes im Anwendungsbereich dieses Abschnittes zuständigen Aufsichtsbehörden.

§ 41 *Straftaten*

(1) Wer unbefugt von diesem Gesetz geschützte personenbezogene Daten, die nicht offenkundig sind,

    1. übermittelt oder verändert oder

    2. abruft oder sich aus in Behältnissen verschlossenen Dateien verschafft,

wird mit Freiheitsstrafe bis zu einem Jahr oder mit Geldstrafe bestraft.

(2) Handelt der Täter gegen Entgelt oder in der Absicht, sich oder einen anderen zu bereichern oder einen anderen zu schädigen, so ist die Strafe Freiheitsstrafe bis zu zwei Jahren oder Geldstrafe.

(3) Die Tat wird nur auf Antrag verfolgt.

§ 42   Ordnungswidrigkeiten

(1) Ordnungswidrig handelt, wer vorsätzlich oder fahrlässig

   1. entgegen § 26 Abs. 1 § 34 Abs. 1 den Betroffenen nicht benachrichtigt,

   2. entgegen § 28 Abs. 1 § 38 in Verbindung mit § 28 Abs. 1 einen Beauftragten für den Datenschutz nicht oder nicht rechtzeitig bestellt,

   3. entgegen § 32 Abs. 2 Satz 2 die dort bezeichneten Gründe oder Mittel nicht aufzeichnet,

   4. entgegen § 39 Abs. 1 oder 3 eine Meldung nicht oder nicht rechtzeitig erstattet oder entgegen § 39 Abs. 2 oder 3 bei einer solchen Meldung die erforderlichen Angaben nicht, nicht richtig oder nicht vollständig mitteilt,

   5. entgegen § 30 Abs. 2 Satz 1, § 40 Abs. 2 in Verbindung mit § 30 Abs. 2 Satz 1 eine Auskunft nicht, nicht richtig, nicht vollständig oder nicht rechtzeitig erteilt oder entgegen § 30 Abs. 3 Satz 2, § 40 Abs. 2 in Verbindung mit § 30 Abs. 3 Satz 2 den Zutritt zu den Grundstücken oder Geschäftsräumen oder die Vornahme von Prüfungen oder Besichtigungen oder die Einsicht in geschäftliche Unterlagen nicht duldet.

(2) Die Ordnungswidrigkeit kann mit einer Geldbuße bis zu fünfzigtausend Deutsche Mark geahndet werden.

§ 45   Weitergeltende Vorschriften

Soweit besondere Rechtsvorschriften des Bundes auf in Dateien gespeicherte personenbezogene Daten anzuwenden sind, gehen sie den Vorschriften dieses Gesetzes vor. Zu den vorrangigen Vorschriften gehören namentlich: (...)
(1.-8.)

Die Verpflichtung zur Wahrung der in § 203 Abs. 1 des Strafgesetzbuches genannten Berufsgeheimnisse, z.B. des ärztlichen Geheimnisses, bleibt unberührt.

<u>*Anlage zu § 6 Abs. 2 Satz 1*</u>

Werden personenbezogene Daten automatisch verarbeitet, sind zur Ausführung der Vorschriften dieses Gesetzes Maßnahmen zu treffen, die je nach der Art der zu schützenden personenbezogenen Daten geeignet sind,

1. Unbefugten den Zugang zu Datenverarbeitungsanlagen, mit denen personenbezogene Daten verarbeitet werden,zu verwehren (<u>Zugangskontrolle</u>),

2. Personen, die bei der Verarbeitung personenbezogener Daten tätig sind, daran zu hindern, daß sie Datenträger unbefugt entfernen (<u>Abgangskontrolle</u>),

3. die unbefugte Eingabe in den Speicher sowie die unbefugte Kenntnisnahme, Veränderung oder Löschung gespeicherter personenbezogener Daten zu verhindern (<u>Speicherkontrolle</u>),

4. die Benutzung von Datenverarbeitungssystemen, aus denen oder in die personenbezogene Daten durch selbständige Einrichtungen übermittelt werden, durch unbefugte Personen zu verhindern (<u>Benutzerkontrolle</u>),

5. zu gewährleisten, daß die zur Benutzung eines Datenverarbeitungssystems Berechtigten durch selbständige Einrichtungen ausschließlich auf die ihrer Zugriffsberechtigung unterliegenden personenbezogenen Daten zugreifen können (<u>Zugriffskontrolle</u>),

6. zu gewährleisten, daß überprüft und festgestellt werden kann, an welche Stellen personenbezogene Daten durch selbständige Einrichtungen übermittelt werden können (<u>Übermittlungskontrolle</u>),

7. zu gewährleisten, daß nachträglich überprüft und festgestellt werden kann, welche personenbezogenen Daten zu welcher Zeit von wem in Datenverarbeitungssysteme eingegeben worden sind (<u>Eingabekontrolle</u>),

8. zu gewährleisten, daß personenbezogene Daten, die im Auftrag verarbeitet werden, nur entsprechend den Weisungen des Auftraggebers verarbeitet werden können (<u>Auftragskontrolle</u>),

9. zu gewährleisten, daß bei der Übermittlung personenbezogener Daten sowie beim Transport entsprechender Datenträger diese nicht unbefugt gelesen, verändert oder gelöscht werden können (<u>Transportkontrolle</u>),

10. die innerbehördliche oder innerbetriebliche Organisation so zu gestalten, daß sie den besonderen Anforderungen des Datenschutzes gerecht wird (<u>Organisationskontrolle</u>).

8.3 BERUFSORDNUNG FÜR DIE DEUTSCHEN ÄRZTE

§ 2 *Schweigepflicht*

*(1) Der Arzt hat die Pflicht, alles, was er in seinem Beruf erfahren
und beobachtet hat, als ärztliches Geheimnis zu hüten, d.h. darüber
zu schweigen und es nicht unbefugt zu offenbaren. Unbefugt ist
u.a. die Offenbarung eines fremden Geheimnisses nicht, wenn der
Arzt für den Einzelfall von der Schweigepflicht entbunden ist.*

*(2) Der Arzt hat seine Pflicht zur Verschwiegenheit unter Beachtung
der gesetzlichen Vorschriften auch seinen Familienangehörigen
gegenüber zu beachten und seine Gehilfen und diejenigen, die
zur Vorbereitung auf ihren Beruf an der berufsmäßigen Tätigkeit
teilnehmen, ebenfalls zur Verschwiegenheit zu verpflichten.*

§ 11 *Zuziehung und Überweisung*

*(1) Der Arzt darf den von einem anderen Arzt erbetenen Beistand ohne
zwingenden Grund nicht ablehnen.*

*(2) Der behandelnde Arzt soll den Wunsch des Kranken oder seiner Ange-
hörigen, einen weiteren Arzt zuzuziehen, in der Regel nicht ablehnen. Der Arzt soll Kranke, die ihm von einem anderen Arzt über-
wiesen worden sind, nach Beendigung seiner Behandlungstätigkeit
wieder zurücküberweisen, wenn noch eine weitere Behandlung erforderlich ist.*

*(3) Bei Konsilien sollen die beteiligten Ärzte ihre Beratung nicht
in Anwesenheit des Kranken oder seiner Angehörigen abhalten.
Sie sollen sich darüber einigen, wer das Ergebnis des Konsiliums
mitteilt.*

8.4 BGB (BÜRGERLICHES GESETZBUCH)

§ 823 *(Schadensersatzpflicht)*

(1) Wer vorsätzlich oder fahrlässig das Leben, den Körper, die Gesundheit, die Freiheit, das Eigentum oder ein sonstiges Recht eines anderen widerrechtlich verletzt, ist dem anderen zum Ersatze des daraus entstehenden Schadens verpflichtet.

(2) Die gleiche Verpflichtung trifft denjenigen, welcher gegen ein den Schutz eines anderen bezweckendes Gesetz verstößt. (...)

Anmerkung: Ein derartiges den Schutz eines anderen bezweckendes Gesetz ist das BDSG einschließlich Anhang zu § 6.

8.5 BUNDESMELDEGESETZ - ENTWURF

§ 11 *Personenkennzeichen: Zweck und Personenkreis*

(1) Als Ordnungsmerkmal für personenbezogene Daten wird ein Personenkennzeichen vergeben an
   1. jeden Einwohner; (...)

§ 12 *Zusammensetzung des Personenkennzeichens*

(1) Das Personenkennzeichen besteht aus einer zwölfstelligen Ziffernfolge, die sich wie folgt zusammensetzt:

   1. Tages-, Monats- und Jahresangabe des Geburtsdatums, je zweistellig   *(1.bis 6.Stelle)*

   2. Jahrhundertangabe des Geburtsdatums und Kennzeichen des Geschlechts   *(7. Stelle)*

   3. Seriennummer zur Unterscheidung der am gleichen Tag geborenen Personen gleichen Geschlechts   *(8. bis 11. Stelle)*

   4. Prüfziffer (...)   *(12. Stelle).*

§ 13 *Vergabegrundsätze und Vergabedaten*

(1) Wer ein gültiges Personenkennzeichen hat, darf kein weiteres Personenkennzeichen erhalten. Jedes Personenkennzeichen darf nur einmal vergeben werden. (...)

8.6   BSHG   (BUNDESSOZIALHILFEGESETZ)

§ 125   Aufgaben der Ärzte (...)

*(2)   Zur Sicherung der in § 126 Nr. 3 genannten Zwecke (des Gesundheits-
        amtes) haben die Ärzte die ihnen nach Abs. 1 bekannt werdenden
        Behinderungen und wesentliche Angaben zur Person des Behinderten
        alsbald dem Gesundheitsamt mitzuteilen; dabei sind die Namen der
        Behinderten und der Personensorgeberechtigten nicht anzugeben.*

8.7   HESSISCHES KRANKENHAUSGESETZ

§ 13   Datenverarbeitung im Krankenhauswesen

*(1)   Die Landesregierung wird ermächtigt, Aufgaben aus dem Bereich der
        Krankenhausversorgung in ein Verbundsystem der Datenverarbeitung
        einzubeziehen.*

*(2)   Die Krankenhausträger sind verpflichtet, die notwendigen medizini-
        schen und wirtschaftlichen Daten im Bereich der Krankenhausversor-
        gung unter Wahrung der ärztlichen Schweigepflicht weiterzuleiten
        und sich dem Datenverarbeitungssystem anzuschließen, soweit die
        erforderlichen technischen Voraussetzungen gegeben sind.*

(3)   Das Nähere, insbesondere

        *1. die Mitwirkung der Krankenhausträger im Verbundsystem der
           Datenverarbeitung,*

        *2. die Abgeltung der Kosten durch die Krankenhausträger für die
           Inanspruchnahme des Verbundsystems,*

        *3. welche medizinischen und wirtschaftlichen Daten nach Abs. 2
           weiterzuleiten sind,*

        *4. der Beginn und der Umfang des Anschlußzwanges sowie die Aus-
           nahme vom Anschlußzwang,*

        wird durch Rechtsverordnung geregelt.

§ 14   Schutz vor Datenmißbrauch

*(1)   Jedem Patienten ist bekanntzugeben, daß Daten über seine Person
        in ein Datenverbundsystem einbezogen werden. Der Patient hat ein
        Recht auf Auskunft darüber, welche medizinischen Daten über ihn
        gespeichert und an welche Stellen sie weitergeleitet werden.*

*(2)   Aus dem medizinischen Bereich dürfen Daten über seine Person
        nur verschlüsselt herausgegeben werden. Nur mit Einverständnis
        des Patienten ist auch die Weitergabe der Identifizierungsmerk-
        male zulässig.*

*(3)   Der Zugriff auf die gespeicherten Daten und deren Auswertung ist
        dem jeweils behandelnden Arzt nur mit Einverständnis des Patienten
        gestattet; gegen den erklärten Willen des Patienten ist ein Zugriff
        nicht zulässig. Ist weder die Zustimmung des Patienten, weil er zu
        einer Willensäußerung nicht in der Lage ist, noch die eines Ange-
        hörigen rechtzeitig zu erlangen, so hat der behandelnde Arzt da-
        rüber zu entscheiden, ob der Zugriff auf die gespeicherten Daten
        dem mutmaßlichen Willen des Patienten entspricht und in seinem
        wohlverstandenen Interesse geboten ist.*

8.8 RVO (REICHSVERSICHERUNGSORDNUNG)

§ 223 (Überprüfung der Krankheitsfälle und Unterrichtung des Versicherten)

Die Krankenkasse kann in geeigneten Fällen im Zusammenwirken mit den Kassenärztlichen Vereinigungen, den Krankenhausträgern für den jeweiligen Bereich sowie den Vertrauensärzten die Krankheitsfälle vor allem im Hinblick auf die in Anspruch genommenen Leistungen überprüfen; die Krankenkasse kann den Versicherten und den behandelnden Arzt über die in Anspruch genommenen Leistungen und ihre Kosten unterrichten.

§ 319 (Versicherungsnummer, Versichertenausweis, Kennzeichnung der Arbeitgeber etc.)

(1) Die Krankenkasse verwendet für jeden Versicherten und für jeden Angehörigen, für den Anspruch auf Familienkrankenpflege besteht, eine Versicherungsnummer und stellt einen Versichertenausweis aus. (...)

§ 369 (Maßnahmen zur Früherkennung von Krankheiten) (...)

(2) Die Kassen und Kassenärztlichen Vereinigungen haben die bei Durchführung von Maßnahmen zur Früherkennung von Krankheiten anfallenden Ergebnisse zu sammeln und auszuwerten; dabei ist sicherzustellen, daß Rückschlüsse auf die Person des Untersuchten ausgeschlossen sind.

8.9 SGB-AT (SOZIALGESETZBUCH - ALLGEMEINER TEIL)

§ 35 Geheimhaltung

(1) Jeder hat Anspruch darauf, daß seine Geheimnisse, insbesondere die zum persönlichen Lebensbereich gehörenden Geheimnisse sowie die Betriebs- und Geschäftsgeheimnisse, von den Leistungsträgern, ihren Verbänden, den sonstigen in diesem Gesetzbuch genannten öffentlich-rechtlichen Vereinigungen und den Aufsichtsbehörden nicht unbefugt offenbart werden. Eine Offenbarung ist dann nicht unbefugt, wenn der Betroffene zustimmt oder eine gesetzliche Mitteilungspflicht besteht.

(2) Die Amtshilfe unter den Leistungsträgern wird durch Absatz 1 nicht beschränkt, soweit die ersuchende Stelle zur Erfüllung ihrer Aufgaben die geheimzuhaltenden Tatsachen kennen muß.

<u>8.10 STGB (STRAFGESETZBUCH)</u>

§ 203 <u>Verletzung von Privatgeheimnissen</u>

(1) Wer unbefugt ein fremdes Geheimnis, namentlich ein zum persön-
     lichen Lebensbereich gehörendes Geheimnis oder ein Betriebs- oder
     Geschäftsgeheimnis, offenbart, das ihm als

     1. Arzt, Zahnarzt, Tierarzt, Apotheker oder Angehörigen eines
        anderen Heilberufs, der für die Berufsausübung oder die
        Führung der Berufsbezeichnung eine staatlich geregelte
        Ausbildung erfordert, (...)

     anvertraut worden oder sonst bekanntgeworden ist, wird mit Frei-
     heitsstrafe bis zu einem Jahr oder mit Geldstrafe bestraft.

(2) Ebenso wird bestraft, wer unbefugt ein fremdes Geheimnis, nament-
     lich ein zum persönlichen Lebensbereich gehörendes Geheimnis oder
     ein Betriebs- oder Geschäftsgeheimnis, offenbart, das ihm als

     1. Amtsträger,
     2. für den öffentlichen Dienst besonders Verpflichteten,
     3. Person, die Aufgaben oder Befugnisse nach dem Personalver-
        tretungsrecht wahrnimmt,
     4. Mitglied eines für ein Gesetzgebungsorgan des Bundes oder eines
        Landes tätigen Untersuchungsausschusses, sonstigen Ausschusses
        oder Rates, das nicht selbst Mitglied des Gesetzgebungsorgans
        ist, oder als Hilfskraft eines solchen Ausschusses oder Rates
        oder
     5. öffentlich bestelltem Sachverständigen, der auf die gewissen-
        hafte Erfüllung seiner Obliegenheiten auf Grund eines Gesetzes
        förmlich verpflichtet worden ist,

     anvertraut worden oder sonst bekanntgeworden ist. Einem Geheimnis
     im Sinne des Satzes 1 stehen Einzelangaben über persönliche oder
     sachliche Verhältnisse eines anderen gleich, die für Aufgaben
     der öffentlichen Verwaltung <u>erfaßt</u> worden ist; Satz 1 ist jedoch
     nicht anzuwenden, soweit solche Einzelangaben anderen Behörden
     oder sonstigen Stellen für Aufgaben der öffentlichen Verwaltung
     bekanntgegeben werden und das Gesetz dies nicht untersagt.

(3) Den im Satz 1 Genannten stehen ihre berufsmäßig tätigen Gehilfen
     und die Personen gleich, die bei ihnen zur Vorbereitung auf den
     Beruf tätig sind. Den im Absatz 1 und den in Satz 1 Genannten
     steht nach dem Tode des zur Wahrung des Geheimnisses Verpflichteten
     ferner gleich, wer das Geheimnis von dem Verstorbenen oder aus
     dessen Nachlaß erlangt hat. (...)

<u>8.11 VWFG (VERWALTUNGSVERFAHRENSGESETZ)</u>

§ 30 Geheimhaltung

Die Beteiligten haben Anspruch darauf, daß ihre Geheimnisse, insbesondere die zum persönlichen Lebensbereich gehörenden Geheimnisse
sowie die Betriebs- und Geschäftsgeheimnisse, von der Behörde nicht
unbefugt offenbart werden.

——————————— ———————————

9.1 Abkürzungsverzeichnis

a.A.	am Anfang
ADV	automationsunterstützte Datenverarbeitung
a.E.	am Ende
a.F.	alte Fassung
AG	Aktiengesellschaft
a.M.	anderer Meinung
ARO	Arbeitsgemeinschaft für Rationalisierung und Organisation in der Medizin e.V.
Art.	Artikel
AWV	Ausschuß für wirtschaftliche Verwaltung

BA	Bundesanstalt für Arbeit
BDSG	Bundesdatenschutzgesetz
BfA	Bundesversicherungsanstalt für Angestellte
BGB	Bürgerliches Gesetzbuch
BGBl.I/III	Bundesgesetzblatt 1. bzw. 3. Abteilung
BID	Bibliografia Informatica e Diritto
BMFT	Bundesministerium für Forschung und Technologie
BMI	Bundesministerium des Innern
BMJ	Bundesministerium der Justiz
BSHG	Bundessozialhilfegesetz

C.ACM	Communications of the Association for Computer Machinery
COC	Cardiology Office Computer
COM	Computer Output on Microfilm

DIC	Doctor's Interchange Computer
DIN	Deutsche Industrienorm
DIPAS	Dokumentations- und Informationsverbesserung in der Praxis des niedergelassenen Arztes mittels EDV-Service
Diss.(iur. masch.):	Dissertation (juristische, Maschinenschrift)
DJT	Deutscher Juristentag
DLR	Deutsche Forschungs- und Versuchsanstalt der Luft- und Raumfahrt
DOC	Doctor's Office Computer
DOMINIG	DV-Einsatz zur Lösung überbetrieblicher Organisations-Management-Aufgaben durch Integration des normierten Informationsflusses zwischen verschiedenen Einrichtungen des Gesundheitswesens
DOT	Doctor's Office Terminal
DÖV	Die öffentliche Verwaltung (Zeitschrift)
DSWR	Datenverarbeitung in Steuer, Wirtschaft und Recht (Zeitschrift)
dt.	deutsch
DV	Datenverarbeitung
DVA	Datenverarbeitungsanlage
DVR	Datenverarbeitung im Recht (Zeitschrift)

ebd.	ebenda
EBDSG	Entwurf des Bundesdatenschutzgesetzes
EDAP	Einführung der Datenverarbeitung in die ärztliche Praxis
EDV	elektronische Datenverarbeitung
EDVA	elektronische Datenverarbeitungsanlage
e.V.	eingetragener Verein
FB	Fach-/Forschungsbericht
FN	Fußnote
FS	Festschrift
GG	Grundgesetz
GI	Gesellschaft für Informatik
GMD	Gesellschaft für Mathematik und Datenverarbeitung
GMDS	Gesellschaft für medizinische Datenverarbeitung und Statistik
GSF	Gesellschaft für Strahlen- und Umweltforschung
Hg.	Herausgeber
h.M.	herrschende Meinung
HZD	Hessische Zentrale für Datenverarbeitung
id.	idem (derselbe)
ID	Identifier
IFAC	International Federation of Automatic Control
INA	Informationssystem für den niedergelassenen Arzt
incl.	inclusive
i.S.d.	im Sinne des/der
i.V.m.	in Verbindung mit
JUDAC	Jurisprudence, Data processing, Cybernetics (Bibliographie SCHUBERT/WSt)
JURIS	Juristisches Informationssystem
JuS	Juristische Schulung (Zeitschrift)
KGSt	Kommunale Gemeinschaftsstelle für Verwaltungsvereinfachung, Köln
KIGST	Kirchliche Gemeinschaftsstelle , Frankfurt a.M.
Komm.	Kommentar
KtK	Kommission für den Aufbau des technischen Kommunikationssystems
KV	Kassenärztlichen Vereinigung
KVKG	Gesetz zur Dämpfung der Ausgabenentwicklung und zur Strukturverbesserung in der gesetzlichen Krankenversicherung (Krankenversicherungs-Kostendämpfungsgesetz) vom 27. Juni 1977 BGBl. I 1069; BGBl. III 8230-33.
LOC	Laboratory Office Computer
LR	Löwe/Rosenberg (Kommentar)
LVA	Landesversicherungsanstalt

M(A)Bl.	Ministerial(amts)Blatt
MTA	Medizinisch-technische Assistentin
m.w.N.	mit weiteren Nachweisen
NdS.	niedersächsisch
n.F.	neue Fassung
NfD	Nachrichten für Dokumentation (Zeitschrift)
NIC	Network Interchange Computer
NJW	Neue Juristische Wochenschrift (Zeitschrift)
öGI	Österreichische Gesellschaft für Informatik
o.O.	ohne Ort
O.T.	Office of Telecommunications
ÖVD	Öffentliche Verwaltung und Datenverarbeitung (Zeitschrift)
PKZ	Personenkennzeichen
pp.	paginae (Seiten)
RdNr.	Randnummer
REDOK	Rechtsdokumentationssystem (Regensburg)
RVO	Reichsversicherungsordnung
S.	Satz/Seite
sc.	scilicet
SGB-AT	Sozialgesetzbuch, Allgemeiner Teil
sqq.	sequentes (und folgende)
StGB	Strafgesetzbuch
StPO	Strafprozeßordnung
str.	streitig; umstritten
SVC	Supervisor call
TP	Teleprocessing
TU	Technische Universität
vol.	volumina (Bände)
VwVfG	Verwaltungsverfahrensgesetz
ZAED	Zentrale für Atomenergie-Dokumentation
ZPO	Zivilprozeßordnung
ZRP	Zeitschrift für Rechtspolitik (Zeitschrift)

9.2 GESETZESREGISTER

<u>GG:</u>
Art. 1: 50. 66.
Art. 2: 19. 34. 50. 66. 135.
Art. 5: 87.
Art. 70 ff: 52.
Art. 84 ff: 52.

<u>Bayerisches EDV-Organisationsgesetz:</u> 76.

<u>BDSG:</u>
19. 51-70. 85. 89. 91 f.
§ 1: 53. 84. 161. 165.
§ 2: 21. 32. 53 ff. 59. 61 f. 84. 86. 91. 107. 111. 165.
§ 3: 55 f. 59. 61. 154.
§ 4: 50. 63 f.
§ 6: 60. 68. 93. 157-192.
§ 8: 32.
§ 9: 91.
§ 10: 87.
§ 13: 11. 27.
§ 14: 63.
§ 20: 65.
§ 22: 53. 55. 67.
§ 23: 55 f.
§ 24: 52. 56 ff. 81. 87.
§ 25: 61.
§ 26: 11. 50. 63 ff. 155.
§ 27: 62-67.
§ 28: 67 f. 128. 130. 139.
§ 29: 67 f. 128. 130. 139.
§ 30: 67 f. 95. 130. 139.
§ 31: 53. 126.
§ 34: 11.
§ 35: 86.
§ 37: 53. 126.
§ 38: 128. 130.
§ 40: 95.
§ 41: 69. 164 f.
§ 42: 69.
§ 45: 52. 58. 60.
Anhang: 47. 60. 68. 157-192.

<u>Berufsordnung für die deutschen Ärzte:</u> 34 ff.
§ 2: 35.
§ 11: 55. 60. 62.

<u>BGB:</u>
§ 85: 150.
§ 249: 165.
§ 253: 165.
§ 276: 164.

9.3 VERZEICHNIS DER ABBILDUNGEN

9.4   LITERATURVERZEICHNIS

In den FN des Textes wird wie folgt zitiert:
HAUPTNAME u.a. (Kurztitel) Seite;
bei Kommentaren u.a.:
VERFASSER, in: HAUPTNAME (Kurztitel) § Randnr. (o.ä.);
der Herausgeber ist mit WSt (Kurztitel) Seite
zitiert.

A   BIBLIOGRAPHIEN

RECHTSINFORMATIK UND DATENSCHUTZ

BIGELOW R.P. (Hg.): Computer Law Service, Chicago 1972 ff.
CENTRE DE DOCUMENTATION SCIENCES HUMAINES (Hg.): Informatique et
        Sciences Juridiques, Collection Documentation, Paris 1971;
        1973 ff.
ISTITUTO PER LA DOCUMENTAZIONE GIURIDICA (Hg.): Bollettino bibliogra-
        fico d'informatica generale e applicata al diritto, Firenze
        1972-74.
ISTITUTO PER LA DOCUMENTAZIONE GIURIDICA (Hg.): Bibliografia Informatica
        e Diritto (BID). Bibliografia Internazionale, Firenze 1975 ff.
NAGEL, Kurt: Datenschutz und Datensicherung (Bibliographie), Neuwied/
        Berlin 1974.
SIMITIS, Spiros u.a. (Hg.): (Materialien) zur Rechtsinformatik 1 ff.,
        mit Bibliographie, Frankfurt a.M. 1971 ff.
SCHUBERT, Wolfram / STEINMÜLLER, Wilhelm: (JUDAC). Jurisprudence - Data
        Processing - Cybernetics. Internationale Bibliographie, München
        1971.
STEINMÜLLER, Wilhelm (Hg.): (REDOK). Recht, Verwaltung und Informations-
        verarbeitung. Zeitschriftendokumentation, Regensburg 1973-75.
TURN, R. / HUNTER, M.K.: (Privacy) and Security in Databank Systems. An
        Annotated Bibliography 1970-1973, Santa Monica.

B   SONSTIGE LITERATUR

AMESBERGER, Claus / EIDMANN, Klaus / HEDER, Peter /MARKSTEINER, Friedel /
    SCHNEIDER, Jochen: (Datenschutz). Mittel und Maßnahmen für die
    Datenverarbeitung (Hg.: Siemens AG, Bereich Datenverarbeitung),
    München 1974.
AUERNHAMMER, Herbert: Der (Regierungsentwurf) eines Bundes-Datenschutz-
    gesetzes, in: ÖVD 4. 1974,3. 51 ff.; 123 ff.

BAUER, Friedrich Ludwig / GOSS, Gerhard: Informatik (I/II), Berlin/Hei-
    delberg/New York 1971.
BENDA, Erich: (Privatsphäre) und "Persönlichkeitsprofil". Ein Beitrag
    zur Datenschutzdiskussion, in: Leibholz, G. u.a. (Hg.): Men-
    schenwürde und freiheitliche Rechtsordnung (FS Willi Geiger zum
    65. Geburtstag), Tübingen 1974, 23 ff.
BERGMANN, Lutz / MÖHRLE, Roland: Datenschutzrecht. (Handkommentar) zum
    Bundesdatenschutzgesetz, Stuttgart/München/Hannover 1977.
BICK, Wolfgang / MÜLLER, Paul J.: Die Buchführung der Verwaltungen als
    sozialwissenschaftliche (Datenbasis), in: Müller (Analyse) 42 ff.
BINDING, Karl: (Lehrbuch) des Gemeinen deutschen Strafrechts Band 1,
    2. Aufl. Leipzig 19o2.
BING, Jon: (Classification) of Personal Information, with Respect to
    the Sensitivity Aspect. In: Selmer (Data Banks) 98 ff.
BRINCKMANN, Hans / PETÖFI, János S. / RIESER, Hannes: (Paraphrasen) juri-
    stischer Texte II. Bericht über und Bemerkungen zu einem inter-
    disziplinären Rundgespräch, in: DVR 1. 1972/73. 257 ff.
BRUNNSTEIN, Klaus (I/II/III): Gesellschaftliche Auswirkungen großer In-
    formationssysteme aus der Sicht verschiedener Disziplinen. Werk-
    stattgespräch 28.-3o.März 1977, Mitteilung Nr. 46/a/b des Insti-
    tuts für Informatik, Hamburg 1977.
BÜHNEMANN, Bernt: Datenschutz im nicht-öffentlichen Bereich, in: Beilage
    1 des Betriebsberaters 29. 1974,3.
BÜHNEMANN, Bernt: Datenschutz im nicht-öffentlichen Bereich. DVR-Beiheft
    4, Berlin 1974.
BULL, Hans Peter: Entscheidungsfragen in Sachen Datenschutz, in: ZRP
    8. 1975,1. 7 ff.
BUNDESMINISTER FÜR ARBEIT UND SOZIALORDNUNG (Hg.): (Empfehlung) zum
    Datenschutz in der sozialen Krankenversicherung, in: Sozial-
    politische Informationen 1o. 1976,1 vom 16. Januar 1976.
BUNDESMINISTER FÜR FORSCHUNG UND TECHNOLOGIE: Bekanntmachung über die
    Förderung eines Demonstrations-Datenverarbeitungsprojekts im
    Gesundheitswesen vom 3. August 1973, in: Bundesanzeiger 25.
    1973,148. 1 ff.
BUNDESMINISTERIUM DES INNERN (Hg.): (Dokumentation) einer Anhörung zum
    Referentenentwurf eines Bundes-Datenschutzgesetzes vom 7.-9.
    November 1972, Bonn Mai 1973.
BUNDESMINISTERIUM DER JUSTIZ (Hg.): Das Juristische Informationssystem
    - Analyse, Planung, Vorschläge (Bericht der Projektgruppe BMJ /
    GMD / CEIR) Bonn 1972 (zit.: JURIS).
BUNDESMINISTERIUM FÜR DAS POST- UND FERNMELDEWESEN (Hg.): Telekommuni-
    kationsbericht der Kommission für den Ausbau des technischen
    Kommunikationssystems ("KtK"), Bonn 1976.
BUNDESMINISTERIUM FÜR FORSCHUNG UND TECHNOLOGIE (Hg.): (Forschungsbe-
    richt) DV 74-04 Datenverarbeitung: Datenschutz - Mittel und
    Maßnahmen für die Datenverarbeitung, Siemens AG - (Bonn)
    Dezember 1974.

BUNDESREGIERUNG: Entwurf eines Gesetzes zum Schutz vor Mißbrauch per-
        sonenbezogener Daten bei der Datenverarbeitung (Bundesdaten-
        schutzgesetz - BDSG), in: Bundesratsdrucksache 39o/73 - zit.:
        (EBDSG).
BURHENNE, Wolfgang E. / PERBAND, Klaus: (EDV-Recht). Systematische Samm-
        lung der Rechtsvorschriften, organisatorischen Grundlagen und
        Entscheidungen zur elektronischen Datenverarbeitung. Loseblatt-
        sammlung, Berlin 197o (Stand Juni 1977).
BURKART, Walter: Aufforderung zum (Datenstreik). Der Entwurf des Daten-
        schutzgesetzes - mit den Augen eines "Betroffenen" gesehen, in:
        Deutsches Ärzteblatt 71. 1974,9. 646 ff.
BURKERT, Herbert: Einige Anmerkungen zur Analogie (Geld-Information),
        in: Steinmüller (Informationspolitik) 14o ff.

CDU-BUNDESGESCHÄFTSSTELLE CDU (Hg.): (Hearing) zum Bundesmelde- und
        Bundesdatenschutzgesetz (Argumente, Dokumente, Materialien,
        Best.-Nr. 269), Bonn 1974.
CLAUS, Volker: Einführung in die (Informatik), Stuttgart 1975.

DAMMANN, Ulrich: Datenschutz und (Forschungsfreiheit) - Konsequenzen
        und Probleme des Entwurfs eines Bundesdatenschutzgesetzes, in:
        DVR 4. 1975. 2o1 ff.
DAMMANN, Ulrich: Datenschutz und (Zugang) zu Planungsinformationssyste-
        men. Beiträge zum Datenschutz 1, Wiesbaden 1974.
DAMMANN, Ulrich: Der (Bürger) in der Datenbank, in: Dammann u.a. (Da-
        tenbanken) 1 ff.
DAMMANN, Ulrich: Die (Kontrolle des Datenschutzes). Eine Untersuchung
        zur institutionellen Kontrolle des Datenschutzes im öffent-
        lichen Bereich (Kybernetik. Datenverarbeitung. Recht 7),
        Frankfurt a.M. 1977.
DAMMANN, Ulrich: (Strukturwandel) der Information und Datenschutz, in:
        DVR 3. 1974,3/4. 267 ff.
DAMMANN, Ulrich / KARHAUSEN, Mark / MÜLLER, Paul / STEINMÜLLER, Wil-
        helm: (Datenbanken) und Datenschutz, Frankfurt/New York 1974.
DAMMANN, Ulrich / MALLMANN, Otto / SIMITIS, Spiros (Hg.): (Data Protection
        Legislation). An International Documentation. Die Gesetzgebung
        zum Datenschutz. Eine internationale Dokumentation. Englisch-
        Deutsch. (Kybernetik. Datenverarbeitung. Recht 5), Frankfurt a.M.
        1977.
DAMMANN, Ulrich / SIMITIS, Spiros: Bundesdatenschutzgesetz mit Materia-
        lien, Baden-Baden 1977.
DANIELS, A. von / SCHAEFER, O.P.: (Zusammenfassung) des INA-Berichts.
        Arbeitsgemeinschaft für Rationalisierung und Organisation in
        der Medizin (ARO e.V.), als Broschüre gedruckt, Kassel 1975.
DAVIS, Ruth M.: Privacy and Security in (Data Systems), in: Computers
        and Automation 23. 1974,3. 2o ff.
DEUTSCHE INDUSTRIE NORM (DIN) 443oo: Informationsverarbeitung, Begriffe.
        Stand März 1972.
DEUTSCHE SEKTION DER INTERNATIONALEN JURISTEN-KOMMISSION (Hg.): Daten-
        schutz und Datensicherung. (Vorträge) ..., Karlsruhe 1975.
DEUTSCHER BUNDESTAG, ABTEILUNG WISSENSCHAFTLICHE DOKUMENTATION - PARLA-
        MENTSARCHIV -: Veröffentlichte(Materialien) Nr. 3, März 1977.
        Gesetz zum Schutz vor Mißbrauch personenbezogener Daten bei der
        Datenverarbeitung (Bundesdatenschutzgesetz BDSG). Vom 27.Januar
        1977, Bonn 1977.
DEUTSCHER BUNDESTAG, INNENAUSSCHUSS: Arbeitsunterlage zum Entwurf eines
        Bundesdatenschutzgesetzes. (Ausschußdrucksache) 7/119 vom 29.1.76.

DEUTSCHER BUNDESTAG, PRESSE- UND INFORMATIONSZENTRUM (Hg.): Datenschutz/
        Meldegesetz. (Sachverständigenanhörung), Gesetzestexte. Bonn
        1974, in: Zur Sache 5/74.
DEUTSCHER JURISTENTAG (DJT): (Grundsätze) für eine gesetzliche Regelung
        des Datenschutzes. Bericht der Datenschutzkommission des Deutschen
        Juristentages, München 1974.
DIERSTEIN, Rüdiger / FIEDLER, Herbert / SCHULZ, A. (Hg.): (Datenschutz)
        und Datensicherung. Fachtagung 1976 der ÖGI und der GI, Köln 1976.
DREHER, Eduard: Strafgesetzbuch (Kommentar), 11. Aufl. München 1977.

EBERLE, Carl-Eugen: (ADV-Organisation), in: Steinmüller (ADV und Recht)
        113 ff.
EBERLE, Carl-Eugen: Datenschutz durch (Meinungsfreiheit), in: DÖV 1977,9.
        3o6 ff.
EBERLE, Carl-Eugen: (Organisation) der automatisierten Datenverarbeitung
        in der öffentlichen Verwaltung. Eine Untersuchung unter besonde-
        rer Berücksichtigung organisationsrechtlicher Fragen, Berlin
        1976.
EBERLE, Carl-Eugen: Verfassungsrechtliche Fragen der ADV-Organisation
        und das Denkmodell der "(Modularen Datenverarbeitung)", in: ÖVD 2.
        1972. 439 ff.
EBERLE, Carl-Eugen / GARSTKA, Hansjürgen: Soll das (Verwaltungsverfahren)
        durch einen bundesweiten Programmablaufplan determiniert werden,
        in: ÖVD 2. 1972,6. 265 ff.
EGLOFF, Willi / PICKEL, Peter: Verfassungsrechtliche Probleme staatlicher
        (Fachinformationszentren) in der Bundesrepublik Deutschland, in:
        NfD 26. 1975. 227 ff.
EGLOFF, Willi / SCHIMMEL, Wolfgang: Bundesdatenschutz - die "(Magna Char-
        ta) des Bürgers von heute"?, in: Demokratie und Recht 5. 1977,2.
        124 ff.
ETMER, Friedrich: (Bundesärzteordnung) und das Recht der übrigen Heil-
        berufe (Bd. 1 und 2), München 197o ff. Loseblattsammlung, Stand
        April 1977.

FIEDLER, Herbert: Automatisierung im Recht und (Juristische Informatik),
        in: JuS 1o. 197o. 432 ff.; 552 ff.; 6o3 ff.; 11. 1971. 67 ff.;
        228 ff.
FIEDLER, Herbert: (Datenschutz) und Gesellschaft, in: Steinmüller (In-
        formationspolitik) 179 ff.
FORSCHUNGSPROJEKT INFORMATIONSRECHT: Rechtsformen von Fachinformations-
        zentren. Gutachten im Auftrag des BMFT, Regensburg 1975.
FORSCHUNGSPROJEKT VERWALTUNGSAUTOMATION (BRINCKMANN, Hans u.a.): (Ar-
        beitspapiere) Heft o1-1o, Kassel 1975 ff.
FRIEDERICHS, Hellmut: (Computer) und ärztliche Schweigepflicht, in: Bun-
        desgesundheitsblatt 15. 1972,15/16. 225 ff.
FRIEDERICHS, Hellmut: Computer und ärztliche Schweigepflicht. Eine (Klar-
        stellung), in: Bundesgesundheitsblatt 16. 1973,6. 82 ff.

GALLWAS, Hans-Ullrich / SCHWEINOCH, Joachim: Datenschutzrecht. (Kommen-
        tar) und Vorschriftensammlung, Stuttgart 1977.
GARSTKA, Hansjürgen: (Grundbegriffe) für den Datenschutz, in: Kilian u.a.
        (Datenschutz) 2o9 ff.
GEIGER, Hansjörg / SCHNEIDER, Jochen: Der Umgang mit (Computer)n, Mün-
        chen 1975.

GENRICH, Hartmann J.: (Belästigung) der Menschen durch Computer, in:
     Gesellschaft für Informatik (Hg.): GI - 5.Jahrestagung. Dort-
     mund 8.-1o.Oktober 1975, Berlin u.a. 1975, 94 ff.
GENRICH, Hartmann J.: Die Angst vor dem mächtigen (Computer). Ist Daten-
     schutz überhaupt erreichbar?, in: Hoffmann u.a. (Numerierte)
     157 ff.
GESELLSCHAFT FÜR MATHEMATIK UND DATENVERARBEITUNG (GMD) (Hg.): (Auswir-
     kungen) des Datenschutzes.Eine Studie zum Datenschutz (3 Bände),
     Bonn Juni 1977.
GESELLSCHAFT FÜR STRAHLEN- UND UMWELTFORSCHUNG (GSF): (Projekt)stab Da-
     tenverarbeitung in der Medizin: Erreichtes - Geplantes. Sympo-
     sium Datenverarbeitung im Gesundheitswesen, Kurzfassung der
     Referate, München 1975.
GOLLER, Friedrich / SCHEURING, Heinrich / TRAGESER, Alfred: Das (KI-
     System). Automatisierte Kommunikation und Information in Politik
     und Verwaltung, Stuttgart u.a. 1971.
GOLA, Peter / HÜMMERICH, Klaus / KERSTAN, Uwe: (Datenschutzrecht). Er-
     läuterte Rechtsvorschriften und Materialien zum Datenschutz
     Teil 1 (EDV und Recht 1o Teil 1), Berlin 1977.
GREBE, Hartmut: Ein Modell zur Datensicherung, in: ÖVD 3. 1973,4. 159 ff.
GROCHLA, Erwin: Handwörterbuch der Organisation, Stuttgart 1969; unver-
     änderter Nachdruck 1973.

HABERÄCKER, P. / LEHNER, M.: (Zugriffssicherung) in Datenbanksystemen,
     Forschungsbericht DV 75-o4. Datenverarbeitung. Zentrale für Atom-
     kernenergie-Dokumentation (ZAED), Juni 1975.
HACKEL, Wolfgang: Drittgeheimnisse innerhalb der ärztlichen (Schweige-
     pflicht), in: NJW 22. 1969,51. 2257 ff.
HAFT, Fritjof: Einführung in die Rechtsinformatik (Alber Kolleg Rechts-
     theorie IV.1), Freiburg/München 1977.
HAUTER, Adolf: Datenschutz - Datensicherung. Eine Bestandsaufnahme der
     praktischen Möglichkeiten zum Schutze und zur Sicherung von In-
     formation (Hg. AWV) Frankfurt 1972.
HAUTER, Adolf: Ein Weg zum EDV-Sicherheitsbericht, in: Zeitschrift für
     Datenverarbeitung 11. 1973. 513 ff.
HEFNER, Rolf / WEIDENEDER, Franz: Datenschutz und Datensicherung 3,
     in: IBM-Nachrichten 24. 1974,216. 27 ff.
HEIBEY, Hans W. / LUTTERBECK, Bernd / SCHÜLER, U. / SENGLER, H.E.:
     (Nichttechnische Auswirkungen) bei der EDV-Anwendung. Bericht
     des Instituts für Informatik der Universität Hamburg Nr. 16,
     Mai 1975.
HEIBEY, Hans W. / LUTTERBECK, Bernd / TÖPEL, Michael: Auswirkungen der
     elektronischen Datenverarbeitung in Organisationen. (Forschungs-
     bericht) DV 77-o1 Datenverarbeitung, Hg. BMFT, Bonn Januar 1977.
HENTSCHEL, Bernd / GLISS, Hans / BAYER, Rudolf / DIERSTEIN, Rüdiger:
     (Datenschutzfibel). Unter besonderer Berücksichtigung des Perso-
     nalwesens, Köln 1974.
HERGENHAHN, Gerhard: Gesetzgebung und Praxis des Datenschutzes. (Stich-
     worte) und Abbildungen zu einem Referat. Seminar-Manuskript
     14./15.März, Köln 1977.
HESSISCHER LANDTAG: Vorlage des Datenschutzbeauftragten, betreffend den
     Ersten, Zweiten .... Sechsten Tätigkeitsbericht, in: Landtags-
     Drucksache 7/1495 vom 29.3.72; 7/3137 vom 29.3.73; 7/5146 vom
     1.4.74; 8/438 vom 26.3.75; 8/2475 vom 3o.3.76; 8/3962 vom 11.3.
     77 (zit.: I ... VI).
HEUSSNER, Hermann: (Bundesdatenschutzgesetz) und Sozialversicherung, in:
     FS Kurt Brackmann: Grundlagen der Sozialversicherung, St.Augustin
     1977.

HOFFMANN, Gerd E.: Computer, Macht und (Menschenwürde), München/Zürich
    1976.
HOFFMANN, Gerd E. / TIETZE, Barbara / PODLECH, Adalbert (Hg.): (Nume-
    rierte) Bürger, Wuppertal 1975.
HOGREBE, Edmund F.M.: (Verwaltungsautomation) und Datenschutz in Frank-
    reich. EDV und Recht 9, Berlin 1976.
HOME OFFICE (Hg.): (Computers) and Privacy, London 1975.
HOME OFFICE (Hg.): Computers: (Safeguards) for Privacy, Londen 1975.
HÖRLE, Ulrich / WRONKA, Georg: (Bundesdatenschutzgesetz). Auswirkungen
    auf Werbung und Presse (Hg. Zentralausschuß der Werbewirtschaft),
    Bonn 1977.
HORN, Dieter / BUSCH, Norbert / KIRBACH, Jürgen: Datensicherung im System
    der EDV, Dresden 1970.
HORN, Günter: Datensicherung, in: ÖVD 1. 1971,3. 99 ff.
HZD / KIGST: (DOMINIG II). Informationsverbund mehrerer Krankenhäuser,
    Zusammenfassende Übersicht, Ms. August 1975.

IBM: (Data Security) and Data Processing. 6 voll. Form Nr. G 320-1370
    bis 1376, White Plains N.Y. 1974.
IBM DEUTSCHLAND: (Betrachtungen) zur Datensicherheit in Datenverarbei-
    tungssystemen, Sindelfingen 1970.

JACOBS, Günter: Die Unwirksamkeit der (Anonymisierung) von Individual-
    daten - dargestellt am Beispiel der amtlichen Studentenstatistik,
    in: ÖVD 3. 1973,6. 258 ff.
JENSEN, Günter: Amtshilfe durch (Informationsweitergabe), in: DVR 6.
    1977,1. 1 ff.

KAMLAH, Ruprecht B.: Datenschutz im Spiegel der anglo-amerikanischen
    Literatur. Ein Überblick über Vorschläge zur Datenschutzge-
    setzgebung, in: Bundestagsdrucksache VI/3826 (1972) 195 ff.
KAMLAH, Ruprecht B.: Datenüberwachung) und Bundesverfassungsgericht,
    in: Die öffentliche Verwaltung 23. 1970,11. 361 ff.
KAMLAH, Ruprecht B.: (Right of Privacy). Das allgemeine Persönlichkeits-
    recht in amerikanischer Sicht unter Berücksichtigung neuer tech-
    nologischer Entwicklungen, Köln 1969.
KARGL, Herbert: Risiko und Sicherheit im Bereich der automatisierten Da-
    tenverarbeitung (ADV), in: Die Wirtschaftsprüfung 27. 1974,87.
    181 ff.
KARHAUSEN, Mark O.: Datenschutz bei Datenbanken für (Umfragen), in:
    Dammann u.a. (Datenbanken) 91 ff.
KIESER, Gottfried: Elektronische Datenverarbeitung aus der Sicht der
    Revision, in: Data Praxis, München.
KIESSIG, Fritz: Sicherheit in der Datenverarbeitung, in: Computer-Praxis
    7. 1974,7. 108 ff.
KILIAN, Wolfgang: (Arbeitsrecht)liche Probleme automatisierter Personal-
    informationssysteme, in: Juristenzeitung 32. 1977,15/16. 481 ff.
KILIAN, Wolfgang: (Datenschutz) in Wirtschaftsunternehmen, in: Kilian
    u.a. (Datenschutz) 289 ff.
KILIAN, Wolfgang: Melde- und Auskunftspflichten des (Arbeitgeber)s im
    Personalbereich, in: Betriebs-Berater 32. 1977,23. 1153 ff.
KILIAN, Wolfgang / LENK, Klaus / STEINMÜLLER, Wilhelm (Hg.): (Daten-
    schutz). Juristische Grundsatzfragen beim Einsatz elektronischer
    Datenverarbeitungsanlagen in Wirtschaft und Verwaltung, Frank-
    furt 1973.

KIRSCH, Werner: Auf dem Weg zu einem neuen (Taylorismus)?, in: IBM-Nach-
    richten 23. 1973,215. 561 ff.
KISZA, Andrzej: Kybernetisches (Modell) der Entstehung und der Wirkung
    des Rechts. EDV und Recht 5, Berlin 1975.
KLAUS, Georg: Die Macht des (Wort)es. Ein erkenntnistheoretisch-pragma-
    tisches Traktat, 6. Aufl. Berlin 1975.
KLAUS, Georg: (Semiotik) und Erkenntnistheorie, 3. Aufl. Berlin 1972.
KLAUS, Georg: (Sprache) der Politik, 2.Aufl. Berlin 1972.
KLAUS, Georg: (Wörterbuch) der Kybernetik, Band 1 und 2, Frankfurt a.M.
    1969.
KLEINKNECHT, Theodor: Strafprozeßordnung (Kommentar), 33. Aufl. München
    1977.
KOHLHAAS, Max: Strafrechtliche (Schweigepflicht) und prozessuales Schwei-
    gerecht, in: Goltdammer's Archiv für Strafrecht 1958,1. 65 ff.
KOHLSCHEEN, Peter: Versicherungsschutz in der EDV, in: Die Ortskranken-
    kasse 56. 1974,1/2. 14 ff.
KRATZER, J.: Einsatz der kryptographischen Programmierung zur (Daten-
    sicherung) bei Datenbanken (DLR - FB 74-44). Deutsche Forschungs-
    und Versuchsanstalt der Luft- und Raumfahrt, Porz-Wahn 1974.
KRAUCH, Helmut (Hg.): (Erfassungsschutz). Der Bürger in der Datenbank:
    zwischen Planung und Manipulation, Stuttgart 1975.
KRAUS, Wolfgang: Organisatorische und technische Maßnahmen zur Reali-
    sierung des Datenschutzes, in: DSWR 2. 1973,26. 328 ff.
KRAUS, Wolfgang / NAGEL, Kurt: IMB-Studie zur Datensicherung, in: IBM-
    Nachrichten 25. 1975,225. 122 ff.
KRAUSKOPF, Dieter: Das (Kassenarztrecht), 2. Aufl. Bad Godesberg 1968.
KUHNS, Richard (Hg.): Das gesamte Recht der (Heilberufe), Berlin 1958.
    (Zit.: BEARBEITER, in Kuhns ...).
KÜPPERS, Rudolf: Zum Bundes-Datenschutzgesetz, in: Die Krankenversiche-
    rung 29. 1977. 48 ff.
KWIATOWSKI, Jürgen: Datenschutz und Datensicherung 6, in: IBM-Nachrich-
    ten 24. 1974,222. 266 ff.

LANDTAG RHEINLAND-PFALZ: (Unterrichtung) durch den Ausschuß für Daten-
    schutz ... Erster/Zweiter/Dritter/Vierter Tätigkeitsbericht des
    Ausschusses ... in: Landtagsdrucksache 7/3342; 8/35o; 8/1444;
    8/247o vom 17.1o.74 / o1.1o.1975 / o1.1o.1976 / 1o.1o.1977.
LEIBROCK, Dieter / GUTMANN, Wilhelm: Datenschutz und Datensicherung.
    Maßnahmen zur Datensicherung in der Praxis 4, in: IBM-Nachrich-
    ten 24. 1974,22o. 1o3 ff.
LENK, Klaus: (Datenschutz) in der öffentlichen Verwaltung, in: Kilian
    u.a. (Datenschutz) 15 ff.
LENK, Klaus: Informationsrechte und (Kommunikationspolitik), Darmstadt
    1976.
LENK, Klaus: (Vorüberlegungen) zur Informationspolitik, in: Steinmüller
    (Informationspolitik) 266 ff.
LINDEMANN, Peter: (Auswirkungen) des Bundesdatenschutzgesetzes auf die
    Wirtschaft, Neuwied 1977.
LINDEMANN, Peter / NAGEL, Kurt / HERMANN, Günter: (Organisation) des Da-
    tenschutzes. Wirtschaftsführung Kybernetik Datenverarbeitung
    14, Neuwied/Berlin 1973.
LÖBEL, Guido / MÜLLER, Peter / SCHMID, Hans: (Lexikon) der Datenverar-
    beitung, 4. Aufl. München 1969.
LÖCHNER, Gerhard: Datenschutz und Datensicherung, erläutert am (Bundes-
    zentralregister), in: Deutsche Sektion ..., Karlsruhe 1975.
LOSANO, Mario G.: Corso di (Informatica Giuridica), Milano 1971.
LÖWE, Ewald / ROSENBERG, Werner: Die Strafprozeßordnung und das Gerichts-
    verfassungsgesetz, Großkommentar, 23. Aufl. Berlin/New York 1976.
    (Zit.: LR/Bearbeiter..).

LUHMANN, Niklas: (Rechtssoziologie 1/2). rororo studium, Reinbek 1972.
LUHMANN, Niklas: Verfassungsmäßige (Auswirkungen) der elektronischen
        Datenverarbeitung, in: ÖVD 2. 1972. 44 ff.
LUTTERBECK, Bernd: (Parlament) und Information. Rechtstheorie und Infor-
        mationsrecht 3, München/Wien 1977.
LUTTERBECK, Ernst: (Dokumentation) und Information, Frankfurt a.M. 1971.
LUTZ, Theo / KLIMESCH, Herbert: Die Datenbank im (Informationssystem),
        München/Wien 1971.

MALLMANN, Christoph: Datenschutz in (Verwaltungs-Informationssystem)en.
        Zur Verhältnismäßigkeit des Austausches von Individualinforma-
        tionen in der normvollziehenden Verwaltung (Rechtstheorie und
        Informationsrecht 2), München/Wien 1976.
MALLMANN, Otto: Datenschutz in (Schweden). Das neue Datengesetz, in:
        ÖVD 4. 1974,1. 31 ff.
MALLMANN, Otto: (Zielfunktionen) des Datenschutzes. Schutz der Privat-
        sphäre - korrekte Information. Mit einer Fallstudie zum Daten-
        schutz im Bereich von Kreditinformationssystemen (Kybernetik.
        Datenverarbeitung. Recht 6), Frankfurt/Main 1977.
MARTIN, James: (Telecommunication) and the Computer, Englewood: Prentice-
        Hall Inc. 1969.
MARTIN, James u.a.: The Computerized Society. An Appraisal of the (Im-
        pact) of Computers on Society over the next fifteen Years, Engle-
        wood: Prentice-Hall Inc. 197o.
MARX, Michael / SCHNEIDER, Jochen: (Sicherheit der Information) und
        Strafrecht. Strafrechtliche Aspekte der Datensicherung und der
        Computerkriminalität, in: Steinmüller (Informationspolitik) 217ff.
MAURACH, Reinhart: Deutsches (Strafrecht). Besonderer Teil, 5. Aufl.
        Karlsruhe 1969, mit Nachträgen 197o und 1971.
MEISTER, Herbert: Datenschutz im Zivilrecht, Gummersbach 1977.
MILLER, Arthur R.: Der (Einbruch) in die Privatsphäre - Datenbanken
        und Dossiers, Neuwied 1973 (engl. Michigan 1971).
MÜHLEN, Rainer A.H. von zur: (Computerkriminalität). Gefahren und Abwehr-
        maßnahmen, Neuwied/Berlin 1973.
MÜHLEN, Rainer A.H. von zur: (Wirtschaftskriminalität) und Elektronische
        Datenverarbeitung, in: Betriebswirtschaftliche Forschung und
        Praxis 1971,2. (Sonderdruck).
MÜLLER, Paul J.: Datenschutz und Sicherung der Individualdaten der em-
        pirischen Sozialforschung, in: DSWR 3. 1974,1. 2 ff.
MÜLLER, Paul J.(Hg.): Die (Analyse) prozeß-produzierter Daten, Stuttgart
        1977.
MÜLLER, Paul J.: Die Gefährdung der (Privatsphäre) durch Datenbanken, in:
        Dammann u.a. (Datenbanken) 63 ff.
MÜLLER, Paul J. / KUHLMANN, H.H.: Integrated Information Bank Systems,
        (Social Book keeping) and Privacy, in: International Social
        Science Journal 24. 1972,3. 584 ff.

NIEDERSÄCHSISCHER MINISTER DES INNERN: (Verfahrensgrundsätze) für die
        Automatisierung von Aufgaben der Landesverwaltung, in: NdS. MBl.
        Nr. 32/1972. 1114.

OBERLODE, Günter / WINDFUHR, Manfred: Datenschutz und Datensicherung (5).
        (Methoden) zum Datenschutz und zur Datensicherung - vorgestellt
        an einem praktischen Beispiel, in: IBM-Nachrichten 24. 1974,221.
        232 ff.
ORDEMANN, Hans-Joachim / SCHOMERUS, Rudolf: Bundesdatenschutzgesetz
        mit (Erläuterungen), München 1977.

PALANDT, Otto: Bürgerliches Gesetzbuch, 36. Aufl. München 1977.
PALME, Jacob: Software Security, in: Datamation 2o. 1974,1. 51 ff.
PAWLIKOWSKY, Gerhart: (Datenschutz) und Datensicherheit, in: Die Ver-
        sicherungsrundschau 31. 1976,4. 96 ff.
PETERS, Horst (Hg.): (Handbuch) der Krankenversicherung Teil 2, Stutt-
        gart, Loseblattsammlung, Stand März 1977.
PETERS, Walter / PREISENDANZ, Holger: (Strafgesetzbuch), 29. Aufl. Ber-
        lin 1975.
PODLECH, Adalbert: Aufgaben und (Problematik) des Datenschutzes, in:
        DVR 5. 1976,1/2. 23 ff.
PODLECH, Adalbert: Datenschutz im Bereich der öffentlichen Verwaltung.
        Entwurf eines Gesetzes zur Änderung des Grundgesetzes (Art. 75GG)
        zur Einführung einer Rahmenkompetenz für Datenschutz und eines
        Bundesdatenschutz-Rahmengesetzes. In: DVR Beiheft 1, Berlin 1973.
        (zit.: Alternativentwurf)
PODLECH, Adalbert: Die Trennung von politischer, technischer und fach-
        licher (Verantwortung) in EDV-unterstützten Informationssystemen,
        in: Steinmüller (Informationspolitik) 2o7 ff.
PODLECH, Adalbert: (Gesellschaftstheore)tische Grundlagen des Daten-
        schutzes, in: Dierstein u.a. (Datenschutz) 311 ff.
PODLECH, Adalbert: (Information) - Modell - Abbildung. Eine Skizze, in:
        Steinmüller (Informationspolitik) 21 ff.
PODLECH, Adalbert: (Prinzipien) des Datenschutzes in der öffentlichen
        Verwaltung, in: Kilian u.a. (Datenschutz) 3 ff.
PODLECH, Adalbert: (Verfassungsrechtliche Probleme) öffentlicher Daten-
        banken, in: DÖV 23. 197o. 473 ff.
PODLECH, Adalbert: Verfassungsrechtliche Probleme öffentlicher (Informa-
        tionssysteme), in: Kaufmann, Arthur (Hg.): Münchner Ringvorle-
        sung EDV und Recht. Möglichkeiten und Probleme (EDV und Recht 6),
        Berlin 1973, 2o7 ff. - ferner leicht verändert in: DVR 1. 1972/73.
        149 ff.
PONSOLD, Albert: Lehrbuch der gerichtlichen Medizin, (2.) bzw. (3.) Aufl.
        Stuttgart 1957 bzw. 1967 (zit.: BEARBEITER, in Ponsold (2.) bzw.
        (3.) ...).
PRIVACY PROTECTION STUDY COMMISSION: Personal Privacy in an (Information
        Society). The Report of the Privacy Protection Study Commission
        (6 vol. incl. 5 append.) Washington Juli 1977.

RAVE, Dieter: Datenschutzprobleme am Beispiel des (Gesundheitswesens),
        in: Kilian u.a. (Datenschutz) 279 ff.
REBLIN, Eckart: Ärztliche Schweigepflicht und elektronische (Datenver-
        arbeitung), in: Bundesgesundheitsblatt 16. 1973,1. 2ff.
REICHMANN, Josef: (Benutzeridentifizierung) - Verfahren, Wirtschaftlich-
        keit und Zuverlässigkeit. Diplomarbeit TU München, München Nov.
        1976.
RUCKRIEGEL, Werner: Aspekte des (DV-Verbund)es, in: ÖVD 4. 1974. 14 ff.
RÜPKE, Giselher: Der verfassungsrechtliche Schutz der (Privatheit), Ba-
        den-Baden 1976.

SASSE, Christoph / SCHWEINOCH, Joachim: Bundesdatenschutzgesetz (Lose-
        blattkommentar), Stuttgart 1977.
SEIDEL, Ulrich: Das aktuelle Thema Datenschutz, in: Online, Zeitschrift
        für Datenverarbeitung 11. 1973. 143 ff.; 247 ff.; 359 ff.; 436 ff.
SEIDEL, Ulrich: (Datenbanken) und Persönlichkeitsrecht, Köln 1972.
SELMER, Knut S. (Hg.): (Data Banks) and Society, Oslo 1972.
SENATOR FÜR GESUNDHEIT UND UMWELTSCHUTZ, Berlin: Bewerbung um das Teil-
        projekt (DOMINIG I) vom 29.11.1973.

SIEGHART, Paul: (Privacy) and Computers, London 1976.
SIEMENS AG (Hg.): (Bayerisches Informationssystem). Beiträge zur inte-
        grierten Datenverarbeitung in der öffentlichen Verwaltung Bayerns
        1, München 197o (2. Auflage von: SIEMENS AG (Hg.): Bayerisches
        Informationssystem. Gedanken und Vorschläge zu einer integrier-
        ten Datenverarbeitung in der öffentlichen Verwaltung Bayerns,
        München 197o.)
SIMITIS, Spiros: (Argumente) für ein Datenschutzgesetz - Zugleich eine
        Einleitung, in: Miller (Einbruch) IX ff.
SIMITIS, Spiros: (Bundesdatenschutzgesetz) - Ende der Diskussion oder
        Neubeginn, in: NJW 3o. 1977. 729 ff.
SIMITIS, Spiros: Datenschutz und (Arbeitsrecht), in: Arbeit und Recht
        25. 1977,4. 97 ff.
SIMITIS, Spiros: (Datenschutz) - Notwendigkeit und Voraussetzungen einer
        gesetzlichen Regelung, in: DVR 2. 1973,2/3. 138 ff.
SIMITIS, Spiros / DAMMANN, Ulrich / MALLMANN, Otto / REH, Hans-Joachim:
        (Kommentar) zum Bundesdatenschutzgesetz, Baden-Baden 1977.
SIMITIS, Spiros / VOSS-ECKERMANN, Helga / DAMMANN, Ulrich: (Materialien)
        zur Rechtsinformatik 1 ff. Kybernetik. Datenverarbeitung, Recht
        1 ff. Frankfurt a.M. 1971 ff.
SOKOLOVSKY, Zbynek / VARIGNON, Andre: Sicherheit durch Software im com-
        puterunterstützten Informationssystem (Teil 1), in: ÖVD 5. 1975,7.
        313 ff.
SPANN, Wolfgang: Ärztliche Rechts- und (Standeskunde), München 1962.

SCHAEFER, O.P.: (Der niedergelassene Arzt) im Rahmen eines umfassenden
        medizinischen Informationssystems, in: Computer: Aufgaben im
        Gesundheitswesen, Heidelberg 1973. 133 ff.
SCHAEFER, O.P.: Die Wahrung der ärztlichen(Schweigepflicht)unter Berück-
        sichtigung der Einführung der elektronischen Datenverarbeitung
        und einer einheitlichen Personenkennziffer, in: IFAC Symposium
        Automatisierung und Datenverarbeitungsanlagen in der Medizin
        27.9.-1.1o.1971, Brüssel 1971.
SCHAEFER, O.P.: Gedanken zu (Informationssystemen) für den niedergelas-
        senen Arzt, in: Schneider, B./Schönenberger, R. (Hg.): Datenver-
        arbeitung im Gesundheitswesen, Berlin u.a.
SCHAEFER, O.P.: Patientendaten im konventionellen (Informationsfluß) und
        ihre Gefährdung im interaktiven System, GMDS-Vortrag Heidelberg
        1975.
SCHAEFER, O.P.: Zusammenarbeit von (Klinik) und Praxis durch EDV, in:
        Der Deutsche Arzt 2o. 197o,2/3. 54 ff.; 93 ff.
SCHAFFLAND, Hans-Jürgen / WILTFANG, Noeme: Bundesdatenschutzgesetz (BDSG).
        Ergänzbarer (Kommentar) nebst einschlägigen Rechtsvorschriften,
        Berlin 1977.
SCHEDL, Ilse: (Bundesdatenschutzgesetz), Kissing 1977.
SCHIMMEL, Wolfgang: Grundlegung für ein (Informationsrecht), in: Stein-
        müller (ADV und Recht) 131 ff.
SCHIMMEL, Wolfgang / STEINMÜLLER, Wilhelm: Rechtspolitische (Problem-
        stellung) des Datenschutzes, in: Dammann u.a. (Datenbanken) 111 ff.
SCHLÖRER, Jan: (Schnüffeltechniken) und Schutzmaßnahmen bei statistischen
        Datenbank-Informationssystemen mit Dialogauswertung, Ulm 1974, in:
        Materialien der Abteilung für medizinische Statistik. Dokumenta-
        tion und Datenverarbeitung der Universität Ulm Nr. 29.
SCHLÖRER, Jan: Zum (Statistikgeheimnis). Risiken und Schutz statistischer
        Datenbanken, in: DVR 5. 1976,3. 2o3 ff.

SCHMIDT, Herbert: Das (Sozialinformationssystem) der Bundesrepublik
        Deutschland. Sozialinnovation durch Informationstechnologie,
        Eutin 1977.
SCHMIDT, Herbert: Die (Sozialdatenbank) des Bundesministers für Arbeit
        und Sozialordnung der Bundesrepublik Deutschland, in: adl-Nach-
        richten 21. 1976,1o/1o1. 22 ff.
SCHNEIDER, B. u.a.: Studie über die Anwendung der Datenverarbeitung in
        der (Medizin). Forschungsbericht DV 72-o3 Datenverarbeitung BMBW,
        Bonn Mai 1972.
SCHNEIDER, Jochen (Hg.): (Datenschutz)-Datensicherung (Siemens München:
        Beiträge zur integrierten Datenverarbeitung in der öffentlichen
        Verwaltung 5), München 1971.
SCHNEIDER, Jochen: Technische Möglichkeiten des Datenschutzes, in: Ki-
        lian u.a. (Datenschutz 223 ff.
SCHÖNKE, Adolf / SCHRÖDER, Horst: Strafgesetzbuch. (Kommentar), 18.Aufl.
        München 1976.
SCHULZE, Jürgen H.: Datenschutz in der Datenverarbeitung, in: IBM-
        richten 21. 1971, 2O5. 64O ff.
SCHULZE, Jürgen,H.: Technische Möglichkeiten des Datenschutzes, in: ÖVD 2.
        1972,4. 166 ff.
SCHULZ-MANEKE, E.: Diskussionsbeitrag (Stellungnahme) zu dem Aufsatz
        von H.Friedrichs "Computer und ärztliche Schweigepflicht",in:
        Bundesgesundheitsblatt 16. 1973,1. 6 f.
SCHWAN, Eggert: Datenschutz, Vorbehalt des Gesetzes und (Freiheitsgrund-
        rechts), in: Verwaltungsarchiv 66. 1975. 12o ff.
SCHWAN, Eggert: (Rechtsschutz) für den Bürger vor staatlicher Informa-
        tionssammlung, in: Hoffmann u.a. (Numerierte Bürger) 36 ff.
SCHWAPPACH, Jürgen: Gesetz zum Schutz vor Mißbrauch personenbezogener
        Daten bei der Datenverarbeitung (Kommentar), Bergisch Gladbach
        1977.
SCHWEDISCHER REICHSTAG: Datengesetz. Deutsche Übersetzung: abgedruckt
        in: ÖVD 4. 1974,5. 24o ff.

STADLER, Gerhard: Erste (Verwaltungserfahrungen) mit dem Privacy Act
        der USA, in: ÖVD 1977,1/2. 17 ff.
STADLER, Norbert: Organisatorische (Vorkehrungen) zu Datenschutz und
        Datensicherung, in: ÖVD 5. 1975,6. 271 ff.
STERLING, T.D.: (Humanizing) Computerized Information Systems, in:
        Science 19o. 1975,19. 1168 ff.
STERLING, T.D. u.a.: (Guidelines) for Humanizing automated Information
        Systems, in: C.ACM 11. 1974,11. 6o9 ff.
STEINMÜLLER, Wilhelm: (Allgemeine Grundsätze) zur rechtlichen Regelung
        des Datenschutzes, in: Schneider (Datenschutz) 13 ff.
STEINMÜLLER, Wilhelm: (Auswirkungen) der Elektronischen Datenverarbei-
        tung auf Regierungs- und Gesellschaftssysteme, in: Kriebel (Hg.):
        Vorträge gehalten anläßlich der Hessischen Hochschulwoche für
        staatswissenschaftliche Fortbildung 9.-15.4.1972, Bad Homburg
        v.d.Höhe u.a. 1972. 45 ff.
STEINMÜLLER, Wilhelm: Art. Automatisierte Datenverarbeitung, in: Kunst,
        Hermann/Herzog, Roman/Schneemelcher, Wilhelm (Hg.): Evangelisches
        Staatslexikon 2. Aufl. Stuttgart/Berlin 1975, Sp. 111 ff. (zit.:
        EStL-1).
STEINMÜLLER, Wilhelm: Art. Datenschutz, in: ebd. Sp. 35o ff. (zit.: EStL
        -2).
STEINMÜLLER, Wilhelm: Automationsunterstützte Informationssysteme in
        privaten und öffentlichen Verwaltungen. Bruchstücke einer al-
        ternativen Theorie des Datenzeitalters. In: (Leviathan) 3.
        1975,4. 5o8 ff.
STEINMÜLLER, Wilhelm: Datenschutz als Teilaspekt gesellschaftlicher (In-
        formationskontrolle), in: Deutsche Sektion ... (Datenschutz) 35 ff.
STEINMÜLLER, Wilhelm: Datenschutz bei (Risikosysteme)n, in: NfD 28. 1977,2.
        74 ff.

STEINMÜLLER, Wilhelm: Datenschutzrechtliche Anforderungen an die (Orga-
     nisation) von Informationszentren, in: GI-BIFOA (Hg.) Inter-
     nationale Fachtagung: Informationszentren in Wirtschaft und
     Verwaltung. Lecture Notes in Computer Science 9, Berlin u.a.
     1974. 174 ff.
STEINMÜLLER, Wilhelm: Gegenstand, (Grundbegriffe) und Systematik der
     Rechtsinformatik. Ansätze künftiger Theoriebildung, in: DVR 1.
     1972/73,2/3. 113 ff.
STEINMÜLLER, Wilhelm (Hg.): Informationsrecht und (Informationspolitik).
     Rechtstheorie und Informationsrecht 1, München/Wien 1976.
STEINMÜLLER, Wilhelm: (Informationsrecht) und Informationspolitik, in:
     Steinmüller (Informationspolitik) 1 ff.
STEINMÜLLER, Wilhelm: Rechtspolitische Fragen der Rechts- und (Verwal-
     tungsautomation) in der Bundesrepublik Deutschland, in: DVR 3.
     1974,1/2. 57 ff.
STEINMÜLLER, Wilhelm: (Schutz vor Datenschutz)? Informationskontrolle
     und planende Verwaltung, in: IBM-Nachrichten 12. 1973,218.
     83o ff.
STEINMÜLLER, Wilhelm: (Schweigepflicht) und Schweigerecht des Arztes -
     aus der Sicht des Juristen, in: Verband der Ärzte Deutschlands
     (Hartmannbund) e.V. (Hg.): Schweigepflicht und Schweigerecht
     des Arztes o.O. Bonn 1973. 37 ff.
STEINMÜLLER, Wilhelm: (Staatswohl) vor Bürgerrecht?, in: Bild der Wissen-
     schaft 13. 1976,7. 76 ff.
STEINMÜLLER, Wilhelm: (Stellenwert) der EDV in der öffentlichen Verwal-
     tung und Prinzipien des Datenschutzrechts, in: ÖVD 2. 1972,11.
     453 ff.
STEINMÜLLER, Wilhelm: Überlegungen zur weiteren Datenschutzarbeit. Aus-
     gangs- und Zielpunkteeines "(Datenverkehrsrecht)s", in: Film
     und Recht 1977,7. 44o ff.
STEINMÜLLER, Wilhelm (Hg.): (ADV und Recht). Einführung in die Rechts-
     informatik und das Recht der Informationsverarbeitung, Berlin
     2. Aufl. 1976.
STEINMÜLLER, Wilhelm (Hg.): (REDOK). Recht, Verwaltung und Informations-
     verarbeitung. Zeitschriftendokumentation, Regensburg 1973-1975.
STEINMÜLLER, Wilhelm (Hg.): (EDV und Recht). Einführung in die Rechts-
     informatik, Berlin 197o.
STEINMÜLLER, Wilhelm / LUTTERBECK, Bernd / MALLMANN, Christoph / HARBORT,
     Ulrich / KOLB, G. /SCHNEIDER, Jochen: Grundfragen des Daten-
     schutzes. (Gutachten) im Auftrag des Bundesministeriums des Innern,
     in: Deutscher Bundestag, BT-Drucksache VI/3826, Bonn 1972. 5 ff.
STEINMÜLLER, Wilhelm / WOLTER, Henner: (Besonderheiten) elektronischer
     Datenverarbeitung, in: Dammann u.a. (Datenbanken) 51 ff.

TIEDEMANN, Klaus / SASSE, Christoph: (Delinquenzprophylaxe), Kredit-
     sicherung und Datenschutz in der Wirtschaft, Köln u.a. 1973.
TSCHUDI, Andreas: Rechtsinformatik. Computer und Recht 2, Zürich 1977.

UHLIG, Sigmar: Rechtswissenschaftliche (Informationsforschung) - An-
     merkungen zu einigen Fragen der Benutzerforschung, in: DVR 5.
     1976. 53 ff.
U.S.DEPARTMENT OF COMMERCE, OFFICE OF TELECOMMUNICATIONS (Hg.): The
     (Information Economy): Definition and Measurement (O.T. special
     publication 77-12 (1)-(9)). Washington May 1977.

VINGE, P.G.: (Experiences) of the Swedish Data Act, Stockholm 1975.
VRECION, Vladimir: (Informationstheorie) und Recht. Zur Anwendung kyber-
        netischer Methoden in der Rechtswissenschaft (DVR Beiheft 6),
        Berlin 1976.
VRECION, Vladimir: Zur (Anwendungsmöglichkeit) der Informationstheorie
        im Bereich des Rechts, in:DVR 2. 1973/74. 76 ff.

WEISS, Harold: (Computer Security). An Overview, in: Datamation 2o.
        1974,1. 42 ff.
WEIZENBAUM, Joseph: Computer Power and Human (Reason). From Judgment
        to Calculation, San Francisco 1976; dt.: Macht und Ohnmacht
        der Vernunft, Frankfurt 1977.
WESTIN, Alan F.: Der Mensch und seine (Privatsphäre). Gedanken zum Frei-
        heitsbegriff im technischen Zeitalter, in: IBM-Nachrichten 2o.
        1970,2o1. 189 ff.; 2o2. 289 ff.
WESTIN, Alan F.: (Privacy) and Freedom, 6. Aufl. 1970. New York.
WISSING, Wolfgang: Der Datenschutz in der EDV-Praxis, in: ÖVD 2. 1972,3.
        1o7 ff.
WOLTER, Henner: Ämter für (Verfassungsschutz), Vorbehalt des Gesetzes
        und Öffentlichkeitsphäre des belauschten Bürgers. Rechtliche
        Voraussetzungen und Schranken der Informationstätigkeit der
        Ämter für Verfassungsschutz zum Schutze der freiheitliche de-
        mokratischen Grundordnung bei öffentlichen, politischen Bestre-
        bungen, in: DVR (im Ersch.).

ZAKRZEWSKI, Lothar: (Abgrenzung) der ärztlichen Schweigepflicht gegen-
        über der Offenbarungspflicht bei Sozialversicherungsträgern
        und anderen Berechtigten im Bereich der Sozialgesetzgebung,
        Diss. jur. masch. Würzburg 1968.
ZENTRALINSTITUT FÜR DIE KASSENÄRZTLICHE VERSORGUNG IN DER BUNDESREPUBLIK
        DEUTSCHLAND: Forschungsprojekt (DOMINIG Teil III): Informations-
        verbund für niedergelassene Ärzte ... Durchführungskonzept,
        Köln September 1976.
ZSCHAU, Herbert: Die (Fortentwicklung) der elektronischen Datenverarbei-
        tung in der gesetzlichen Krankenversicherung unter besonderer
        Berücksichtigung der Sozialdatenbank, in: Die Ersatzkasse 56.
        1976,8/9. 32o ff.
ZSCHAU, Herbert: (Sozialdatenank) - Aufbau und Aspekte, in: Die Betriebs-
        krankenkasse 64. 1976,2. 33 ff.

9.5 SACHREGISTER

Für das Sachregister wurden Zusammenfassungen vorgenommen: "Ärztliche:
Schweigepflicht/recht" = "Ärztliche Schweigepflicht: siehe Schweigepflicht, ärztliche"; "Schweigepflicht/Schweigerecht" sind unter dem
ersten Stichwort zusammengefaßt; "Datei (aufbau)" = "Datei und Dateiaufbau" sind unter dem ersten Stichwort zusammengefaßt. –
Mit Rücksicht auf den Leserkreis wurde die medizinische und rechtliche
Terminologie stärker berücksichtigt.

Echtzeit: 78.
EDAP: 6.
EDV: 1.
EDV-Personal: 43 f.
EDV-Technik: 76 f. 103.
Effizienz: 194.
Eigentum (an Daten): 88.
Eignungsuntersuchung: 59.
Einfachheit: 101 f.
Eingabe: Dateneingabe.
Eingabekontrolle: 187. 189. 192.
Eingriff: 147.
Einsicht(srecht) 95. 103.
Einwilligung: 38 f. 45. 48. 55 f. 144. 149. 154 f. 182.
Einwilligungstheorie: 85 f.
Elastisch: 141. 151.
Eltern: 44.
Empfängersystem: 99. 141. 147.
Empirisch: Sozialforschung.
Entfremdungstheorie: 87 f.
Entscheidung(smodell): 78 f. 93. 121.
Entstellung: 159.
Erfassungsschutz: 74. 91.
Eröffnungsdialog: Dialog.
Etikettierung: 177.

Facharzt: 142.
Fachinformation: 71.
Fachsprache: interdisziplinär; 51.
Fahrlässigkeit: 163 ff.
Familienanamnese: 56. 65. 108.
Fehler: 159-162.
Fehldiagnose: 113.
Fingerabdruck: 175.
Flexibilität: 14. 141.
Flughafen: 142.
Forderungsverletzung, positive: 163.
Formatierung: 168.
Forschung, medizinische/Sozialforschung: Wissenschaft.
Forschungsinformationssystem: 98.
Forschungsstelle für Informationsrecht (FOSIR): X.
Freiheit: Persönlichkeitsrecht; 84. 90.
Freiwilligkeit: 154.
Fremddatei: 181 f.
Fremdkontrolle: 87. 73. 92. 194 f. 102. (Selbstkontrolle).
Frist: 62.
Funktion: multifunktional; 23. 49. 73. 92. 124.
Funktionsentmischung: 119. 124.
Funktionswandel: 134.

Gebühr: 64 f.
Gefahren: 100. 158 f.
Gefälligkeitsdiagnose: 113.
Geheimbereich: 81. 92.
Geheimhaltung: 38. 58.
Geheimnis: Berufs-; 41 f.
Geheimnisträger: 41.
Gemeinschaftseinrichtung: 44 f. 47. 53. 109.
Gemeinschaftspraxis/labor: 83. 129. 142.
Genehmigung: Programm-.
Genossenschaft: 150.
Gericht: 94. 143. 146.
Geschäftsgeheimnis: 40.
Geschlechtskrankheitengesetz: Meldepflicht; Anhang.
Gesellschaft des bürgerlichen Rechts: 150 f.
Gesellschaftliche: Auswirkungen.
Gesetzgebungskompetenz: 51 f.
Gesundheitsamt: 142.
Gesundheitswesen/politik: 9. 23 f. 26. 49. 74 f. 78 ff. 88. 106. 135.
    145 ff. 193.
Gewaltenteilung: 126.
Gewinnerzielung: 152.
Glaubwürdigkeit: 147.
GMD: 91. 125.
Grund-/Folgedatei: 4.
Gruppendiagnose, selektive: 144.
Gruppenkennzeichen: 113.
Gruppenpraxis: 83. 113. 129. 133.
Gruppen(daten)schutz: 74. 113.
Güterabwägung: 37.

Haftung(srecht): Schadenersatz; 69. 95. 100. 130 f. 157 f. 162-166.
    190.
Handelsrecht: 152.
Hardcopy: 30.
Hardware: 24 ff. 82. 93. 107. 113. 159.
Heilstätte: 142.
Herrschaft: 33. 79.
Hessen: Krankenhausgesetz, Hessisches.
Hilfsorganisation: 142.
Hilfspersonal: 42. 46 f. 67. 79. 83. 91. 121 f. 130. 153 f.
Hochschuldaten: 85.
Humanisierung: 104.
Hypothesen: Datenschutz-.

Parzellierung der Information: 82 f.
Passwort: 174. 176. 187-192.
Patient: 32. 132.
Patientenberatung, automatisierte: 132.
Patientenkartei: 99.
Patientennummer: 108 f. 113 ff. 117. 128. 146. 172. 178 ff. 182.
Patientenobmann: Obmann.
Patientenverzeichnis: 171 f.
Personal: Hilfs-.
Personbild: 114.
Personenbezogen: Daten, personenbezogene.
Persönlichkeitsidentifizierung: 173 ff.
Persönlichkeitsrecht: 10. 109. 164 f.; Anhang.
Phasen der Datenverarbeitung: Datenverarbeitung.
PKZ: 27. 108 ff. 113 f.
Planung: 78. 88 f. 94. 104. 106. 109 f. 115. 137. 143. 145. 195.
Plausiblitätsprüfung: 166. 168.
Polizei: Sicherheitsbehörden; 85. 142. 146 f. 193.
Portabilität: 172.
Postulat: 96-104. 106. 195.
Pragmatik: Kontext; Semiotik; 13. 19. 21. 79 f. 92. 112 f. 123.
Präzedenzfall: 138.
Präskriptiv: 82.
Praxis(organisation): 31. 120. 129 ff. 142.
Privacy: 82. 137.
Privatsphäre: 15. 29. 72-75. 82. 90. 115. 125.
Problemlösung(sverhalten): 93.
Programm: Software; 39. 84. 91 ff. 116-119.
Programmaustausch: 29.
Programmbank: 92.
Programmdokumentation: 60. 92. 118. 146.
Programmfreigabe: 105. 117 ff.
Programmgenehmigung: 92. 107.
Programmiergemeinschaft: 119.
Programmkontrolle: 73. 91 f. 112. 117 f. 128. 153.
Programmpflege: 117 f.
Programmsprache: 92.
Programmweitergabe: 92.
Protokoll: 60. 91. 106. 160. 174 f. 185. 187-192.
Prüfungsrecht: 95.
Prüfungsprogramm: 118.

Qualifikation: 79. 100.

Lecture Notes in Computer Science

Vol. 1: GI-Gesellschaft für Informatik e.V. 3. Jahrestagung, Hamburg, 8.-10. Oktober 1973. Herausgegeben im Auftrag der Gesellschaft für Informatik von W. Brauer. XI, 508 Seiten. 1973.

Vol. 2: GI-Gesellschaft für Informatik e.V. 1. Fachtagung über Automatentheorie und Formale Sprachen, Bonn, 9.-12. Juli 1973. Herausgegeben im Auftrag der Gesellschaft für Informatik von K.-H. Böhling und K. Indermark. VII, 322 Seiten. 1973.

Vol. 3: 5th Conference on Optimization Techniques, Part I. (Series: I.F.I.P. TC7 Optimization Conferences.) Edited by R. Conti and A. Ruberti. XIII, 565 pages. 1973.

Vol. 4: 5th Conference on Optimization Techniques, Part II. (Series: I.F.I.P. TC7 Optimization Conferences.) Edited by R. Conti and A. Ruberti. XIII, 389 pages. 1973.

Vol. 5: International Symposium on Theoretical Programming. Edited by A. Ershov and V. A. Nepomniaschy. VI, 407 pages. 1974.

Vol. 6: B. T. Smith, J. M. Boyle, J. J. Dongarra, B. S. Garbow, Y. Ikebe, V. C. Klema, and C. B. Moler, Matrix Eigensaystem Routines - EISPACK Guide. XI, 551 pages. 2nd Edition 1974, 1976.

Vol. 7: 3. Fachtagung über Programmiersprachen, Kiel, 5.-7. März 1974. Herausgegeben von B. Schlender und W. Frielinghaus. VI, 225 Seiten. 1974.

Vol. 8: GI-NTG Fachtagung über Struktur und Betrieb von Rechensystemen, Braunschweig, 20.-22. März 1974. Herausgegeben im Auftrag der GI und der NTG von H.-O. Leilich. VI, 340 Seiten. 1974.

Vol. 9: GI-BIFOA Internationale Fachtagung: Informationszentren in Wirtschaft und Verwaltung. Köln, 17./18. Sept. 1973. Herausgegeben im Auftrag der GI und dem BIFOA von P. Schmitz. VI, 259 Seiten. 1974.

Vol. 10: Computing Methods in Applied Sciences and Engineering, Part 1. International Symposium, Versailles, December 17-21, 1973. Edited by R. Glowinski and J. L. Lions. X, 497 pages. 1974.

Vol. 11: Computing Methods in Applied Sciences and Engineering, Part 2. International Symposium, Versailles, December 17-21, 1973. Edited by R. Glowinski and J. L. Lions. X, 434 pages. 1974.

Vol. 12: GFK-GI-GMR Fachtagung Prozessrechner 1974. Karlsruhe, 10.-11. Juni 1974. Herausgegeben von G. Krüger und R. Friehmelt. XI, 620 Seiten. 1974.

Vol. 13: Rechnerstrukturen und Betriebsprogrammierung, Erlangen, 1970. (GI-Gesellschaft für Informatik e.V.) Herausgegeben von W. Händler und P. P. Spies. VII, 333 Seiten. 1974.

Vol. 14: Automata, Languages and Programming - 2nd Colloquium, University of Saarbrücken, July 29-August 2, 1974. Edited by J. Loeckx. VIII, 611 pages. 1974.

Vol. 15: L Systems. Edited by A. Salomaa and G. Rozenberg. VI, 338 pages. 1974.

Vol. 16: Operating Systems, International Symposium, Rocquencourt 1974. Edited by E. Gelenbe and C. Kaiser. VIII, 310 pages. 1974.

Vol. 17: Rechner-Gestützter Unterricht RGU '74, Fachtagung, Hamburg, 12.-14. August 1974, ACU-Arbeitskreis Computer-Unterstützter Unterricht.. Herausgegeben im Auftrag der GI von K. Brunnstein, K. Haefner und W. Händler. X, 417 Seiten. 1974.

Vol. 18: K. Jensen and N. E. Wirth, PASCAL - User Manual and Report. VII, 170 pages. Corrected Reprint of the 2nd Edition 1976.

Vol. 19: Programming Symposium. Proceedings 1974. V, 425 pages. 1974.

Vol. 20: J. Engelfriet, Simple Program Schemes and Formal Languages. VII, 254 pages. 1974.

Vol. 21: Compiler Construction, An Advanced Course. Edited by F. L. Bauer and J. Eickel. XIV. 621 pages. 1974.

Vol. 22: Formal Aspects of Cognitive Processes. Proceedings 1972. Edited by T. Storer and D. Winter. V, 214 pages. 1975.

Vol. 23: Programming Methodology. 4th Informatik Symposium, IBM Germany Wildbad, September 25-27, 1974 Edited by C. E. Hackl. VI, 501 pages. 1975.

Vol. 24: Parallel Processing. Proceedings 1974. Edited by T. Feng. VI, 433 pages. 1975.

Vol. 25: Category Theory Applied to Computation and Control. Proceedings 1974. Edited by E. G. Manes. X, 245 pages. 1975.

Vol. 26: GI-4. Jahrestagung, Berlin, 9.-12. Oktober 1974. Herausgegeben im Auftrag der GI von D. Siefkes. IX, 748 Seiten. 1975.

Vol. 27: Optimization Techniques. IFIP Technical Conference. Novosibirsk, July 1-7, 1974. (Series: I.F.I.P. TC7 Optimization Conferences.) Edited by G. I. Marchuk. VIII, 507 pages. 1975.

Vol. 28: Mathematical Foundations of Computer Science. 3rd Symposium at Jadwisin near Warsaw, June 17-22, 1974. Edited by A. Blikle. VII, 484 pages. 1975.

Vol. 29: Interval Mathematics. Procedings 1975. Edited by K. Nickel. VI, 331 pages. 1975.

Vol. 30: Software Engineering. An Advanced Course. Edited by F. L. Bauer. (Formerly published 1973 as Lecture Notes in Economics and Mathematical Systems, Vol. 81) XII, 545 pages. 1975.

Vol. 31: S. H. Fuller, Analysis of Drum and Disk Storage Units. IX, 283 pages. 1975.

Vol. 32: Mathematical Foundations of Computer Science 1975. Proceedings 1975. Edited by J. Bečvář. X, 476 pages. 1975.

Vol. 33: Automata Theory and Formal Languages, Kaiserslautern, May 20-23, 1975. Edited by H. Brakhage on behalf of GI. VIII, 292 Seiten. 1975.

Vol. 34: GI - 5. Jahrestagung, Dortmund 8.-10. Oktober 1975. Herausgegeben im Auftrag der GI von J. Mühlbacher. X, 755 Seiten. 1975.

Vol. 35: W. Everling, Exercises in Computer Systems Analysis. (Formerly published 1972 as Lecture Notes in Economics and Mathematical Systems, Vol. 65) VIII, 184 pages. 1975.

Vol. 36: S. A. Greibach, Theory of Program Structures: Schemes, Semantics, Verification. XV, 364 pages. 1975.

Vol. 37: C. Böhm, λ-Calculus and Computer Science Theory. Proceedings 1975. XII, 370 pages. 1975.

Vol. 38: P. Branquart, J.-P. Cardinael, J. Lewi, J.-P. Delescaille, M. Vanbegin. An Optimized Translation Process and Its Application to ALGOL 68. IX, 334 pages. 1976.

Vol. 39: Data Base Systems. Proceedings, 5th Informatik Symposium, IBM Germany, Bad Homburg v. d. H., September 1975. Edited by H. Hasselmeier and W. G. Spruth. VI, 386 pages. 1976.

Vol. 40: Optimization Techniques. Modeling and Optimization in the Service of Man. Part 1. Proceedings, 7th IFIP Conference, Nice, September 1975. Edited by J. Cea. XIV, 854 pages. 1976.

Vol. 41: Optimization Techniques. Modeling and Optimization in the Service of Man. Part 2. Proceedings, 7th IFIP Conference, Nice, September 1975. Edited by J. Cea. XIV, 852 pages. 1976.

Vol. 42: J. E. Donahue: Complementary Definitions of Programming Language Semantics. VIII, 172 pages. 1976.

Vol. 43: E. Specker, V. Strassen: Komplexität von Entscheidungsproblemen. Ein Seminar. VI, 217 Seiten. 1976.

Vol. 44: ECI Conference 1976. Proceedings of the 1st Conference of the European Cooperation in Informatics, Amsterdam, August 1976. Edited by K. Samelson. VIII, 322 pages. 1976.

Vol. 45: Mathematical Foundations of Computer Science 1976. Proceedings, 5th Symposium, Gdańsk, September 1976. Edited by A. Mazurkiewicz. XII, 606 pages. 1976.

Vol. 46: Language Hierarchies and Interfaces. International Summer School. Edited by F. L. Bauer and K. Samelson. X, 428 pages. 1976.

Vol. 47: Methods of Algorithmic Language Implementation. Edited by A. Ershov and C. H. A Koster. VIII, 351 pages. 1977.